版权声明

Socratic Questioning for Therapists and Counselors: Learn How to Think and Intervene Like a Cognitive Behavior Therapist

© 2021 Scott H. Waltman, R. Trent Codd, III, Lynn M. McFarr, and Bret A. Moore

Authorised translation from the English language edition published by Routledge, a member of the Taylor & Francis Group, LLC.

All rights reserved. No part of this book may be reprinted or reproduced or utilised in any form or by any electronic, mechanical, or other means, now known or hereafter invented, including photocopying and recording, or in any information storage or retrieval system, without permission in writing from the publishers.

Copies of this book sold without a Taylor & Francis sticker on the cover are unauthorised and illegal.

保留所有权利。非经中国轻工业出版社"万千心理"书面授权，任何人不得以任何方式（包括但不限于电子、机械、手工或其他尚未被发明或应用的技术手段）复印、拍照、扫描、录音、朗读、存储、发表本书中任何部分或本书全部内容，以及其他附带的所有资料（包括但不限于光盘、音频、视频等）。中国轻工业出版社"万千心理"未授权任何机构提供源自本书内容的电子文件阅览、收听或下载服务。如有此类非法行为，查实必究。

Socratic Questioning for Therapists and Counselors
Learn How to Think and Intervene Like a Cognitive Behavior Therapist

心理治疗中的苏格拉底式提问
像认知行为治疗师一样思考和干预

[美] 斯科特·H. 沃尔特曼（Scott H. Waltman）
R. 特伦特·科德（R. Trent Codd, III）／著
琳恩·M. 麦克法（Lynn M. McFarr）
布雷特·A. 穆尔（Bret A. Moore）

孟繁强　王鹏翀　罗　佳　等／译
李占江／审校

中国轻工业出版社

图书在版编目（CIP）数据

心理治疗中的苏格拉底式提问：像认知行为治疗师一样思考和干预 /（美）斯科特·H.沃尔特曼（Scott H. Waltman）等著；孟繁强等译. —北京：中国轻工业出版社，2024.1（2025.1重印）

ISBN 978-7-5184-4578-3

Ⅰ.①心… Ⅱ.①斯…②孟… Ⅲ.①心理咨询 Ⅳ.①B849.1

中国国家版本馆CIP数据核字（2023）第213910号

责任编辑：潘　南　　责任终审：张乃柬
策划编辑：戴　婕　　责任校对：刘志颖　　责任监印：吴维斌

出版发行：中国轻工业出版社（北京鲁谷东街5号，邮编：100040）
印　　刷：三河市鑫金马印装有限公司
经　　销：各地新华书店
版　　次：2025年1月第1版第3次印刷
开　　本：710×1000　1/16　印张：24.5
字　　数：192千字
书　　号：ISBN 978-7-5184-4578-3　定价：98.00元

读者热线：010-65181109
发行电话：010-85119832　010-85119912
网　　址：http://www.chlip.com.cn　http://www.wqedu.com
电子信箱：1012305542@qq.com

版权所有　侵权必究

如发现图书残缺请拨打读者热线联系调换

242057Y2C103ZYW

Socratic Questioning for Therapists and Counselors
Learn How to Think and Intervene Like a Cognitive Behavior Therapist

心理治疗中的苏格拉底式提问

像认知行为治疗师一样思考和干预

[美]
斯科特·H. 沃尔特曼（Scott H. Waltman）
R. 特伦特·科德（R. Trent Codd, Ⅲ）
琳恩·M. 麦克法（Lynn M. McFarr）
布雷特·A. 穆尔（Bret A. Moore）
/ 著

孟繁强　王鹏翀　罗　佳
张　萍　孟丽敏　刘　欢 / 译
宋敏捷　严子君　宋琳楠

李占江 / 审校

中国轻工业出版社

译者序

多年来在国家政策的大力支持和精神卫生工作者的努力下，公众对于精神心理问题的认识得以提高，精神疾病污名化的现象也逐渐改善。精神病学的发展从重性精神障碍走向轻性精神障碍，患者对于社会功能的需求和对美好生活的向往加深，而传统的生物医学干预手段越来越难以满足大众的需求。生物－心理－社会的综合干预模式愈发受到关注，类似"除了吃药，我还想做一做心理治疗/心理咨询作为辅助治疗"的需求越来越多。因此，心理干预的大力普及迫在眉睫。

随着循证医学的不断发展，认知行为治疗（cognitive behavior therapy, CBT）被视为治疗精神心理问题最有效的心理治疗方法之一。经过我国 CBT 人十余年的努力，CBT 的知名度越来越高，几乎被所有的治疗指南推荐。与此同时，CBT 的培训也在如火如荼地进行中。我的导师李占江教授近十多年也一直带领团队进行 CBT 的系列培训，但在培训的过程中我们发现，很多学员都反映苏格拉底式提问（Socratic questioning）是他们认为最难的技术之一，知道这项技术非常重要，但又不知道该如何系统地学习。

既然是苏格拉底式提问，就无法绕过苏格拉底。为了更好地了解这位"精神上的助产士"，我们经常建议学员们在打基础的过程中阅读柏拉图（Plato）的著作。通过穿梭时光的交流，我们学会了如何在患者的认知歪曲中寻求真理。为了在认知行为治疗中应用苏格拉底式提问，我们早期经常给学员们讲"苏式六问"，但苏格拉底式提问不仅仅是"问他"。这些问题只能让我们窥探苏格拉底式提问的一角，总感觉少点什么，似乎缺了一个骨架性的东西。该如何全面系统地掌握这项基础而伟大的技术呢？

2020 年下半年的一次偶然机会，我突然发现有一本关于苏格拉底式提问的著作即将面世，封面上苏格拉底与贝克（Aaron T. Beck）在树下对饮的画面也着实吸引着我，让我知道"它终于来了"。这本书上市的第一天，我就激动地联系了中国轻工业出版社"万千心理"的编辑，说出了我关于这本书的期待并最终通过他们获得了原著简体中文版的版权。随后，我们开始了美妙的翻译旅程。虽然翻译过程路途坎坷，但这本书的中文版终于要跟大家见面了！

本书提供了苏格拉底式提问的四步模型，即聚焦关键内容、现象学理解、合作式好奇以及总结和整合。全书共16个章节，围绕着苏格拉底式提问展开了迄今为止最为全面的描述。本书通过四步模型跨越了一系列认知行为治疗的过程，从记录思维到认知重建，从认知行为治疗的"第二浪潮"到"第三浪潮"的技术，从心理咨询与治疗到精神科的治疗，非常巧妙地将苏格拉底式提问贯穿始终。本书的作者都是长期从事心理干预与督导的一线工作者，书中内容非常具有实操性，可读性极高，很多时候让你忘却了自己在读一本关于苏格拉底式提问的专著，但读完则会发现自己对于CBT的理解变得更深了，操作起来也更游刃有余了。也许这就是修炼内功的魅力吧。

本书由李占江教授的硕士生、博士生们共同翻译完成。本以为实用性特别强的书籍翻译难度会较低，但翻译过程还是要比我们想象中的难，尤其是在很多哲学相关的词汇方面。但这是一次抵达认知行为治疗深处的旅程，一场治疗技术的修行。我们的翻译团队划分了多个小组进行翻译，然后按照惯例在每一个美妙的周日晚上进行读稿会，讨论在翻译过程中遇到的纠结。大家为了本书的翻译定稿付出了极大的努力和心血，付出了无数个周末夜晚。最终，译稿在李占江教授的监督指导以及细心的审校下得以完成。

在可以预见的未来，《心理治疗中的苏格拉底式提问——像认知行为治疗师一样思考和干预》（*Socratic Questioning for Therapists and Counselors: Learn How to Think and Intervene Like a Cognitive Behavior Therapist*）中文版将成为认知行为治疗学习过程中的必修书籍之一，特别是在初级治疗师向高级治疗师精进的过程中。它将进一步磨炼所有心理工作者的基本技能，让广大心理治疗师/咨询师在提到苏格拉底式提问的时候，除了"问他"外，还能想到一个系统性的策略。

尽管我们的翻译团队力争还原作者原意，但由于能力有限及文化差异，译文中难免有不足之处，敬请各位专家和读者批评指正。

孟繁强

2023 年立秋于北京安定医院

丛书编辑序

《心理治疗中的苏格拉底式提问——像认知行为治疗师一样思考和干预》是劳特利奇（Routledge）出版社最受欢迎的丛书之一——心理学和精神病学临床主题（Clinical Topics in Psychology and Psychiatry，CTPP）中的最新一本。CTPP 的首要目标是为心理健康从业者提供心理和精神药理学主题的实用信息。每一本书都是全面的，且易于理解并整合到日常的临床实践中。它是多学科的，涵盖了与心理学和精神病学领域相关的主题，吸引了学生、初学者和资深临床工作者。为该系列选择的书籍由各自领域的国内和国际专家撰写或编辑，供稿人也是备受尊敬的临床工作者。本书体现了 CTPP 系列的目的、范围和目标。

在本书中，斯科特·H. 沃尔特曼（Scott H. Waltman）、R. 特伦特·科德（R. Trent Codd，Ⅲ）、琳恩·M. 麦克法（Lynn M. McFarr）和布雷特·A. 穆尔（Bret A. Moore）对认知行为治疗中最重要的内容之一——苏格拉底式提问提供了一个极好的回顾。苏格拉底式提问，也被称为引导发现（guided discovery），已经被认为是对认知行为治疗领域的新手治疗师来说最难学习的技能之一。本书的作者认识到熟练掌握这一技能的重要性，以及学习该技术的内在挑战，因此他们教授了一个掌握苏格拉底式提问艺术的四步模型。模型包括：（1）聚焦关键内容；（2）现象学理解；（3）合作式好奇；（4）总结和整合。在整本书中，几位作者说明了这一四步模型如何应用于各种条件、各类治疗方法和临床工作者的不同风格。例如，这些内容将以一种能够吸引全科医生、折中治疗师和所谓"第三浪潮"临床工作者的方式呈现。书中的材料以一种直接、易于理解的方式展示。几位作者很好地弱化了心理学术语，并且当他们引用的特定术语可能已经为经验丰富的治疗师所熟悉，但对于新手或早期执业者并非如此时，这些术语得到了专业解释。

我相信，本书将成为培训临床工作者有效应用苏格拉底式提问的主要教科书之一，特别是在培训临床工作者成为专家治疗师时。此外，它将帮助已经执业的临床工作者磨炼他们的技能，并成为更高效、更熟练的治疗师。我预计本书将成为各种规模、形式和理论方向的研究生心理治疗培训项目的必读书目。

布雷特·A. 穆尔

心理学博士，美国专业心理学委员会委员

心理学和精神病学临床主题丛书编辑

序 言

当我最初学习如何进行治疗时,我接触的一切都是精神动力学的。治疗师保持距离和中立,不指出方向,解释动机和无意识的想法,并指出与早期童年经历相似之处。这一切似乎都相当深奥、复杂,并且事实上,它把解释的力量交到了治疗师的手中。最重要的是,它的效果似乎并不是很好。

贝克的模型让我摆脱了对心理治疗的悲观观点,吸引了我那好奇、时常讲究逻辑甚至爱辩论的头脑。当我从创始人那里学习认知治疗时,我意识到我需要从教授和说教的立场上退后一步,才能与患者进行对话。看着贝克,我意识到有效的认知治疗不像检察官盘问患者。这是一次对患者报告的信念和体验更温和、更探询、更尊重的检查。事实上,看着贝克做治疗经常让你觉得他没有使用他所写的技术。但是,经过仔细的思考,你意识到他将这些技术无缝地融入了他的对话中,他在检查患者有关想法的后果、其有效性的证据,以及看待事物的其他方式。贝克并没有"对着患者滔滔不绝",他在分享观点,研究患者是如何思考事情的。他试图理解那些通常看似毫无意义的东西。

我回忆起我在大学里上过的哲学课程,其中一节特别的课是由当时著名的哲学家保罗·韦斯(Paul Weiss)教授的。韦斯是一个脾气暴躁、富有魅力、举止自然的讲师,他拒绝演讲。他有大约100名耶鲁大学的学生在等待他的每个问题,而当我们中的一个人勇敢或冲动地回答时,又会引出韦斯的另一个问题。他所用的是真正的苏格拉底式对话——一个接一个的问题,指出了我们答案的含义和矛盾之处。韦斯所做的,以及苏格拉底所做的,并不是告诉我们事实。不,他们做了一些更重要的事情。他们教我们如何思考。这就是好的治疗的作用。

那么,苏格拉底式提问是说教式和权力驱动的吗?或者,这是一种赋予患者自主权的方式——通过教会患者如何思考、如何表达,以及如何看待另一种观点？我认为，苏格拉底式提问是对患者（现在他被要求自我反思）的赋权。目标是思考想法，表达感受，退一步检查为什么你的想法引发了你的感受，并以一种似乎是弄巧成拙的方式表现出来。我建议我们称之为"洞察力（insight）"。事实上，苏格拉底式的方法是开始洞察、发展洞察，并用它构建新的现实和机会。

认知治疗的方法在很大程度上要归功于哲学。事实上，我认为学习苏格拉底式方法的最佳准备就是阅读柏拉图的《理想国》（*Republic*）。理解埃利斯（Ellis）的最好背景是阅读爱比克泰德（Epictetus）的著作。当然，就像生活中大多数其他重要的事情一样，对认知模型的最佳描述可以在莎士比亚（Shakespeare）的作品[《哈姆雷特》（*Hamlet*）第二幕，第二场]中找到。在那个场景中，沮丧、矛盾、自我反思的哈姆雷特观察到：

> 那……它对你们来讲不是，其实世事并无好坏，全看你们怎么去想。对我来说，它是座牢狱。好吧，那对你来说不是，因为事情本身并无好坏——这都是一个人的想法。对我来说，丹麦是一座牢狱。

但是，我们如何才能逃离这座让我们的想法可能成为限制障碍的牢狱呢？我们如何挣脱束缚？

治疗师通常喜欢将他们自己分为不同阵营——就像那些坚信自己掌握真理的宗教信徒一样。但这本书由四位有经验、深思熟虑的心理学家撰写，将有助于解放那些试图向新的思维方式、新的好奇心和新的挑战敞开心扉的读者。

事实上，这本书的确是一部杰作。这是一次跨越一系列认知行为治疗的智力之旅，突破新的领域，攀登新的高度。当我第一次开始考虑读这本书时，我的第一个想法是，在理解苏格拉底式对话方面，"太阳底下有什么新鲜事吗？"答案是："是的！"答案就在这里，在这本书中。

任何对心理治疗中的心理探究相关的认真反思感兴趣的人都应该读读这本书。是的，他们不仅应该读这本书，而且应该对这本书进行思考。即使是我们第三浪潮的方法也有苏格拉底元素，甚至行为学方法也要求我们思考、观察和提取想法，甚至在开药时，我们也需要考虑患者是如何思考的。

我们不只是给患者一个解决方案。我们不会对厌食症患者说："这儿有个贝果，吃了它。"我们需要理解患者的背景、阻抗和不依从的状态，甚至自杀的姿态都是有意义的。我们需要帮助他们思考自己的想法、情绪和行为。正如苏格拉底在他的询问中所暗示的那样，答案就在其中。答案是需要引出和阐明的。事实上，苏格拉底式方法反映了"教育（education）"一词的拉丁语来源，即"引导（to lead out）"。其目标是引导他们的思维和行为习惯摆脱痛苦。要弄清楚什么是自动的，且往往是弄巧成拙的，并解释清楚存在不同的思考、感受和行动方式。和接纳承诺疗法（acceptance and commitment therapy，ACT）中的灵活性概念类似，这本书揭示了患者和治疗师对灵活性的需要。通过帮助患者以新的方式思考，通过证明质疑一个人的想法可以收获新的工具，这本贴心的书中的例子将帮助来自任何一个 CBT 流派的治疗师找到新的方法，以帮助患者成为自己的治疗师。考虑到过去不同浪潮的地盘大战有时似乎淹没了我们，我觉得这本书很鼓舞人心。

读这本书可以收获许多智慧。如果你足够好奇地寻找它，它就在那里。

罗伯特·L. 莱希（Robert L. Leahy）博士
于美国纽约市
美国认知治疗研究所所长
行为和认知治疗协会前任主席
国际认知心理治疗协会前任主席
认知治疗学会前任会长
《国际认知治疗杂志》副主编
纽约市认知行为治疗协会终身名誉主席
威尔－康奈尔大学精神病学系临床心理学教授
纽约长老会医院医学院

关于作者

斯科特·H.沃尔特曼（Scott H. Waltman） 心理学博士，美国专业心理学委员会（American Board of Professional Psychology，ABPP）委员，临床医生，国际培训师和基于实践的研究员。他的兴趣包括循证心理治疗实践、培训和在为服务匮乏的人群提供照护的系统中实施循证心理治疗。他被认知与行为治疗学会（Academy of Cognitive & Behavioral Therapies）认证为合格的认知治疗师和培训师/顾问。他还获得了美国专业心理学委员会行为和认知心理学的认证。最近沃尔特曼博士在阿伦·贝克博士的一个费城公共精神卫生系统的 CBT 推行团队中担任 CBT 培训师。目前，他在私人诊所以及管理式医疗系统中担任临床心理学家，他是一线临床工作者和基于实践的研究员。在临床上，沃尔特曼博士致力于灵活而富有同情心地应用认知和行为干预，帮助人们克服生活中的障碍，促进建立以热情和价值观为指导的有意义的生活。

R.特伦特·科德（R. Trent Codd, Ⅲ） 获教育学专业学位，是"重获精神健康（Refresh Mental Health）"北卡罗来纳州临床运营副总裁。除了提供临床服务外，他还积极参与培训和督导工作，包括为美国最大的培训计划提供培训。他是认知与行为治疗学会的认证治疗师、会员、认证培训师和顾问，曾是认知治疗学会委员会委员。

琳恩·M.麦克法（Lynn M. McFarr） 博士，加州大学洛杉矶分校大卫格芬医学院（在海港–加州大学洛杉矶分校医学中心）的健康科学教授，也是加利福尼亚州认知行为治疗（CBT California）的创始人和执行董事。她是认知与行为治疗学会的主席、行为与认知治疗协会的会员，以及国际认知治疗协会的当选主席。麦克法博士担任洛杉矶精神卫生部 CBT 和辩证行为治疗（dialectical behavior therapy，DBT）的实践负责人，在那里她发起了"在洛杉矶推广 CBT"的培训，培训了 1500 名一线临床工作者，使其具备实施 CBT 的能力。麦克法博士担任《认知治疗》(*Cognitive Therapy*)的高级编辑长达 8 年，并于 2018 年创立了第一份 DBT 专门出版物《辩证行为治疗简报》(*DBT Bulletin*)。麦克法博士在 CBT 与 DBT 的培训、督导、传播和实施的各个方面进行研究并发表论文。她是辩证行为治疗战略规划会议（国际 DBT 研究人员联盟）的成员，并在 2014—2015 年担任国际辩证行为治疗促进和教学协会的项目主席。

布雷特·A. 穆尔（Bret A. Moore） 心理学博士，美国专业心理学委员会委员，美国得克萨斯州圣安东尼奥的有处方权的心理学家和委员会认证的临床心理学家。他是博尔德克雷斯特研究所副所长，曾任现役陆军心理学家，也是经历两次伊拉克之旅的老兵。在心理创伤、军事心理学和精神药理学领域，他著有和编辑了 22 本书及数十篇著作章节与科学文章。

| 目 录 |

第一章　引言：为什么要用苏格拉底式提问？　/ 1

第二章　为什么矫正性学习不能自动发生？　/ 11

第三章　入门指南　/ 39

第四章　苏格拉底式提问的框架　/ 75
　　　　贝克-苏格拉底式对话

第五章　聚焦关键内容　/ 97

第六章　现象学理解　/ 135

第七章　合作式好奇　/ 165

第八章　总结和整合　/ 205

第九章　苏格拉底式策略的障碍排除　/ 221

第十章　思维记录、行为实验和苏格拉底式提问　/ 235

第十一章　针对核心信念和图式进行工作　/ 259

第十二章　苏格拉底式辩证法　/ 275
　　　　　在针对边缘型人格障碍的辩证行为治疗中运用认知和苏格拉底式策略

第十三章　苏格拉底式策略与接纳承诺疗法　/ 317

第十四章　供临床医生和处方医生使用的苏格拉底式策略　/ 333

第十五章　苏格拉底式策略教学中的苏格拉底式策略　/ 349

第十六章　针对自我的苏格拉底式策略　/ 363

第一章

引言：
为什么要用苏格拉底式提问？

斯科特·H.沃尔特曼

矫正性学习对心理疗愈和成长必不可少的观点可以追溯到心理治疗的起源（Alexander & French，1946；Yalom，1995）。这种现象通常被称为矫正性情绪体验（corrective emotional experience；Alexander & French，1946；Yalom，1995）。从综合的角度来看，精神疾病的非生物学因素通常植根于致病的潜在信念（见 Silberschatz，2013；Weiss，1993），改变这种信念可以减轻痛苦，导致思维、情感和行为的健康变化。改变潜在信念有多种途径，例如：在团体环境中进行人际学习（Yalom，1995），治疗师提供与早期学习相反的矫正性体验（Alexander & French，1946；Silberschatz，2013；Weiss，1993），使用提问和苏格拉底式对话帮助来访者从不同的角度看待事物（Padesky，1993），或使用苏格拉底式提问导入那些可能来自集体无意识或精神领域的先天的知识（Peoples & Drozdek，2017）。本书侧重于使用苏格拉底式提问直接带来变化，并使用苏格拉底式策略来增强经验式（人际交往式）的改变方法。

当然，苏格拉底不是治疗师，完全忠实地应用苏格拉底式方法不会有治疗作用（Kazantzis，Fairburn，Padesky，Reinecke & Teesson，2014）。本书提出了在临床环境中使用更具同理心和合作性的苏格拉底式策略；苏格拉底式策略与良好的临床实践相结合，其方式与构成有效治疗的证据基础相一致。合作式经验主义（collaborative empiricism）恰当地描述了使用合作策略与来访者一起将科学好奇心应用于其思维过程的过程（Tee & Kazantzis，2011）。贝克-苏格拉底式对话（Beckian Socratic Dialogue）或贝克式对话（Beckian Dialogue）也是对该过程的准确描述（见 Kazantzis et al.，2018）。

在认知治疗中可以找到大量经过验证的认知改变策略。认知治疗和更广泛的认知与行为治疗的基本原则是，人们思考与理解自己生活和处境的方式会影响他们的行为，进而影响他们的感受（Beck，1979；Waltman & Sokol，2017）。因此，改变一个人的生活是通过改变其思维方式来实现的。这一过程被称为认知重建，它通常比简单地提供一个新的表述或替代解释更为复杂。苏格拉底式方法会带来更深、更持久的认知变化，并且已被发现可以预测症状变化（Braun，Strunk，Sasso & Cooper，2015）——即使在控制治疗联盟因素之后，这种关联仍然显著。

治疗师如何才能精通苏格拉底式提问？

如果你正在浏览或细读这本书，你可能会对在临床环境中使用苏格拉底式策略感兴趣。你可能正在尝试改进自己的实践，或者你可能正在寻找工具来帮助你的学生学习这一宝贵（但复杂）的技能组。这本书对于这两种情况都是极好的资源。总的来说，我们已经培训了数千名治疗师，帮助他们学会如何在治疗中有效地利用苏格拉底式提问引发持久的认知变化，而认知变化会进一步转化为情绪和行为的变化。我们一直在改进和完善我们的方法，这本书代表了我们在工作中和培训临床工作者的临床实践中发现的最有效策略。

那么，治疗师如何才能精通苏格拉底式提问呢？人们通过体验式方法学得很好——边做边学（Wenzel，2019）。在第三章"入门指南"中，我们将回顾科尔布（Kolb，1984）的体验式学习（experiential learning）的四个阶段：具体经验、反思性观察、抽象概念化和主动实践。像其他任何事情一样，你必须能够在一开始没有你想要的那么好时坚持下去，承担风险，反思，然后变得更好。

记住这一点可能会有帮助：阿伦·贝克并不是一开始就是阿伦·贝克，而苏格拉底也不是一开始就是苏格拉底。你可以成为下一个阿伦·贝克或苏格拉底，或者你的名字可以独立存在，因为你是第一个你。当我们向前人学习的时候，我们了解到好奇心的价值，以及拥有经验主义的心态的价值。好奇心会让你在这一实践中走得比较远（Kazantzis et al., 2014），而培养合作式好奇心会帮助你和你的来访者走得更远。

正在学习如何使用苏格拉底式策略的治疗师提出的一个常见问题是，哪些问题对改变来访者的思维最有效。我们会讨论这个问题的，但我们首先要关注的问题是确定要评估什么，认知目标的情感意义是什么，以及来访者如何从他们的角度看待它。最好的问题是基于对来访者和情况的透彻了解提出的。如果你能从来访者的角度看待问题，你们就可以一起努力扩展这个观点。

实用主义（pragmaticism）是另一个需要培养的关键属性。当我曾经为阿伦·贝克工作时，我对与他谈论这种实践有着非常美好的回忆。他对苏格拉底式方法和认知矫正的看法非常务实。在讨论案例时，他有一种超凡脱俗的能力，能够迅速掌握情况的本质，并对他认为需要重点关注的关键认知内容形成假设。根据案例的复杂程度，治疗师通常需要极大的创造力。与关于专家如何进行心理治疗的研究结果（Solomonov, Kuprian, Zilcha-Mano, Gorman & Barber, 2016）一致，贝克倾向于整合那些在观察者看来可能超出传统认知治疗界限的策略，例如人际关系、情绪聚焦、基于正念和基于洞察的策略。每当有人指出这一点时，他都会笑着说："如果有效，那就是认知治疗。"

同样，本书代表了一种针对苏格拉底式策略的整合性方法，重点关注什么是有效的。从情绪聚焦疗法、接纳承诺疗法、辩证行为治疗、功能分析心理治疗、图式治疗以及存在主义和人本主义心理治疗中提取的要素，让传统的认知策略得到了提升。此外，本书从哲学、认识论、形式逻辑、数理逻辑、商业管理和法律领域中提取策略，为使用苏格拉底式策略引发持久的认知变化建立一个强有力的框架。

促进改变

人们通常有充分理由相信他们所相信的——他们是诚实的。作为治疗师，我们的任务是与来访者结盟，建立信任关系，放慢速度并澄清认知和行为过程，然后共同努力实现改变。说起来容易做起来难。在过去的几十年里，大量有效的策略被开发出来，帮助人们改变认知和行为。本书提供了一个框架，用于通过苏格拉底式策略引发认知和行为改变。

那么治疗师如何促进认知改变呢？问题是你不能只是告诉别人如何看待一种处境。相信我们都那样做过，我们都记得自己曾经一直试图通过分享我们认为更准确的观点——通常是我们自己的观点，帮助别人从不同的角度看待事情。唯一会发生的事情是，我们一周又一周地进行相同的对话，而尽管我们给出了我们认为可能正确的答案，但这些答案似乎并不被接受。所以，苏格拉底式提问的目标是帮助人们学会用不同的方式看待自己的处境。其思想是，如果人们能够自己得出这些新结论，新的观点将对他们的生活产生更大的影响。认知疗法还侧重于帮助来访者学会自己得出这些新结论，这样他们就可以在没有我们的情况下继续这个过程。最终，我们希望他们学会成为自己的治疗师（Beck，2011）。

简要示例

有时，一个恰当的问题可以带来很多好处，而其他时候则是一个漫长得多的过程。举一个年轻的治疗师的例子，他因针对青少年的创伤工作而经历情绪耗竭后寻求自己的治疗。这位治疗师很早就有过亲职化（parentification）的经历，对于无法拯救与他一起工作的年轻人感到无比悲伤。他的治疗师看到了他的早年经历与当前困难之间的相似之处，并想知道他早年形成的哪些信念或态度可能会加剧他目前的状况。这位治疗师的治疗师引出了一种与照顾他人的责任相关的认知，并使用苏格拉底式策略来评估这种认知。几个有针对性的问题——比如为什么他小时候的任务是照顾家庭，为什么成年的家庭成员没有站出来——足以帮助年轻的治疗师提出他从未问过的问题。这为他带来了对他人责任的更合理的态度，减少了情绪耗竭，也提高了临床工作的效果。

详细示例

当然，这并不总是那么容易。有时候，一个异常痛苦或毫无帮助的潜在信念，就像一堵砖墙，一块一块地砌起来——也就是说，通过一次又一次的经验累积起来；在这些情况下，拆解信念和建立新的信念可能是一个渐进且持续的过程。思考以下患有创伤后应激障碍（posttraumatic stress disorder，PTSD）的来访者的例子。这位来访者是在一个情绪层面上不可预测的环境中长大的。他的母亲有酗酒和情绪失调的问题，他的父亲有虐待行为。他报告说，他在学业上成绩很好，但在社交上却很吃力。当他决定向他非常虔诚的家庭公开自己是同性恋时，他的生活变得更加艰难。他的父亲在他们参加的基督教会中担任了某种领导角色，那里的几位成员试图向他传道以"纠正"他，而这对来访者无效。这些早期的转化治疗显然没有改变他的性取向，但给他带来了很大的痛苦，并导致他花了多年时间克服内化的异性恋主义（heterosexism）。不久之后，他的父亲开始对他进行身体和情感上的虐待，这种虐待持续了多年。

这位来访者后来获得市场营销学位，并创办了一家非常成功的公司。他遇到了一个和他相爱的男人并结了婚。大约在我和他见面的前一年，他的伴侣经历了第一次躁狂发作。在那段时间里，他的伴侣变得越来越偏执和反复无常；最终，他的伴侣将他囚禁起来，并在他面前用菜刀杀死了他们心爱的独生女。他的伴侣后来因精神错乱被判无罪，被逮捕并被关进一家公立精神病院。毋庸置疑，女儿的死让他无比痛心，他最终将这件事归咎于自己。这种可怕的创伤被同化为他之前的信念——世界是危险的。他责怪自己没能预料到这会发生，也无法阻止。

他告诉自己,他知道这个世界是不安全的,他是一个放松警惕的傻瓜。此外,他认为这是道德上的失败。他告诉自己,如果他是一个更好的人,那么他就能够阻止这一切的发生;换句话说,"我爸爸是对的,我真的很坏"。

他与创伤相关的信念中最令人痛苦的是,他应该能够预测将要发生的事情并且他应该能够阻止其发生。通过使用思维日记和苏格拉底式提问,我们坚持不懈地研究这些信念。对他来说,"自己应该能够预见创伤"的想法相对容易重新评估。之后他的内疚和焦虑情绪稍微减轻了。相信"自己应该能做些什么来救女儿"的想法更加隐匿。与最近文献中对注意力焦点的强调一致(Beck & Haigh, 2014),我们使用视觉辅助工具来促进引导发现。他报告说,我们使用的最有影响力的干预是用白板来绘制房子的地图,以及他认为他原本应该做些什么不同的事情。当他解释他假设的替代行动方案时,我们讨论了他的伴侣会有什么不同的做法。因此,当他对自己进行了事后批评并且经过数月的反复思考,给出了在情感上感觉是"正确的答案"时,我们对修改后的情境进行了分析,以证明没有一个现实的选择能够拯救他的女儿。他报告说,这帮助他看到,在这种情况下,他实际上什么也做不了;事实上,他很幸运地逃脱了生命危险。在接受了一定次数的认知治疗后,他的症状减轻了,不再符合创伤后应激障碍的诊断标准,他的现实生活功能也得到了改善。这项运用苏格拉底式策略带来认知改变的工作具有挑战性,但潜在的回报是巨大的。

本书其余部分的内容

本书的前几章将重点介绍为什么需要苏格拉底式策略,以及你作为一名治疗师在治疗过程中可以做些什么来创造必要的条件,使你能够在治疗过程中更有效地使用苏格拉底式策略。然后,本书介绍了贝克-苏格拉底式对话的四步框架。框架的每一步都由一个独立的章节介绍,其中包含详细回顾和大量案例。后续章节将侧重于进阶主题,例如障碍排除、特定的认知和行为策略以及对核心信念的处理。处于实践前沿的专业主题也有所呈现,例如,将苏格拉底式策略与情境行为疗法（如接纳承诺疗法和辩证行为治疗）结合使用。此外，还特别考虑了供有处方权的临床医生使用的苏格拉底式策略，以及针对督导师和临床培训师的培训策略的章节。本书意在让读者按顺序阅读，但你也可以根据自己的需要和喜好阅读。

参考文献

Alexander, F., & French, T. M. (1946). *The corrective emotional experience. Psychoanalytic therapy: Principles and application.* New York: Ronald Press.

Beck, A. T. (1979). *Cognitive therapy and the emotional disorders.* New York: Meridian.

Beck, A. T., & Haigh, E. A. P. (2014). Advances in cognitive theory and therapy: The Generic Cognitive Model. *Annual Review of Clinical Psychology, 10,* 1–24.

Beck, J. S. (2011). *Cognitive behavior therapy: Basics and beyond* (2nd ed.). New York: Guilford Press.

Braun, J. D., Strunk, D. R., Sasso, K. E., & Cooper, A. A. (2015). Therapist use of Socratic questioning predicts session-to-session symptom change in cognitive therapy for depression. *Behaviour Research and Therapy, 70,* 32–37.

Kazantzis, N., Beck, J. S., Clark, D. A., Dobson, K. S., Hofmann, S. G., Leahy, R. L., & Wong, C. W. (2018). Socratic dialogue and guided discovery in cognitive behavioral therapy: A modified Delphi panel. *International Journal of Cognitive Therapy, 11*(2), 140–157.

Kazantzis, N., Fairburn, C. G., Padesky, C. A., Reinecke, M., & Teesson, M. (2014). Unresolved issues regarding the research and practice of cognitive behavior therapy: The case of guided discovery using Socratic questioning. *Behaviour Change, 31*(01), 1–17.

Kolb, D. A. (1984). *Experiential learning: Experience as the source of learning and development.* Englewood Cliffs, NJ: Prentice-Hall.

Padesky, C. A. (1993). Socratic questioning: Changing minds or guiding discovery. Paper presented at the A keynote address delivered at the European Congress of Behavioural and Cognitive Therapies, London.

Peoples, K., & Drozdek, A. (2017). *Using the Socratic method in counseling: A guide to channeling inborn knowledge.* New York: Routledge.

Silberschatz, G. (2013). *Transformative relationships: The control mastery theory of psychotherapy.* New York: Routledge.

Solomonov, N., Kuprian, N., Zilcha-Mano, S., Gorman, B. S., & Barber, J. P. (2016). What do psychotherapy experts actually do in their sessions? An analysis of psychotherapy integration in prototypical demonstrations. *Journal of Psychotherapy Integration, 26*(2), 202–216.

Tee, J., & Kazantzis, N. (2011). Collaborative empiricism in cognitive therapy: A definition and theory for the relationship construct. *Clinical Psychology: Science and Practice, 18*(1), 47–61.

Waltman, S., & Sokol, L. (2017). The Generic Cognitive Model of cognitive behavioral therapy: A case conceptualization-driven approach. In S. Hofmann & G. Asmundson (Eds.), *The science of cognitive behavioral therapy* (pp. 3–18). London: Academic Press.

Weiss, J. (1993). *How psychotherapy works: Process and technique*. New York: Guilford Press.

Wenzel, A. (2019). *Cognitive behavioral therapy for beginners: An experiential learning approach*. New York: Routledge.

Yalom, I. D. (1995). *The theory and practice of group psychotherapy*. New York: Basic Books.

第二章

为什么矫正性学习不能自动发生?

斯科特·H.沃尔特曼

在关于使用苏格拉底式策略带来认知改变的讨论中，需要回顾为什么这种矫正性学习并不总是自动发生。为什么一个有家人爱他们的人，会坚持认为自己不可爱？为什么一个年轻的专业人员经过努力获得新工作时，却会产生"我是冒名顶替者或我无法胜任"的想法？为什么过分追求完美的人，具有一系列的成就，却抱有自己是个失败者的想法？答案是，我们的期望倾向于指导我们的想法、感受、行为，甚至我们如何感知现实——一切都是以认知为中介的（参照 Lorenzo-Luaces，German & DeRubeis，2015）。

一个作为大众媒体的电视节目幽默地展示了这一原则，该节目对有机种植和非有机种植的水果进行了口味测试（Jillette et al., 2009）。参与者得到两块水果，并被告知哪一块是有机种植的。结果，参与者描述了两种水果的质量、味道和质地有很大不同。然后，主持人告诉他们这两块水果是从同一个水果上切下来的，例如，一根香蕉切成两半，并作为两块香蕉呈现。参与者无法解释为什么同一个水果的两半对他们来说味道不同，但他们坚持认为他们的感官体验是不同的。社会心理学中有许多原则可以帮助解释这些发现。本章将提供社会心理学相关概念的简短回顾、更新的认知模型概述、认知个案概念化的描述、给临床工作者的简短提示、扩展的认知个案概念化示例和会谈中合作式个案概念化的示例。

社会心理学中的认知偏差

这些心理过程包括：选择性知觉、确认偏差、记忆偏差和自我实现预言（Plous，1993）。选择性知觉指的是，我们倾向于看到我们期望看到的东西并忽视我们不希望看到的东西。这一建构与确认偏差有所重叠（Nickerson，1998），后者描述的是人们（有意或无意地）选择性关注证实他们期望的证据，为这些证据提供过高的权重，甚至可以曲解证据以确认自己的偏见。

沃尔特·李普曼（Walter Lippman）在其有影响力的著作《公共舆论》（*Public Opinion*，2017）中的一段引文可说明这些认知过程："在大多数情况下，我们不是先看到，然后定义，而是先定义，再看到。"他接着说："［人们］生活在同一个世界，但他们在不同的世界中思考和感受。"一些社会心理学实验已经证明了这一原则（Plous，1993），而且客观地说，这一现象在当前的地缘政治环境中也很容易观察到。如果你仔细考虑最近的政治辩论（无论它是什么内容），你很可能发现针对这一内容存在明显不同的报道和解释。阅读各种媒体文章的人可能会好奇记者是否在报道同一事件。当认知偏差导致不同的共识现实时，我们很难找到共同点。

其他复杂因素包括人类记忆的不可靠性。过去，人们将自身的记忆比作一台计算机，在其中对文件进行编码、存储和提取。这是对人类思维的过度比较，因为我们提取的通常不是最初存储的（Plous，1993）。一个较新的模型将人类记忆比作堆肥（Randall，2007），在这个过程中记忆会分层、降解和混合。尽管我们仍在寻找人类记忆的完美隐喻，但"记忆并不总是可靠的"这个发现已经得到充分证实（Foley，2015；Plous，1993）。这或许在不可能的记忆现象中得到了最好的证明——人们对不可能发生的事件形成了记忆（Foley，2015）。此外，即使面对相互矛盾的证据，对错误记忆的信念也会持续存在（Foley，2015）。

另一个值得回顾的社会心理学概念是自我实现预言。其含义是，期望塑造行为，而行为反过来又可以塑造结果，这可能导致期望发生（Plous，1993）。一项开创性研究很好地证明了这一点。在该研究中，教师被引导相信随机抽取的学生实际上具有天赋或比同龄人具有更高的潜力。在为期 8 个月的追踪研究中，那些经过识别的学生的进步速度高于同龄人。这一发现可以解释为，教师对学生的期望导致教师对随机选择的学生给予更多关注、表扬和鼓励（Rosenthal & Jacobson，1968）。因此，"预言"是自我实现的，并且我们可以看到，我们的期望不仅会影响我们的感知方式，还会影响我们的行为，而这两者都会导致对现实和感知现实的塑造，以实现预先存在的期望。这些社会心理学发现与认知行为模型一致，也被称为一般认知模型（Generic Cognitive Model；Beck & Haigh，2014；Waltman & Sokol，2017）。

CBT 的一般认知模型

一般认知模型的基本原则是，对情境的感知直接影响情绪、生理和行为（Beck，1963，1964）。这个观点并不是认知行为治疗所独有的，埃利斯很快指出，斯多葛派哲学家爱比克泰德写道，"人们不是被事物困扰，而是被他们对事物的看法困扰"（Epictetus，125，引自 Ellis & Harper，1961）。这一点得到了基础科学和临床结果研究的支持（参见 Lorenzo-Luaces，German & DeRubeis，2015）。

一般认知模型认为，特定情境的想法或自动思维通常是自发产生的，也经常是简短而转瞬即逝的，它们以想法或图像的形式出现，并且无须深思或评估就被认为是真实的。这些自动的想法源于一个潜在的信念系统，并影响我们的感受和行为。虽然 CBT 治疗师可以直接针对行为的改变（Barlow et al.，2010；Meichenbaum & Goodman，1971）并使用情绪聚焦策略（Leahy，2018），但认知改变策略包括丰富的临床工具，可以改变信念系统和相应的信念及情绪反应（Waltman & Sokol，2017）。由于 CBT 拥有强大的研究和科学探究传统，CBT 的一般认知模型多年来一直在被修订和完善（Beck & Haigh，2014）。认知模型的一个进展是它纳入了一种被称为模式的东西（Beck & Haigh，2014）。模式（mode）可以理解为图式（一种思维方式）的激活以及相关的应对/补偿策略。图式激活描述了一个人当前的情绪–认知–行为状态（Fassbinder，Schweiger，Martius，Brand-de Wilde & Arntz，2016）。

模式的概念首先出现在图式治疗的文献中，用以解释边缘型人格障碍来访者的表现形式的快速变化。图式治疗师指出，当这些患者出现失调时，他们会有极端的思维模式、高度的情绪激活和冲动行为（参见 Fassbinder et al., 2016）。或者说，在适应良好的情况下，他们的想法不会过激，情绪不会高涨，行为也不会冲动。这些不同的表现代表了不同的模式状态（Fassbinder al., 2016）。随着一般认知模型多年来的修订，其他模式已得到识别（例如，抑郁模式；Beck & Haigh，2014）。临床上，当来访者的表现变化很大时，这个概念非常有用。当临床表现包括相对极端的模式（例如，过度控制和控制不足）时，治疗的目标可能是培养更平衡的模式。

一般认知模型的另一个进展是功能适应良好和适应不良的连续性（Beck & Haigh，2014）；也就是说，人们不仅有消极或非适应性的核心信念，也有积极的和适应良好的信念。因此，在临床上，我们不仅努力将目标对准与痛苦和功能障碍相关的信念，而且我们想巩固以前就存在的健康信念。这种做法通过基于优势的 CBT（strengths-based CBT）得到了很好的证明，在 CBT 中既有对传统治疗目标（即非适应性信念和行为）的评估和聚焦，也有对优势和适应性信念的培养（Padesky & Mooney，2012）。

信念的概念化

核心信念

CBT 是一种学习理论，而核心信念是我们随着时间的推移、通过我们的经验和我们对经验的看法，而形成的关于他人、世界和我们自己的想法。这些想法可以是正面的也可以是负面的，并且通常被认为是绝对真理，无论其真实性如何。消极的核心信念通常是对部分真理的过度泛化，而有时它们反映了与实际真理完全相反的情况。虽然自动思维反映了对特定情况的看法，但核心信念是独立于任何特定情况而存在的、更为概括的想法。

关于自我的负性核心信念通常分为两大主题，即能力或吸引力（Dozois & Beck，2008）。一个人可能有这两个领域的负性信念，或在其中一个领域里存在更强烈的负性自我信念。反映无能的核心信念标签的例子如下：我无能；我是个失败者；我很软弱；我不够好；我自卑；我很笨。反映不受欢迎的核心信念标签的例子如下：我不受欢迎；我没有吸引力；我不可爱；我不讨人喜欢；我很坏；我一文不值。一个人可能对自己抱有一种整体的负性信念或多种负性信念。这些核心信念可能总是占上风，歪曲个体面临的各种情境，或者仅在个体面临困难或具有挑战性的情境，或是与抑郁或焦虑等心理障碍做斗争时才会占上风。一般认知模型对此进行了解释，认为某些信念或图式有时可能是不活跃的，但可以在某些压力源下被触发或激发（Beck & Haigh，2014）；例如，一段浪漫关系的突然结束可能会激活潜在的认为自己不值得被爱或有缺陷的信念。

补偿策略

行为是概念化的另一个重要组成部分。与自我实现预言的概念一致（Rosenthal & Jacobson，1968），与核心信念相关的行为可以带来强化该信念的结果。例如，一个男人认为自己是软弱且易受伤害的，并假定世界是一个危险的地方。如果他的反应是迅速察觉危险、迅速发怒、迅速战斗，他很可能会因此受到攻击。这只会强化他的假设。补偿策略可以是与信念一致的（即表现得好像信念是真实的），或是过度补偿的（即努力尝试证明信念是错误的），或回避信念（即试图通过回避可能激活信念的情境来回避信念；Young，1999）。

规则和假设

在特定情况下的自动思维和更普遍的核心信念之间是所谓的规则或假设。规则是人们对自己、他人或世界的普遍看法，例如：事情永远不会得到解决；其他人都有能力；或者，世界是一个危险的地方。假设是将行为策略与核心信念联系起来的条件陈述。这些都是以"如果–行为，然后–结果"的格式表述的，并且通常是将一个人害怕发生的事情与他们为避免这种感知伤害而正在做的事情联系起来的一种方式。

- 例如，一个持有无能信念的人可能对冒险持谨慎态度，因为害怕失败会证明他们无能。他们可能学会避免尝试可能会失败的困难事物，或者在出现失败的第一个迹象时就放弃——因为对这些人来说，失败比放弃更痛苦。这样的人可能会发展出条件性假设："如果我尝试，我就会失败；但如果我不尝试，我就不会失败。"
- 或者，具有相似核心信念但行为反应过度的人可能认为他们必须完成大事并承担风险，否则人们会认为他们无能。这个人可能会发展出条件性假设："如果我没有做到，人们就会看到我有多无能；但是，如果我加倍努力，尽我所能，那么也许我可以避免让人们注意到我完全无能。"

条件性假设的其他示例如下。

- "如果我告诉别人我想要什么，那么我很容易受到伤害；但是，如果我把它藏在心里，也许我会没事的。"
- "如果我让自己感到悲伤，那么我就是软弱的；但是，如果我逃避我的情感，那么我就不必感受软弱。"
- "如果我让人们真正了解我，那么他们会看到我有多糟糕并离开我；但是，如果我让我的人际关系浮于表面/专注于照顾其他人，那么也许没有人会注意到我有多糟糕。"
- "如果我说不，他们就不会喜欢我；但是，如果我总是默许并答应，那么人们就会喜欢我。"

条件性假设代表了一个战略干预点，因为它们展示了信念和行为如何结合在一起。当行为是一种回避策略时，针对信念和相应行为的干预就显得尤为重要。以害怕失败的人为例，他们不会冒险或尝试困难的事情。如果你要权衡他们认为自己无能的证据，那么你很难从中汲取有用的经验来证明他们的能力。同样，举个例子，一个人害怕自己拒绝别人的请求，别人就会不喜欢她。如果她从不说"不"，那么可以借鉴的经验就很有限。

认知过滤器

修订后的一般认知模型强调了注意过程和心理过滤器在维持信念方面的作用（Beck & Haigh, 2014），尽管有关该主题的重要内容也阐述了这一观点（Beck, 2011; Padesky, 1994）。朱迪·贝克（Judy Beck, 2011）将这种心理过程称为信息处理模型，在该模型中，人们有选择地关注支持其核心信念的负面信息，而忽略或曲解不支持其核心信念的正面信息。其他人使用"心理粉碎机"的比喻：它位于我们的意识之外，并"粉碎"或重塑与我们信念不一致的体验，以便体验与预先存在的信念保持一致（Butler, Fennell & Hackmann, 2010）。举一名男性的案例：他认为自己是一个坏人，并在治疗开始时分享了自己当天早些时候让兽医对他的狗进行安乐死时的感觉有多糟糕。对这个人来说，这进一步证明了他是一个多么可恶的人；然而，他却省略了很多背景信息。在与他讨论这个情况时，治疗师了解到这只狗是一只救援犬，而这位来访者喜欢收留救援犬，通常是其他人不会收留的狗。这只狗患有神经退行性疾病，这使它变得非常凶和不可预测。他已经用尽了所有的医疗手段，也无法把狗安全地养在家里了。他联系了各种犬类救援机构，看看有没有人能够带走这只狗，但没有成功。让狗安乐死的决定是他最后的选择，也是兽医强烈推荐的。对于客观的观察者来说，这并不能说明来访者完全是坏人，那么为什么他认为这种情况只是证明他坏的更多证据？这是因为他有选择地只关注与他以前的信念一致的故事元素，并且他正在歪曲信息以符合他的假设。

有一种流行的委婉说法是"通过玫瑰色眼镜看世界"，这意味着人们对情况的看法过于积极。从 CBT 的角度来看，人们通过一个图式镜头看待世界，该镜头以过滤信息的方式强化了他们的偏见（参见 Nickerson，1998）。

形成和使用 CBT 概念化以指导治疗

目前已经发展了许多不同的方法来形成个案概念化。朱迪·贝克的认知概念图（Cognitive Conceptualization Diagram，CCD）是最受欢迎的方法之一（参见 Beck，2011）。其他常用的方法包括珀森斯（Persons，2012）开发的一种类似于 CCD 的方法。帕德斯基和穆尼（Padesky & Mooney，2012）修改了合作式个案概念化的形式以纳入优势和心理弹性因素，而穆里（Moorey，2010）开发了一种"恶之花"概念化图式，用于绘制维持来访者的困境的想法、信念、行为和复杂化因素。值得注意的是，即使是最好的个案概念化也是假设（有根据的猜测），并且治疗师与其他人一样容易出现所有的判断和感知错误（参见 Ruscio，2007）。因此，重要的是将你的个案概念化视为一个工作假设，而你正在收集可证实和否定这个假设的信息，以便随着时间的推移完善你的假设。

无论用于帮助构建认知个案概念化的具体形式如何，其中都有许多共同要素，包括个人当前的问题情境，他们相应的想法、感受和行为，以及驱动这些当前想法、感受的潜在信念和行为。CBT 治疗师要对维持这些信念的因素采用策略手段并保持最大的兴趣。因此，个案概念化的一个主要目标是找出潜在信念如何影响当前的想法和行为，以及当前的认知风格与行为如何强化和再肯定了根深蒂固的核心信念和潜在假设。例如，考虑上面列出的假设："如果我尝试，我就会失败；但如果我不尝试，我就不会失败。"这种类型的假设可能对应于无能的核心信念,以及避免困难任务并在失败的第一个迹象出现时放弃的行为策略。随着时间的推移,这种类型的模式往往会变得越来越强。当想到自己的不足时,这个人可能会感到羞耻和悲伤。"我真是个失败者。""我什么都做不好。""我的生活没有什么可展示的。"因此,他们在生活中不会冒很多风险——如果你确定你会失败,为什么要尝试呢?因此,他们在生活中的成就水平很低,他们认为这是他们无能的证据。"当然,我是个失败者;我的人生一无所获。"这会导致更多关于自身不足的想法和进一步的行为回避。

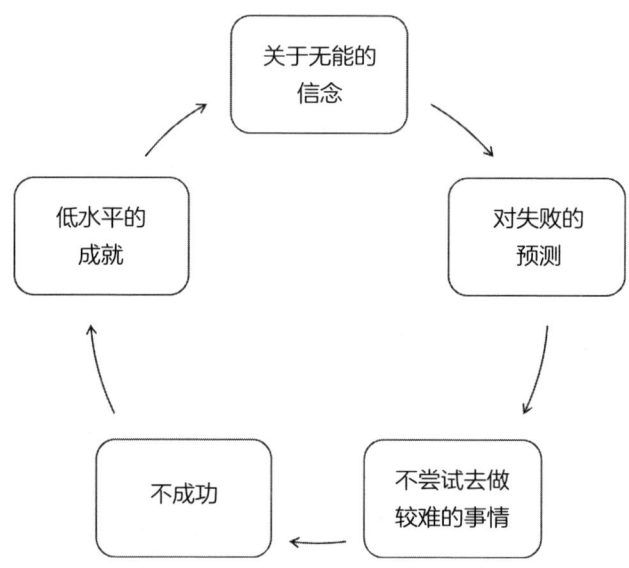

图 2.1　补偿策略通常会阻止新的学习并维持一组信念

因此,这是一个循环,而认知治疗师会尝试通过使用认知策略和行为实验来打破这种模式。相应地,也可以使用苏格拉底式策略对潜在的目标进行干预。

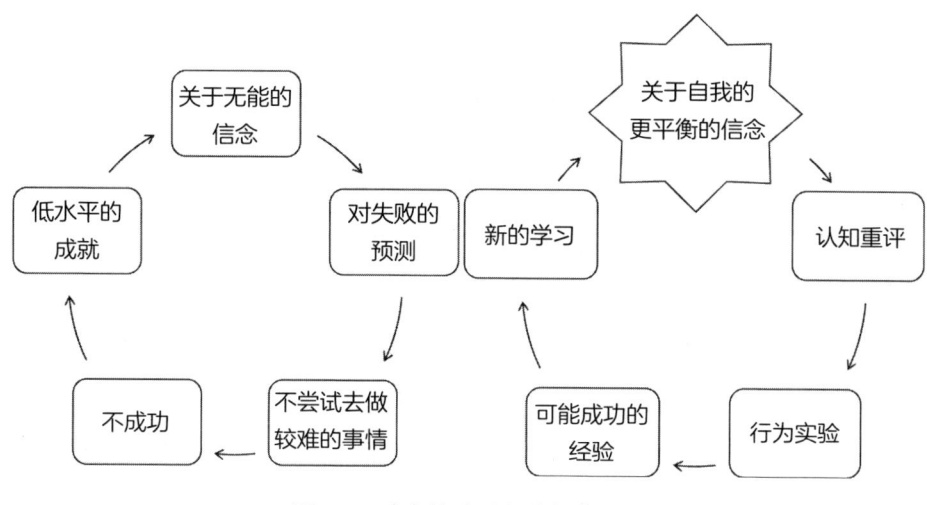

图 2.2　改变策略以促进新的学习

　　有时，模式不那么明显。想想那些不断害怕失败的高成就专业人士。她在个人生活和职业生涯中取得了很多成就，但为什么她会被失败的想法和预测所困扰？这是因为她的信息处理模式不允许她对自己的能力或成功形成更平衡的信念。在她的成长过程中，她被寄予了很高的期望，她了解到即使是很小的错误也会受到批评。这导致了一种僵化的假设："如果我犯了错误，别人就会看到我的无能，但如果我努力工作，比任何人都努力，也许人们就不会注意到我的无能，他们会暂时让我留下。"这种思考过程带来了巨大的生产力和成就，但她无法享受这些，因为她一直担心别人发现自己的失败。这种注意力偏差让她聚焦于微小的失误，导致她看不到大局。一个不成熟的认知治疗师可能会试图通过关注她的成就来处理她关于无能的信念。一个更微妙的方法是问："既然她成功了，为什么她仍然觉得自己是个失败者？"换句话说："为什么这个问题没有自行解决？"这是关键的治疗目标。在这种情况下，要针对的关键认知结构是她的全或无的思维（与她如何定义成功有关），以及在她失败之前她被允许成为怎样的人。

功能性的信念概念化图示

在上面的讨论中,我们回顾了个人的信念如何影响他们的思维方式和行为,进而影响发生的事情以及他们如何看待发生的事情。所有这些因素都可以形成一个反馈循环,最终强化预先存在的信念。绘制这个循环图可以帮助临床工作者了解信念如何被维持并确定策略干预点。如果这个循环是合作(并且灵活)完成的,它也可以作为会话中的干预,帮助来访者在思维上后退一步,以便看到他们被卡在其中的循环并建立改变的动机。许多高质量的个案概念化图示和形式已经存在(例如,Beck,2011;Moorey,2010;Padesky & Mooney,2012;Persons,2012),具有很高的临床实用性。我们提出了一种新形式,该形式参考了现有图示和上面回顾的文献。

新个案概念化图示的具体目标是找到问题的模式,这种模式会强化先前存在的信念,即:问题的维持因素是什么?这是一种简化的格式,并不打算取代更广泛的概念化图示。我们展示的功能性信念概念化图示简要版(Simplified Functional Belief Conceptualization Diagram)是一种可以在会谈中合作使用的图示(见工作表 2.1)。一直以来,从业者都很警惕在会谈中使用替代的、更复杂的个案概念化图示,因为来访者可能会觉得你正试图将他们放入一个框中(Beck,2011);相反,这种新的简化形式是对信念及其影响的功能分析。在治疗期间,与将一个整体的人与单一表格进行匹配相比,这项任务更小(并且不那么难以应对)。我们还提供了一个详细的工作表(见工作表 2.2),以帮助临床工作者在治疗之外思考案例。

工作表 2.1　功能性信念概念化图示简要版

信念：

过滤器：

预测：

结果：

行为：

©Waltman, S.H., Codd, R. T. Ⅲ , McFarr, L. M. , and Moore, B. A.（2021）. *Socratic Questioning for Therapists and Counselors: Learn How to Think and Intervene like a Cognitive Behavior Therapist*. New York, NY：Routledge.

工作表 2.2　功能性信念概念化图示详细版

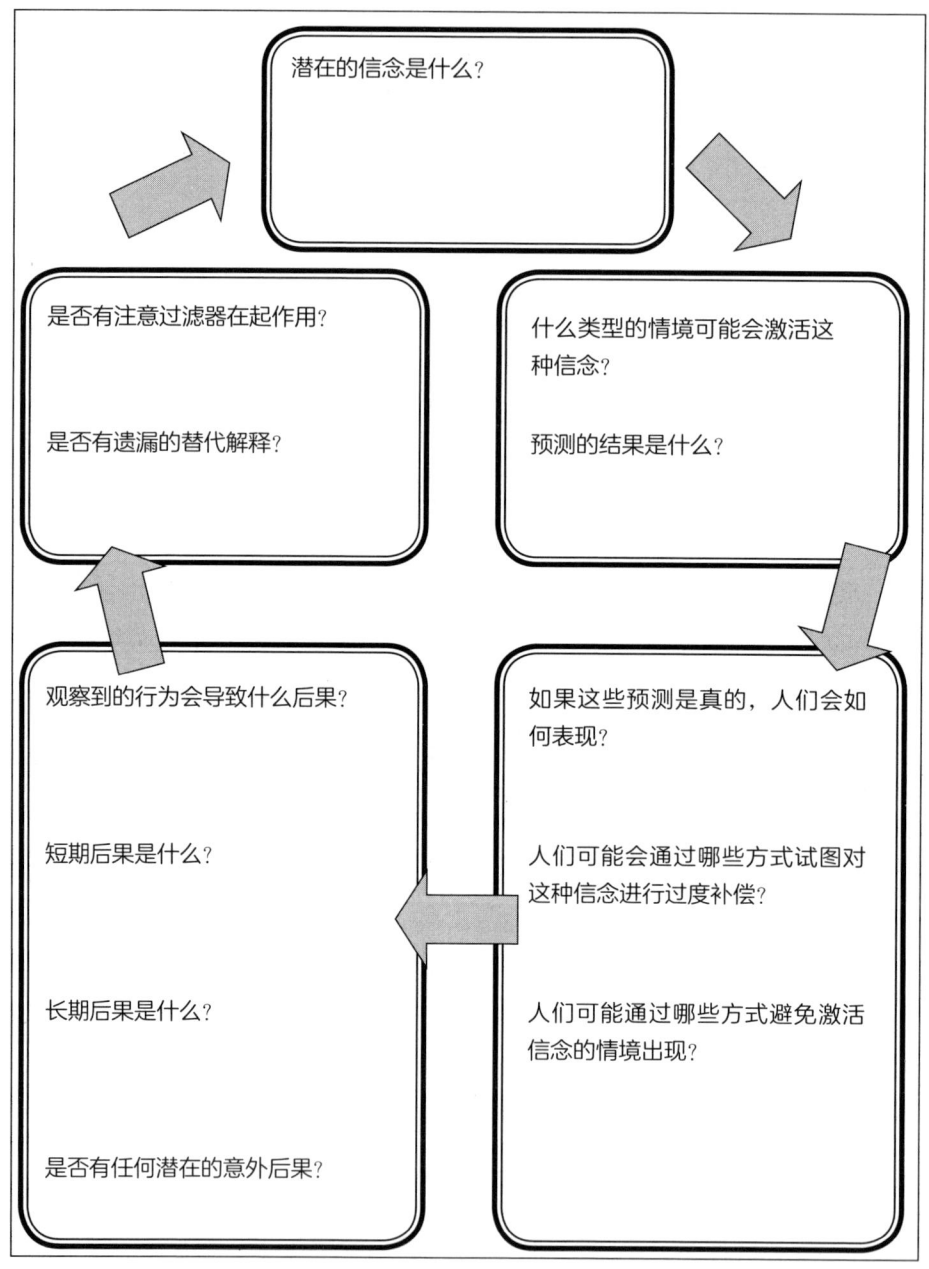

©Waltman, S.H., Codd, R. T. Ⅲ, McFarr, L. M., and Moore, B. A.（2021）. *Socratic Questioning for Therapists and Counselors: Learn How to Think and Intervene like a Cognitive Behavior Therapist*. New York, NY：Routledge.

工具和会谈内治疗策略

治疗师可以通过问自己一些问题来指导这个过程,这些问题如下。

- 潜在的信念是什么?
- 什么类型的情境可能会激活这种信念?
- 预测的结果是什么? / 如果这种信念是真的,来访者预测在这些情况下会发生什么?
- 如果这些预测是真的,人们会如何表现?
- 人们可能会通过哪些方式试图对这种信念进行过度补偿?
- 人们可能通过哪些方式避免激活信念的情境出现?
- 观察到的行为会导致什么后果?
- 短期后果是什么?
- 长期后果是什么?
- 是否有任何潜在的意外后果?
- 是否有任何注意过滤器在起作用?
- 是否有确认偏差、选择性过滤或自我实现预言的证据?
- 是否有遗漏的替代解释?
- 是否缺少证据的背景?
- 是否有我们尚未确定的因素?
- 什么因素在维持这种信念?
- 这一切是如何组合在一起的?
- 客观上,我们如何将其展示出来?

以下是一个实际情况的示例。

典型案例：特丽莎

特丽莎（化名）是一名50岁的拉丁裔顺性别者，是一名异性恋女性。她以抑郁和焦虑症状为主诉来就诊。她既往有注意缺陷/多动障碍（attention-deficit/hyperactivity disorder，ADHD）病史，曾间断接受药物和谈话治疗。她主要的担心是"我似乎就是无法振作起来。自从我父亲10年前去世后，我就一团糟，我就是不知道自己到底出了什么问题"。她报告说她的成长过程很普通，没有出过任何问题，并且一直比较振作。在治疗过程中，治疗师观察到，每当特丽莎表现出负性情绪时，比如对父亲去世的悲伤，她都会道歉并表现出尴尬的样子。这引发了一场关于她小时候如何处理悲伤等情绪的讨论，她认为在她年轻时，没有人会悲伤。在治疗师进一步好奇地询问后，她澄清道，"在成长过程中，'不可以感到不好'"，强调了一些关于情感的隐含的家庭规则。

她早上的日常活动能够反映她目前的困难。她醒来后常常注意到，自己感到焦虑和沮丧，然后一整天都很泄气。通过澄清，她发现自己的思维过程存在一系列的自我评价和悲观预测。她会因为自己如此软弱和情绪化而苛责自己，并且"就是知道"这将是她无法完成任何事情的可怕一天。这些想法导致了抑郁、焦虑和内疚的继发症状——因为抑郁而沮丧（见Ellis & Harper，1961）。因此，她这一天什么都没干成；在此期间，她主要是在反复思考自己有多糟糕，以及自己什么都做不好。一天结束的时候，她会反省自己那天有多"差劲"，告诉自己她应该做得比现在多，并试图用严厉的自我对话来迫使自己摆脱困境。这个循环让她筋疲力尽，以至于她退出了以前喜欢的活动，并且她的抑郁症恶化了。这种情况持续了好几年。

治疗师问了自己下面这些问题，以便形成关于她的表现和信念的概念化。

- **潜在的信念是什么**？在治疗早期，我们仍在整理确切的信念，但关于无能的信念已经很明显了。她似乎对一般的情绪也有一个规则或假设。

- **什么类型的情境可能会激活这种信念？** 在她早上思考她的一天以及一天结束时反思她没有完成的所有事情的时候，这个想法被激活。这种模式已经持续多年，可能还有其他尚未确定的情境。
- **预测的结果是什么？/ 如果这种信念是真的，来访者预测在这些情况下会发生什么？** 早上，她预测自己将度过糟糕的一天并且一事无成。
- **如果这些预测是真的，人们会如何表现？** 就像她一样。他们会假设自己是失败和无能的，结果效率很低。她还花了几个小时来思考这个信念。
- **人们可能会通过哪些方式试图对这种信念进行过度补偿？** 人们可能会过度工作，以不可持续的速度工作或设定无法实现的目标。在她生命的早期，她做了一些这样的事情，但在她父亲去世后，过度补偿就少了。
- **人们可能通过哪些方式避免激活信念的情境出现？** 回避她可能失败或证明自己无能的情境。
- **观察到的行为会导致什么后果？** 她因反刍而注意力不集中和精疲力竭，这使她的产出和效率降低。
- **短期后果是什么？** 精疲力竭、泄气、压力增加、回避困难的任务。
- **长期后果是什么？** 低成就、慢性抑郁、对自我根深蒂固的信念。
- **是否有任何潜在的意外后果？** 她因反复思考自己的无能而感到疲倦，以至于她几乎没有精力完成任何事情。有时她能够通过责备自己而完成某件事，但她自我贬低的累积影响是，她对自己的思考变得越来越极端。
- **是否有任何注意过滤器在起作用？** 是的，她完全无视了实际上做得还不错的所有事情！
- **是否有确认偏差、选择性过滤或自我实现预言的证据？** 我认为这些因素中的每一个都可能在发挥作用，她在早上预测这将是糟糕的一天以及她在一天结束时得出的结论是她的预测正确，就证明了这一点。
- **是否有遗漏的替代解释？未解决的哀伤议题？** 她表现得好像自己是无能的，因此她相信自己是无能的。
- **是否缺少证据的背景？** 是的，她与情绪的关系似乎很重要。如果她认为感到悲伤是不好的,那只会导致更痛苦的情绪。本质上,这似乎是一个圈套。

- **是否有我们尚未确定的因素?** 我确定有。鉴于她对情绪的回避,我确信我们尚未发现某些因素。希望随着治疗的进展,这些因素会出现。
- **什么因素在维持这种信念?** 反刍行为和对情绪的信念。
- **这一切是如何组合在一起的?** 她似乎对她父亲的去世有一种自然的悲伤,并且难以表达和忍受这些情绪。她对自己的感受感到害怕和尴尬,这最终会导致更多的痛苦和复杂化的不快乐。她内化了早期关于"不可以感到不好"的信息,并相应地过度思考她是多么不可接受,以及她是多么无能,因为无法"摆脱困境"。所有这些都强化了关于无能的信念。
- **客观上,我们如何将其展示出来?** 这帮助我直观地将其绘制出来,然后与来访者一起检查。

以下展示了一个治疗师可能会如何呈现和测试这种概念化。

治疗师:特丽莎,我们花了一些时间谈论你对自己无能、软弱和懒惰的想法,我想知道我们是否可以花一些时间看看它们是如何组合在一起的。

来访者:好的 [听起来有点迷惑]。

治疗师:我只是想和你谈谈,关于我从你和我分享的东西中听到和理解的内容,以确保我正确地理解了你,而且我想看看我们是否可以从你陷入困境的这种模式中学到任何可能对你有帮助的东西。你觉得可以吗?

来访者:嗯,如果你认为那样会对我有帮助的话。我觉得自己就是一团糟。

治疗师:我知道你有许多关于你认为自己是一团糟的想法。

来访者:[点头]

治疗师：从你与我分享的内容来看，你似乎有一个共同的模式。早上听起来对你来说是一个特别困难的时间。

来访者：对，就是，我讨厌早晨。我在早上感觉很糟糕，我就知道这一天都会很糟糕，而且对此我什么都做不了。

治疗师：而且听起来你花了很多时间去思考接下来的一天将如何糟糕。

来访者：是的，我知道它也不过又是糟糕的一天。我想到我有多少事情需要做，我也知道为什么我最终不会做任何事情，因为我就是一个软弱的笨蛋，什么事情都做不好。

治疗师：这里有很多内容需要分解。首先，这听起来像是开始新一天的悲惨方式。你醒来感到沮丧，想着这将是多么糟糕的一天。然后你开始对自己有想法了吗？

来访者：是的，我在想这将是糟糕的一天都是我的错，如果我能让自己振作起来，就不会那么糟糕了。但是，我实在是什么都做不了。

治疗师：即使是现在，我也能看出你对自己的这些想法是多么苛刻。当你早上对自己有这些类型的想法时，你有什么感觉？

来访者：生气……悲伤……好像我注定要失败。

治疗师：所以，你开始认为自己很失败，你感到悲伤和气愤，而愤怒是针对什么的？

来访者：我，我对自己太生气了。

治疗师：你做了什么让你对自己这么生气？

来访者：什么都没做，这就是问题所在。我什么都没做，我再清楚不过了，我本应该做得更好。

治疗师：你很生气，因为你没有比你现在更好。你不是那个本应该成为的样子。

来访者：是的。

治疗师：每天早上你会花多长时间来想这些？

来访者：好几个小时，可能更多，我几乎是一直在想自己有多糟糕，我应该做得多好。

治疗师：那真是花了很多时间，而且耗费了很多精力。

来访者：是的，很多，但是我必须对自己狠一点，否则我什么也做不了。

治疗师：所以，从某种程度上来说你是在鞭策自己，让自己更好。

来访者：是的。

治疗师：每天？

来访者：是的。

治疗师：那样做对你来说怎么样？

来访者：真的很累，我太糟糕了，以至于没办法用其他方法做到这些。

治疗师：所以，让我们开始总结一下。你早上醒来感觉情绪低落。你认为这将是糟糕的一天，自己什么都做不好，并且因为沮丧和没有完成任何事情而感到无力。

来访者：听起来像是一个典型的早晨。

治疗师：这让你感到悲伤、愤怒和耗竭。

来访者：是的。

治疗师：对此，你通常会花上几个小时反复思考自己有多糟糕，并试图象征性地鞭策自己去做一些事情。

来访者：[点头]

治疗师：有时这很有效，你确实完成了一些事情，有时却没有，但这总是让人筋疲力尽。

来访者：太筋疲力尽了。

治疗师：你这种行为模式的短期和长期影响有哪些呢？

来访者：嗯，我很累，我的生活一团糟。

治疗师：嗯，这听起来很累人，让我们试着多分析一下。你对自己苛刻的直接短期影响是什么？

来访者：有些时候我能完成一些事。

治疗师：是的，还有呢？

来访者：我感到糟糕和疲惫。

治疗师：你平时一直承受着抑郁带来的所有压力，而在此之上，你又承受着对自己抑郁的愤怒。

来访者：我为什么要对自己这么做？

治疗师：我确定你是自然而然做出这个行为的。听起来你早年受到过一些影响，关于你是否可以悲伤或沮丧。

来访者：当然了，那是不可以的！

治疗师：所以你现在告诉自己，你不可以感到抑郁？

来访者：我想是这样的，我并不喜欢抑郁，实际上我讨厌抑郁。

治疗师：我当然想让你松一口气。我只是担心，让自己因为感觉不好而感觉不好，不会让你不好的感觉消失。

来访者：[轻轻呼气，差点苦笑出来]

治疗师：我们不能用更多的问题来解决问题。

来访者：对的。

治疗师：让我们继续看看，对自己苛刻的短期影响是你可能完成了一些事情，然后你感到筋疲力尽。长期影响是什么？

来访者：在某个时候，我开始相信我对自己说的所有可怕的事情。

治疗师：这是个沉重的代价，还有别的吗？

来访者：我想没有了。

治疗师：这样，我想知道这种行为可能产生的意外后果。我能带你了解一下吗？

来访者：可以。

治疗师：所以，你早上醒来感觉很沮丧，然后因此对自己很苛刻，并且假设你什么也做不了。

来访者：是的。

治疗师：进而你感到很悲惨和筋疲力尽。

来访者：是的。

治疗师：然后日复一日，这让你付出巨大的代价。你开始越来越相信你对自己说的这些话，你感到越来越累，越来越疲惫。

来访者：是的，这一切都让我很累。

治疗师：你由于告诉自己你没有完成任何事情而感到疲惫，然后你又因为太累了而无法完成任何事情。

来访者：啊？

治疗师：我只是想知道你如此疲惫而无法完成任何事情的部分原因，会不会是你进行的这种自我苛责的行为？

来访者：我想我从未意识到这一点。

治疗师：是的，大脑有这些过滤器，它们位于我们的意识之外，会使我们用某种方式看待事物，这种方式会不断强化我们先前就存在的信念。因此，如果你认为自己无能，那么将这一系列事件解释为你无能的证据就完全合乎情理了。

来访者：难道这不正说明我是一团糟吗？

治疗师：我不确定我会得出同样的结论。让我在白板上画出我是如何理解这一点的。你有一种信念，认为你不能很好地完成任何事情，认为自己是无能的。你做出一个预测（基于这个信念），那就是你今天将无法完成任何事情，因为你如此无能。你以一种用严厉的语言攻击自己的行为来回应这个预测，这种行为的结果（或影响）使你心力交瘁。从资源的角度来看，你完成工作所需的精力和注意力就会减少。这导致你完成的事情变少，然后你通过心理过滤器将其解释为你无能的进一步证据。周而复始，直到你感到非常疲惫和精疲力竭，并且已经学会真正相信这种关于无能的信念。

来访者：是的，哇，好吧，这就是发生在我身上的现象。

治疗师：好的，所以如果这听起来相对准确，好消息是我们有很多干预点。我们可以针对这种关于无能的信念。我们可以针对你做出的这些预测，也就是你将度过糟糕的一天，以及关于你很无力的想法。我们也可以针对这种对你具有腐蚀性的、苛刻的、反乌式的自我对话，从而进行干预。通过解决这些因素，我们可以改变结果，帮助你开始拥有更有成效的一天。我们还想看看你的过滤过程，你是如何把所有这些复杂的信息分解成"你有多糟糕"的。听起来怎么样？

来访者：我想这就是我需要的。

治疗师：太好了，让我们选择一个目标，看看我们今天可以插入哪些策略来开始分解信念和行为模式。

工作表 2.3　个案概念化图示详细版举例：特丽莎

潜在的信念是什么？
关于无能的信念已经很明显了。她似乎对一般的情绪也有一个规则或假设。

是否有注意过滤器在起作用？
是的！她完全忽略了她实际上做好的所有事情！

是否有遗漏的替代解释？
未解决的哀伤和自我实现预言。

什么类型的情境容易激活这种信念？
当为一天做计划或准备时。

预测的结果是什么？
早晨她预测将经历糟糕的一天，什么事都完不成。

观察到的行为会导致什么后果？
注意力不集中和精疲力竭 & 做事情的产出和效率降低。

短期后果是什么？
精疲力竭，消沉，痛苦增强，对困难任务的回避。

长期后果是什么？
低成就，慢性抑郁，对自我根深蒂固的信念。

是否有任何潜在的意外后果？
疲倦程度加深。

如果这些预测是真的，人们会如何表现？
他们将认为自己失败、无能，最终产出很少。同时她花费大量时间对这些信念进行反刍。

人们可能会通过哪些方式试图对这种信念进行过度补偿？
过度的工作经历。

人们可能通过哪些方式避免激活信念的情境出现？
回避那些可能会失败或证明自己无能的场景。

©Waltman, S.H., Codd, R. T. III, McFarr, L. M., and Moore, B. A.（2021）. *Socratic Questioning for Therapists and Counselors: Learn How to Think and Intervene like a Cognitive Behavior Therapist.* New York, NY：Routledge.

工作表 2.4　个案概念化图示简要版举例：特丽莎

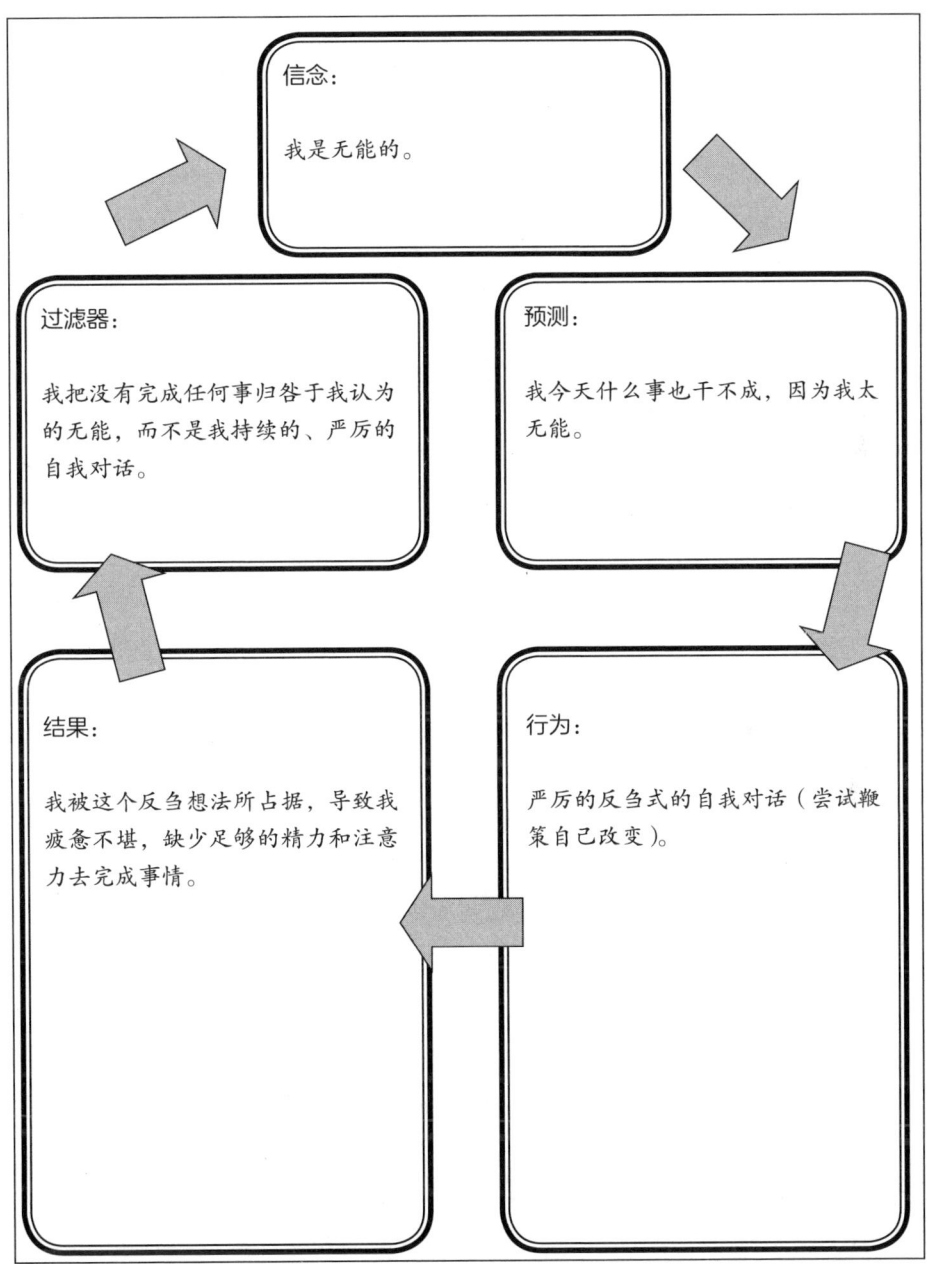

©Waltman, S.H., Codd, R. T. III, McFarr, L. M., and Moore, B. A.（2021）. *Socratic Questioning for Therapists and Counselors: Learn How to Think and Intervene like a Cognitive Behavior Therapist*. New York, NY: Routledge.

在和特丽莎一起讨论这个问题时，我了解到了一些我以前不知道的模式，那就是她的反刍是多么严厉。一起回顾这个循环有助于我们都注意到我们遗漏的信息，也有助于我们对问题达成共识，这样我们就可以共同解决她的问题并朝着她的目标努力。

小　　结

在本章中，我们重点回顾了为什么矫正性学习可能不会自动发生。这包括对社会心理学领域相关项目的简要回顾、一般认知模型的概述、个案概念化的介绍和展示上述元素以及如何在会谈中处理概念的扩展案例示例。我们在工作表中包含了简要的和详细的功能性信念概念化图示，供你在临床实践中使用。

参考文献

Barlow, D. H., Farchione, T. J., Fairholme, C. P., Ellard, K. K., Boisseau, C. L., Allen, L. B., & May, J. T. E. (2010). *Unified protocol for transdiagnostic treatment of emotional disorders: Therapist guide*. New York: Oxford University Press.

Beck, A. T. (1963). Thinking and depression I. Idiosyncratic content and cognitive distortions. *Archives of General Psychiatry, 9*, 324–333.

Beck, A. T. (1964). Thinking and depression II. Theory and therapy. *Archives of General Psychiatry, 10*(6), 561–571.

Beck, A. T., & Haigh, E. A. P. (2014). Advances in cognitive theory and therapy: The Generic Cognitive Model. *Annual Review of Clinical Psychology, 10*, 1–24.

Beck, J. S. (2011). *Cognitive behavior therapy: Basics and beyond* (2nd ed.). New York: Guilford Press.

Butler, G., Fennell, M., & Hackmann, A. (2010). *Cognitive-behavioral therapy for anxiety disorders: Mastering clinical challenges*. New York: Guilford Press.

Dozois, D. J., & Beck, A. T. (2008). Cognitive schema, beliefs, and assumptions. In K. S. Dobson & D. J. Dozois (Eds.), *Risk factors in depression* (pp. 122–144). Amsterdam: Elsevier/Academic.

Ellis, A., & Harper, R. A. (1961). *A guide to rational living*. Englewood Cliffs, NJ: Prentice-Hall.

Fassbinder, E., Schweiger, U., Martius, D., Brand-de Wilde, O., & Arntz, A. (2016). Emotion regulation in schema therapy and dialectical behavior therapy. *Frontiers in Psychology, 7*, 1–19.

Foley, M. A. (2015). Setting the records straight: Impossible memories and the persistence of their phenomenological qualities. *Review of General Psychology, 19*(3), 230–248.

Jillette, P., Penn, Price, S., Melcher, S., Goudeau, S., Wechter, D. (Writers), Price, S., Rogan, T., Selby, C., Uhlenberg, S., & Wechter, D. (Directors). (2009). Organic Foods [Television series episode]. In S. Adagio (Supervising Producer), *Penn & Teller: Bullshit!* Las Vegas, NV: Showtime.

Leahy, R. L. (2018). *Emotional schema therapy: Distinctive features*. New York: Routledge.

Lippmann, W. (2017). *Public opinion*. New York: Routledge.

Lorenzo-Luaces, L., German, R. E., & DeRubeis, R. J. (2015). It's complicated: The relation between cognitive change procedures, cognitive change, and symptom change in cognitive therapy for depression. *Clinical Psychology Review, 41*, 3–15.

Meichenbaum, D. H., & Goodman, J. (1971). Training impulsive children to talk to themselves: A means of developing self-control. *Journal of Abnormal Psychology, 77*(2), 115.

Moorey, S. (2010). The six cycles maintenance model: Growing a "vicious flower" for depression. *Behavioural and Cognitive Psychotherapy, 38*(2), 173–184.

Nickerson, R. S. (1998). Confirmation bias: A ubiquitous phenomenon in many guises. *Review of General Psychology, 2*(2), 175–220.

Padesky, C. A. (1994). Schema change processes in cognitive therapy. *Clinical Psychology & Psychotherapy, 1*(5), 267–278.

Padesky, C. A., & Mooney, K. A. (2012). Strengths-based cognitive-behavioural therapy: A four-step model to build resilience. *Clinical Psychology & Psychotherapy, 19*(4), 283–290.

Persons, J. B. (2012). *The case formulation approach to cognitive-behavior therapy*. New York: Guilford Press.

Plous, S. (1993). *The psychology of judgment and decision making*. New York: McGraw-Hill.

Randall, W. L. (2007). From computer to compost: Rethinking our metaphors for memory. *Theory & Psychology, 17*(5), 611–633.

Rosenthal, R., & Jacobson, L. (1968). Pygmalion in the classroom. *The Urban Review, 3*(1),

16–20.

Ruscio, J. (2007). The clinician as subject: Practitioners are prone to the same judgment errors as everyone else. In S. O. Lilienfeld & W. T. O'Donohue (Eds.), *Great ideas of clinical science: 17 principles that every mental health professional should understand* (pp. 29–47). New York: Routledge.

Waltman, S., & Sokol, L. (2017). The Generic Cognitive Model of cognitive behavioral therapy: A case conceptualization-driven approach. In S. Hofmann & G. Asmundson (Eds.), *The Science of Cognitive Behavioral Therapy* (pp. 3–18). London: Academic Press.

Young, J. E. (1999). *Cognitive therapy for personality disorders: A schema-focused approach*. Sarasota, FL: Professional Resource Press.

第三章

入门指南

斯科特·H.沃尔特曼

介　　绍

治疗师可以做很多事情来促进苏格拉底策略的有效使用。你可能已经注意到，一些来访者似乎更容易接受认知改变的策略。针对这些来访者，你通常可以简单地将一些能引发深刻讨论的问题加入会谈中。相反，有些来访者似乎根本没有注意到你提出的问题是好还是坏。本章将回顾一些有助于促进这一过程的常见策略，这些策略可以在前一章所述技能的基础上使用。

作为认知行为治疗的培训师，我们会经常回顾那些想要获得 CBT 治疗师认证的学员和临床工作者的音频样本。我们注意到，使用和不使用这些策略的临床工作者之间有很大的不同。有的临床工作者就像家长一样，试图把蔬菜偷偷放进孩子的食物中。通常情况下，这是一个非常愉快的支持性的治疗过程，可当治疗师调整他们的行为，开始询问有关证据检验或认知歪曲的问题时，来访者却并不确定该如何理解。来访者可能会参与一会儿，但最后他们总是会停止继续谈论这个话题，或者会谈论其他的事情。从评估者的角度来看，来访者和治疗师似乎并不在同一节奏上。一般来说，四种治疗元素有助于促进有效的苏格拉底策略和治疗会谈：治疗联盟、会谈结构、技能训练方法和自我监测。

治疗联盟

治疗联盟是指治疗师和来访者之间存在的工作关系（Creed & Waltman，2017；Okamoto，Dattilio，Dobson & Kazantzis，2019）。它可以被描述为三个相互依赖的组成部分：目标、任务和关系（见 Creed & Waltman，2017；Gilbert & Leahy，2007）。目标指的是治疗目标是否一致，任务指的是这些目标将如何实现（治疗过程），而关系指的是临床工作者和来访者之间的情感关系（Creed & Waltman，2017）。

治疗联盟这一术语经常与治疗关系、工作关系和工作联盟等术语互换使用。治疗联盟是心理治疗研究中被研究最多的因素之一。在治疗开始时，较差的治疗联盟已被证明是治疗脱落的一致性预测因素。另外，在治疗联盟的强度和治疗结果之间发现了一种中度且稳健的正相关。然而，治疗联盟和治疗结果之间的关联的方向仍然不清楚（见 Creed & Waltman，2017）。虽然一些证据表明，随着治疗联盟的改善，来访者的功能也会改善，但一些相反的证据表明，随着来访者的改善，他们与治疗师的关系也会改善。尽管效果的方向尚不清楚，但治疗联盟和治疗结果之间的关联表明，治疗联盟值得在临床上重点关注（Gilbert & Leahy，2007）。

所有公认的疗法都强调治疗联盟的重要性。治疗联盟被称为共同因素，因为它是一个在所有疗法中都能被普遍观察到的治疗因素（Wampold，2001）。也有些因素是个别疗法所独有或特有的因素，这些被称为特定因素（Wampold，2001）。苏格拉底式策略在治疗中的有效使用依赖于共同因素和特定因素的成功实施，合作式经验主义的概念说明了这一点。

合作式经验主义是与苏格拉底式对话平行的术语。这两个术语有重叠的部分，但又是截然不同的概念。合作式经验主义是 CBT 的核心要素，它说明了治疗师与来访者共同参与发现和改变的过程的程度（Beck，Rush，Shaw & Emery，1979）。合作式经验主义也被认为是 CBT 中形成牢固关系的核心要素

（Kazantzis，Beck，Dattilio，Dobson & Rapee，2013）。在实践中，有效的合作式经验主义依赖于治疗双方的合作能力，以及经验性的思维模式在某种情况或信念中的应用程度（Tee & Kazantzis，2011）。为了拥有合作式经验主义，你需要同时具备这两个要素（即合作和经验主义；Tee & Kazantzis，2011）。治疗师能很好地应用经验主义思维但缺乏合作时，这可能看起来像是治疗师可以迅速指出来访者的想法是歪曲的（见 Tee & Kazantzis，2011）或者治疗师跳出来参与"提供发现（provided discovery）"的过程；在这个过程中，他们给来访者答案，而不是帮助来访者自己得出一个新的结论（Waltman，Hall，McFarr，Beck & Creed，2017）。此外，当会谈中有很好的合作但缺乏经验思维时，这些会谈通常是愉快的，但有动力不足的风险。

目标

建立治疗联盟的第一步是达成一致的治疗目标。如果你的目标是重建或挑战来访者的信念，而他们的目标是感觉更好，那么如果他们不认为认知重建是感觉更好的一部分，你就可能会遇到麻烦。一种比较好的普遍做法是，从一开始就在实践中定义我们在治疗里试图实现的目标。这通常是通过列出问题清单和目标清单来实现的。有的来访者会更关注症状和现实层面的问题，而另一些来访者会更关注目标或追求。对于更注重问题的来访者，你可能需要花费一些时间来开展目标部分的会谈。通常，这个过程是通过问一些常见的奇迹问题（miracle question）的变体来完成的（M.Stith，Miller，Boyle，Swinton，Ratcliffe & McCollum，2012）。还有些不同的方法，通常包括让来访者想象奇迹已经发生，他们的问题现在已经得到解决。然后，治疗师会问事情有什么不同，这可以帮助他们设定目标。那么，如果这个问题不再是问题，来访者会做些什么呢？以及，这（即来访者想做的事情）可以是我们在治疗过程中关注的目标吗？

解决这个问题的另一种方法是通过情境行为和积极心理学中的生者目标（goals for living people）的原则（见 David，2016）。其观点是，当来访者说他们的目标是没有坏的东西时，也许类似于，"我想把焦虑从我的生活中消除"。这是一个讨论生者目标和死者目标（goals for dead people）的地方。没有坏情绪并不一定是好的，也不一定能提高生活质量。死去的人很擅长不出现焦虑或惊恐发作；但反过来，死亡要付出很多代价，比如失去生命。此外，焦虑是生活的基本组成部分——所有的情绪都是（David，2016）。我们希望以积极的方式表述目标。"你想要什么？"，而不是"你不想要什么？"。正如《爱丽丝梦游仙境》（*Alice's Adventures in Wonderland*）中的柴郡猫所说："如果你不知道你想去哪里，那么你走哪条路都没有关系。"所以，我们需要通过问以下问题找到一个共同的方向："你想要什么？""你愿意花时间和精力来解决因为焦虑产生的不开心吗？""如果你不焦虑，你认为你能做什么？为什么这对你很重要？"这一过程可以通过基于价值观的策略得到加强（Hayes & Smith，2005）。在治疗的某些时候，我们会要求来访者做一些困难的事情，并且我们需要事先知道为什么来访者为了追求自己的目标和价值观而忍受痛苦是值得的。

CBT 本质上是一个目标导向（goal-directed or goal-oriented）的治疗过程（Beck，2011）。如果严格遵守治疗手册，我们可能会忽视来访者的个人目标，但是，合作式经验主义、引导发现和苏格拉底方法的使用，可以"有助于改善这一问题，而非机械地应用手册"（Overhosler，2011，p.62）。这种改善允许并要求治疗包括制定合作式治疗目标的部分。

任务

当我们知道来访者的需求时，我们可以试着和来访者一起找出治疗中的障碍，并讨论如何克服这些障碍。我们会创建一个合作性的治疗计划，以针对临床问题（障碍）和问题维持的机制，同时促进那些有助于来访者实现个人目标的因素。要实现这一点，一个很好的方法是把合作性的治疗计划建立在个案概念化的基础上。你可以查阅上一章中概念化图示的内容，这种方法可以描绘出潜在信念的恶性循环，而这种潜在信念的恶性循环会导致认知预测（即自动思维）、行为反应（可能是某种形式的回避），并造成短期、长期和意想不到的后果。所有这些恶性循环的内容都通过个体的认知偏差进行过滤，不断强化已有的信念。

把来访者的模式描绘出来，是我们采取措施改变模式的基础（即，双方达成关于实现目标所需任务的共识）。在会谈中，可以用如下方式描述。

> 如果现在的问题是那些预先存在的信念让你感觉很糟糕，那么，我们将会采用认知策略来处理那些你正在使用的负性认知预测。我们还将采用行为改变策略（技能训练、行为实验、行为激活、暴露等）来改变你对这些认知预测的反应方式。这将帮助我们获得一些全新的体验和不一样的感受，同时，我们将聚焦于你的认知过滤器，这样你就不会忽视那些跟你的潜在信念矛盾的新信息。整个过程将帮助我们建立与你的目标生活更符合的生活模式，也将帮助我们建立新的信念和行为模式。在我们结束会谈后，这些信念和行为模式将持续存在。你觉得如何？

此外，另一个有助于治疗师和来访者在治疗任务/策略上达成一致，从而促进治疗目标的实现的方法，是在治疗初始阶段进行的自我监测。这些任务将在本章后面的部分更详细地讨论。治疗的流程包括：给来访者导入认知行为模型，然后将该模型应用于他们的生活和痛苦的情境中，以证明该模型与他们的处境之间的契合性。当你的来访者在现实生活中观察到他们的想法和行为会影响自己的感受时，他们会更愿意把治疗的重点放在认知和行为的策略上。花一些时间来达成来访者对认知行为模型的理解，通常是治疗早期的重点，这将在后期的治疗中获得回报。

关系

治疗师可以做很多事情来形成牢固的治疗关系，这些策略并不是CBT所独有的。基本的咨询技巧也是CBT的重要组成部分，如共情、友善、确认和反应性倾听（Gilbert & Leahy，2007）。据称，西奥多·罗斯福（Theodore Roosevelt）曾说过："没人在乎你知道多少，除非他们知道你有多在乎。"根据我们的经验，刚接触 CBT 但对治疗并不陌生的临床工作者，通常在治疗联盟相关的关系成分方面没有什么困难（见 Waltman et al.，2017）。他们有时可能会过于关注新事物，而忘记持续练习聚焦于建立融洽关系（rapport-focused）的治疗策略（Waltman et al.，2017）；通常情况下，一个简单的提醒就足以纠正这种情况，让他们继续使用他们做得很棒的共情和确认策略。治疗关系是心理治疗文献中被研究最多的话题之一（见 Creed & Waltman，2017；Gilbert & Leahy，2007；Wampold，2001）；因此，感兴趣的读者可以参考吉尔伯特和莱希（Gilbert & Leahy，2007）关于这一主题的优秀书籍，以获得更全面的综述和指导。

动机性访谈的核心技能 OARS［开放式问题（open-ended questions）、肯定（affirmation）、反应性倾听（reflective-listening）和总结（summarize）；参见 Miller & Rollnick，2012］对于关系一致性（bonds-consistent）方法是一个很好的框架，这与合作式经验主义的原则相一致（Westra & Dozois，2006）。当你在好奇心引导下提出开放式问题，提供准确而真实的确认，进行反应性倾听以证明你真的在倾听并试图理解你的来访者，定期总结你倾听的内容并将其联系在一起时，你会发现你与来访者建立了牢固的关系。你还将获得许多信息，这些信息可以用来指导你的整体概念化以及之后的苏格拉底式干预。

会谈结构

人们常常被 CBT 的干预措施所吸引；然而，结构方面似乎往往不那么令人感兴趣。当你看到这个标题时，你甚至可能想过跳过这部分内容。CBT 的半结构化方法对临床工作者来说可能是一种新的方法（Waltman et al.，2017）。会谈结构的价值在于它有助于促进像苏格拉底式提问这样的干预。下面是 CBT 会谈结构的简要概述和实用指南（见表 3.1）。在治疗开始时，CBT 治疗师会与来访者合作计划如何共度治疗时光；在会谈结束时，治疗师会总结治疗进展，以及是否需要调整以开展个性化的治疗。通常情况下，会谈遵循这样的结构：首先是心境检查，然后是回顾上次会谈、回顾行动计划（家庭作业）、议程的设置和确定。然后双方按议程开展治疗，随后总结会谈内容，寻求反馈，并制订新的行动计划（家庭作业）。在治疗过程中可能会有一些变化，但这些都是常见的步骤。

表 3.1　CBT 会谈结构

会谈开始	心境检查
	回顾上次会谈
	回顾行动计划
	设置议程项目
	确定议程计划
主要会谈	实施会谈议程
会谈结束	总结会谈
	寻求反馈
	布置新的行动计划

基本会谈结构

　　心境检查是一种快速了解来访者感受的方法。这并不需要冗长的回顾，你不需要让来访者讲述这周发生的所有事情。相反，这是一种快速评估来访者情况的方法，以便把握会谈的重点。一般来说，治疗师会让来访者给自己的整体心境评分，按 1—10 或 1—100。有时治疗师会聚焦某个特定的情绪（如抑郁情绪，按 1—10 评分），而有时他们会聚焦来访者的总体情绪：数值越高，情绪可能越积极；数值越低，情绪越消极。你可以自由选择评估方式，但是建议你评分的标尺尽量保持一致，因为通过这个过程你正在教来访者如何监控自己的情绪。

　　回顾上次会谈的目的是建立会谈之间的桥梁，以帮助你从暂停的地方重新开始。试想，在流媒体时代之前，人们在追剧的时候经常要等一周的时间才能看到新的剧情；如果剧情很重要，往往会有前情提要来回顾上周的剧情，这样人们就可以接着之前的剧情继续看剧。这类似于 CBT 治疗中对上次会谈的回顾。这不是一项记忆测试。你可以让来访者提供这个回顾，也可以自己提供，两者都可以。回顾上次会谈可以起到很好的桥梁作用。

由于行动计划（家庭作业）是会谈内容的延伸，回顾上次会谈的要点是过渡到对上周行动计划或家庭作业回顾的好方法。值得注意的是，"家庭作业"这个词可能具有负面含义，或者与来访者之前的负面经历相关联；因此，人们经常使用替代术语，如行动计划、承诺、技能练习、目标或会谈外任务（参见 Cohen, Edmunds, Brodman, Benjamin & Kendall, 2013）。在回顾前一周的行动计划时，我们想问一问"进展如何？"和"他们学到了什么？"。如果来访者获得了成功或全新的体验，我们可能会将其列入议程，并花更多的时间挖掘和整合新的信息。如果他们遇到了麻烦，我们要强化他们的努力，并参与解决问题，看看哪里不对，以及我们在下次练习的时候如何做一些调整。如果来访者没有完成作业，那么重要的是不带偏见地评估发生了什么："是什么阻碍了你？"在这个评估中，重要的是确定这个问题是否与作业太难、不清楚或来访者认为作业没有帮助有关。我们希望尝试解决问题，让来访者在未来更有可能成功。例如，如果来访者"忘了"做作业，并且仍然认为做这个练习是有用的，那么我们可以指出排除障碍、记住未来作业的方法。我们也可以选择在会谈中一起完成任务。

把议程设置分成"设置议程项目"和"确定议程计划"这两个明确的任务是很有用的。在制定议程时，重要的是切合实际（尽量把议程控制在一两个项目上）和合作性（平衡来访者的建议和治疗目标）。在来访者完全了解 CBT 之前，他们通常会在设置议程项目或确定议程计划之前就开始谈论他们的任何想法。在这些情况下，重要的是在开始会谈之前温和地打断来访者，以设置和确定议程（Beck, 2011）——这是因为，在会谈中最先被提起的问题并不一定是最紧迫/最痛苦的问题。接下来，我们要做的就是把一些具体的问题提上议程。

像"妈妈要来我家了"这样的一般性问题（或话题）往往会让来访者进入一个提供信息和讲故事的、难以聚焦的会谈，而像"处理母亲来访给我的压力"或"为和母亲顺利出游做计划"这样的具体问题，则会让他们进入一个更积极的会谈。在制定议程时，你要问问自己，这次会谈是否有一个明确的目标："我们今天希望实现什么？"另外一个让议程更具体的策略是询问问题是什么时候发生的。例如，在制定议程时，如果来访者说他们想谈论情绪化进食，那么你可以问："本周有没有特别糟糕的时候？""我们应该把讨论这件事列入议程吗？"当我们对如何度过接下来的治疗时光有了一些想法后，我们就要确定议程计划，这包括确定议程项目的优先顺序。要养成一个好的习惯，即重新阅读你写下的计划，以确保双方对议程计划达成一致和相互理解。

如果来访者不确定他们想谈论什么，你仍然有一些不错的选择。你可以重读一遍治疗目标和问题清单，让他们选择一个目标或问题——因为选择一件事去解决总归好过花大把时间搞清楚要做什么。考虑到治疗中需要回顾上次会谈（或者回顾行动计划），你可以谈论下一步该怎么做。你也可以建议来访者练习技能或学习新技能。大多数出现的问题都能通过这些策略来解决。

在最终确定了议程之后，你就可以按照计划进行了。理想情况下，你应该在会谈结束前 5 ~ 10 分钟收尾。过渡到会谈结束部分的方法是开始总结本次会谈。理想情况下，在每次学习体验和干预之后都要定期提供或收集总结，然后获得反馈。总的来说，我们感兴趣的是来访者对会谈的反应/满意度的反馈，以及他们对我们正在做什么以及我们为什么要这样做的了解/理解。这些信息可以帮助我们为来访者量身定制治疗方案。在询问完"会谈进行得怎么样？"之后，可以询问来访者具体的优势和仍需改变的部分："你喜欢这次会谈的哪些方面？""下次你会改变什么？"此外，重要的是总结出"你今天学到了什么？""今天会谈的要点是什么？"。即使来访者不确定如何回答，这些问题也可以很好地提供有用的信息。这种反应是一个很好的指标，说明来访者没有完全理解你在会谈中说的内容。然后，你可以利用这些信息来修改你的方法，或许可以放慢节奏，在白板上画出内容，或者让来访者在整个会谈期间用自己的语言重申想法。

最后，我们要设计一个新的行动计划。理想情况下，我们希望这是一个合作的过程；不过，值得注意的是，合作并不等同于按照来访者的建议行事。通常，特别是在治疗的早期，你需要完善他们的建议，并提供你自己的建议。如果你在寻求反馈时碰巧得到了一个很好的信息，你可以把它作为行动计划的锚点："你如何把它应用到未来的一周呢？"或者"我喜欢这个主意，我能建议你适当做些小的修改，让它更有效果吗？"或者"这听起来像是不错的自我照顾，我很支持。为了让你在治疗中有更多的收获，我能建议你做一些其他的事情来帮助你练习我们在这里学到的技能吗？"。明智的做法是避免安排一些你自己都不会做的事情。关于任务的数量和难度，太容易的任务要好于太难的任务，尤其是当你还在激活来访者的动力的时候。我们希望行动计划能够符合来访者当下的状况，因此将新技能/工作表作为家庭作业并不是最佳的选择。家庭作业的理念是，我们希望来访者在生活中练习使用这些技能。理想情况下，我们会在治疗中先一起练习指定的技能，如果来访者觉得有用，就把它作为家庭作业。通常，那些怀着良好意愿的来访者还是会让一周的时间从他们身边溜走，而忘记完成家庭作业。因此，我们要帮助他们计划什么时候去做，以及如何记住去做。我们还将解决和排除可能出现的其他障碍。

会谈结构中的问题

当来访者不愿加入会谈的结构化的某一方面时（例如，在制定或遵循会谈议程时犹豫不决），我们可能会鼓励他们将其视为一个实验（Beck，2011）。治疗师可以用如下方式表述这种建议。

> 让我们的治疗如此结构化，我猜你有些不太满意。你似乎不确定是否要为每次会谈选择一个具体的目标，然后只能专注于这个目标，并且希望这种结构能帮助我们在会谈中取得尽可能多的进展。我可以建议我们把这当作一个实验吗？如果我们在接下来的四次会谈中使用

这个结构，然后看看它是否真的有效果，你对此有什么看法？

同样，如果你不确定结构的整个概念，你可以考虑把它作为一个实验。作为 CBT 培训师，我们得到的一些最常见的反馈是，大家经常对自己如此喜欢这种治疗结构而感到惊讶。通常，治疗师说他们全程都在使用这种结构，即使他们的来访者没有在接受认知行为治疗。你可以把议程看作时间预算。如果你每周与来访者会面一小时，那么他们花在你身上的时间不到 1%，因此我们需要尽可能地利用这一小时，把我们的时间安排在最重要的项目上——类似于，如果一个人没有太多钱，有一个具体的预算来确定需要支付的优先顺序是很重要的。

应对那些难以容纳或不太愿意遵循既定议程的来访者的另一种策略是，建议将会谈议程分成支持性治疗期和积极干预期（Beck，2011）。这样的安排可以用如下方式表达。

> 我知道你有很多事情要做，我也知道你并没有很多地方可以去谈论这件事。所以，我想找到一种方法，确保你能得到你需要的支持，同时，我不想只是谈论事情有多糟糕，我想努力让事情变得更好。我建议我们试着把治疗时间拆开。让我们每次会谈留出 10 分钟，用于支持和讲述故事，然后我们用剩下的时间解决问题、进行技能训练，以及处理一些让你非常痛苦的信念。你觉得怎么样？

当你决定实施 CBT 会谈结构时，结构化的备忘录（如本章的表格或工作表中的结构）是一种能够让你更易于遵循会谈结构的方法。

从本质上说，这种把会谈结果当作实验的方法能够回避潜在的掌控权争夺，并证明合作式经验主义原则。如果这种结构使你的会谈更有成效（进而提高你使用有效的苏格拉底式策略的可能性），那么继续使用它就很容易了。如果情况看起来没有任何不同，那么你可能不需要太担心结构——相反，你首先需要重新评估你的诊断、方案和治疗计划，即常规的治疗修正过程。

技能训练方法

使用苏格拉底式策略来改变认知和行为并不是魔法——我们可以教来访者如何自己做这件事。治疗的一个主要目标是技能训练，我们要让来访者成为自己的治疗师（Beck，2011）。我们既关注让来访者学习如何评估自己的想法，也注重让他们形成新的信念（Overholser，2011）。如果你在治疗中采用技能训练的方法，这将让会谈中使用和教授技能变得更容易。然而，能否成功使用这种方法则取决于之前所述的各项内容。你需要一个牢固的治疗联盟，这样才能达成共识，即学习新技能将帮助来访者获得他们想要的东西。你还需要使用CBT会谈结构来最大限度地利用时间进行技能训练和应用（见工作表 3.1）。

工作表 3.1　会谈结构和计划手册

姓名：	日期：
诊断：	目前治疗目标：
认知、行为和情绪的治疗目标：	
本次会谈	
心境检查：	
回顾上次会谈：	
回顾行动计划： 计划是什么？ 进行得怎么样？ 从中学到了什么？ 下一步是什么？ 是否有障碍需要克服以增加未来的成功？	
可能的议程主题： 这些与我们的治疗目标有关吗？我们可以练习什么技能？最紧迫的问题是什么？	

（续表）

最终的议程计划：
对议程项目的评估： 为什么会发生这种情况？最令人心烦的因素是什么？来访者可以控制哪些因素？我们可以针对哪些相关的想法和行为？这是否与整体概念化有关？
干预： 关注重点认知： 理解为什么想法有意义： 合作式好奇 总结与归纳：
干预进行得怎么样？效果是什么？下一步怎么做？
会谈总结：
反馈（来访者的学习/理解）
反馈（来访者的满意度/对会谈的反应）
新的行动计划 如何通过练习我们使用的技能或应用我们得出的结论来扩展治疗效果？

©Waltman, S.H., Codd, R. T. Ⅲ, McFarr, L. M., and Moore, B. A.（2021）. *Socratic Questioning for Therapists and Counselors: Learn How to Think and Intervene like a Cognitive Behavior Therapist*. New York, NY：Routledge.

一般来说，技能训练是通过以下方式完成的：第一，介绍一项技能并解释它是如何工作的；第二，演示该技能，然后和来访者一起使用它；第三，介绍技能及其工作原理；第四，利用新的学习和不同的经历来促进整体学习和认知变化；第五，在现实世界和当下环境中练习这项技能。人们通过体验式的方法——通过实践来学习（Wenzel，2019）。这些技能训练的要素可以归入科尔布（1984）的体验式学习的四个阶段（见图3.1），即具体经验、反思性观察、抽象概念化和主动实践（Edmunds et al.，2013），下面将对此进行讨论。

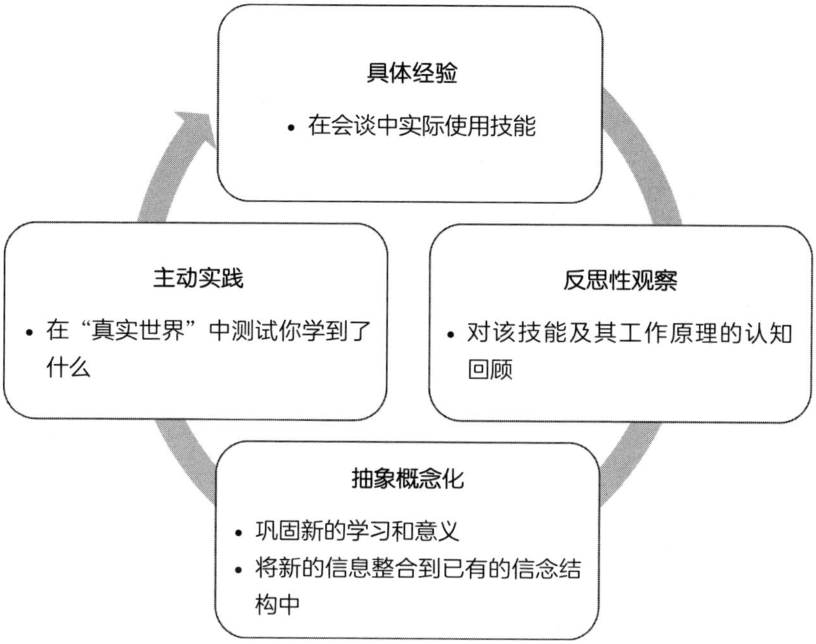

```
        ┌─────────────────┐
        │    具体经验      │
        │ • 在会谈中实际使用技能 │
        └─────────────────┘
   ┌──────────┐         ┌──────────┐
   │  主动实践  │         │ 反思性观察 │
   │• 在"真实世界"│        │• 对该技能及其工作原理的认知│
   │ 中测试你学到了│        │  回顾    │
   │ 什么      │         │          │
   └──────────┘         └──────────┘
        ┌─────────────────┐
        │   抽象概念化     │
        │• 巩固新的学习和意义│
        │• 将新的信息整合到已有的信念结│
        │  构中    │
        └─────────────────┘
```

图 3.1 科尔布的体验式学习模型

具体经验

技能训练的第一步是获得技能的具体经验。心理策略可能是抽象的或充满术语的,所以我们不希望把技能训练都留给来访者,例如让来访者把阅读手册之类的事情作为家庭作业,让他们自己理解技能。我们首先应解释技能是什么样的以及为什么我们要使用它。由于 CBT 是一种策略性方法(Waltman et al., 2017),你选择教授或使用的技能应该基于来访者的个案概念化或问题的表述(Wenzel, 2019)。你应该解释这项技能将如何解决问题,它是如何工作的,也许还应该快速演示该技能,这样来访者才能知道他们要做的是什么。例如,在教授认知技能时,你可能会指出一个想法与他们的痛苦或问题行为之间的联系,你可能会引入一些类似于思维记录的东西,并概述它是什么以及它是如何工作的。然后,你可以用一个你们已经讨论过的例子或者你认为可以快速完成的例子来向他们介绍思维记录。这个过程可能如下所述。

好的，芙朗辛，我们已经花了几次会谈讨论你有多不开心、你对弟弟的死有多难过。我们也谈到了一些想法，或许这是你的错，或许你本可以做得更多。我想和你一起评估这些想法。让我来解释一下这个过程是什么样的以及它是如何工作的。基本的策略是，我们要把注意力转移到你的一些更痛苦的想法上，我们要打破这些想法，看看我们是否能找到一个更平衡、痛苦更少的看待事物的方式。首先，我们会讨论当前的情况，试着选出你认为最令人心烦的想法。然后，我们将开始研究这个具体的想法，试着去理解为什么你会这样想。当我们对此有了解之后，我们要一起看看你可能遗漏了什么或者是否有任何迹象表明你最初的观点是不正确的。最后，我们后退一步，看看这一切是如何结合在一起的，然后我们就会对全局有更多的了解，也就能提出一个可信的新想法。你觉得怎么样？

芙朗辛，我可以举个简单的例子，让你更好地了解这项技能是什么。这并不复杂，我想帮助你最终学会自己做这些，这样你也可以在会谈之外得到一些放松。我记得在我们的第一次会谈中，你谈到成长过程中情绪化是不好的，所以你形成了"悲伤是软弱"的观念。所以，你有一种想法："悲伤是软弱的。"你之前有这样的想法是有道理的，因为这是权威人士告诉你的。此外，你还遗漏了一些东西，你谈到以前的治疗师是如何帮助你理解：感觉是正常的，并不是可耻的。所以，综合起来，你以前认为悲伤就是软弱的，这是基于你成长过程中学到的教训。你成年后学到了新的教训，表明悲伤也许是可以的，你之前把这些结合在一起并得出了一个结论：父母可能对你的感受感到不舒服。但这并不意味着有这些情绪是错的。当然，我认为在这方面可能还有一些工作要做，但这就是认知变化的过程——变化是渐进的。在今天的会谈中，我们可以用类似的策略集中讨论你的内疚感和关于责任的想法吗？

如果来访者说"不",无论如何他们都不同意,你可以和他们商量一下,看看他们认为什么是有帮助的,然后提出一个合作的"作战计划"。如果他们回答"好的",那么你们就站在了同一战线上,在会谈中使用有效的苏格拉底式策略就会容易得多。此外,当你说清楚这项技能是什么以及它如何工作时,你就开始教来访者如何自己运用它——尽管他们通常需要一段时间才能掌握该技能。

在演示了技能之后,你要在治疗中一起运用它。本书后面的章节将更多地关注基于苏格拉底式提问的一般和具体干预措施的细节,以达到认知和行为改变的目标。如果不熟悉某个特定技能,你可能需要自己练习几次。这将帮助你通过自己的体验式学习更好地理解这项技能是如何发挥作用的(Wenzel, 2019)。它还让你能够证明这项技能,并将其作为具有广泛用途的东西展示出来——就像以前男士美发俱乐部的商业广告一样:"我不仅是俱乐部的部长,我也是客户。"所以,实际上你和你的来访者都需要从你所教授的技能中获得更多的实践经验。

反思性观察

许多临床工作者跳过了这一步。他们练习这项技能,然后相信来访者也像他们一样理解了一切。要记住的是,我们讨论的内容可能会让来访者有更多的情绪波动(相比治疗师而言)。他们可能情绪激动,被这个过程迷住,对这个过程不确定,或者因为想着你们讨论的故事细节而分心。因此,停下来检查他们做得怎么样以及他们对这项技能的印象如何是很重要的。请看下面的这个例子。

"我们刚刚做了很多,芙朗辛,我想看看你做得怎么样,以及你对我们正在使用的评估你的想法的整个策略有什么看法。"

"我们一起做了练习之后,你感觉怎么样?"

"你对这个练习有什么看法?"

"这对你有帮助吗?"

"这是你想花更多时间练习和学习做的事情吗？"

"你对这个过程有什么疑问吗？"

你需要花时间澄清误解并回答来访者可能提出的问题。你可能需要通过提供积极的反馈来引导（Bellack，Mueser，Gingerich & Agresta，2013）。强调他们做得好的地方，并强化他们参与这一过程的意愿。你也希望提供建设性的反馈（Bellack et al.，2013）。你可能需要在下次会谈中重新回顾技能训练。通常情况下，在来访者开始使用这些技能作为家庭作业之后，你需要做一些调整；事先将其正常化可以使之后的操作更容易。"好的，听起来我们对于这项技能如何发挥作用已经有了大概的了解。下一步就是把它付诸实践，这样你就可以在治疗室里分享你的经验。我们可以谈谈练习进行得如何，并帮你排除障碍。"

抽象概念化

这是巩固学习的步骤。在这里，我们想帮助来访者理解他们从技能实践中学到的东西。我们可以关注两个主要层面：（1）来访者的自我效能感；（2）他们的图式。

即使你不是直接针对来访者的信念系统，你仍然可以将你所做的与他们对自己的信念联系起来。来访者通常认为自己在很多方面是无能的。我们应该利用各种机会来强调胜任时刻和吸引他们对胜任时刻的关注。如果他们能够使用渐进式肌肉放松来减轻整体的痛苦，这就给他们上了一课，那就是他们可以在一定程度上控制自己的感受。如果他们练习了一项他们真的不喜欢的技能（但因为他们想试一试，所以还是去做了），这也给了他们新的经验，即他们有能力坚持做一些不好玩的事情，但无论如何他们是有能力选择是否去做的。如果他们尝试了一项技能，但没有达到预期的效果，这说明他们愿意尝试并保持开放的心态。强化那些能够提高生活质量与促进治疗的个人能力和品质。

当你以认知改变为目标时，无论是直接通过苏格拉底式策略，还是间接通过改变行为模式，都会有新的经验和信息需要提取和强化。我们应该尝试将这些新信息整合到来访者的整体信念系统中。要问的关键问题包括这种新的体验或信息如何与他们之前的假设相吻合；如果有必要，询问他们如何解释其中的差异。"所以，我们只是打破了现状，得出了一个新的结论：在你的生活中有一些人似乎真的很在乎你，你如何将这一点与你认为自己不值得被爱的信念整合起来？""所以，你预测自己做不到，这实际上是你的信念中的一个主题，预测和假设你是无能的；在我们刚刚看到的情况中，你得出结论，即这项技能帮助你取得了成功，这对你和你的做事能力意味着什么？"后面的章节（第八章）将重点介绍总结和整合技能。这些都是技能训练过程中必不可少的一部分，因为它们可以帮助你从新体验中得到最大的收获。

主动实践

经验学习是一个持续的过程，科尔布的体验式学习模型（1984）的第四个环节是主动实践，即来访者在治疗室之外的现实世界里练习技能。这可以作为检验会谈结果的一种方法。"让我们看看这个技能在现实生活中是否有效。"尽管如此，降低期望值是件好事。经常发生的情况是，来访者会等到他们处于危机时才去练习一项技能，而在那个时候，他们并不完全熟练掌握这项技能；因此，它不会产生预期的结果。反过来，他们会告诉你这项技能不起作用。这个结论的问题在于，这种技能没有得到公平的试验。应该采用的行为原则是过度学习（见 Bellack et al., 2013）："你必须过度学习一些东西，它才会变得自动化。"在帮助来访者设定适当的期望时，你要和他们讨论如何练习以及何时练习。就像我们第一次学习驾驶是在停车场而不是在高速公路上一样，我们希望来访者经常练习技能，并且是在需求不高的情况下开始练习。我们不希望他们等到在危机中再使用技能："当你第一次开始使用这项技能时，它不会像我们需要的那样发挥作用。你需要不断地练习，这样才可以掌握这项技能，然后它会在你需要的时候发挥作用。"

理想情况下，"现实世界"的技能练习最好是作为家庭作业（或外部技能练习）完成。但是，如果你把这些技能当作来访者只能在会谈之外使用的东西，那你真的会错失良机——你也不会真正了解他们对技能的掌握程度或熟练程度。及时的技能练习可能是非常有价值的。如果你教过你的来访者基础技能，你会想要教他们在与你交谈时如何使用这些技能。如果你教过你的来访者情绪调节技能，当他们情绪失调时，你可能想要辅导他们使用情绪调节技能——假设这不会与暴露活动背道而驰。随着你的来访者越来越精通苏格拉底式改变策略，当你们在会谈中一起评估想法时，你可以让他们开始更多地发挥主导作用。

自我监测

贝克（1979）在他的观察中指出，人们需要接受训练才能专注于某些类型的想法。他最初的策略是将进入不愉快情绪的转变作为一种信号，并教会人们在转变发生之前看看自己在想什么。这一治疗的初始阶段称为自我监测。在这里，我们教来访者如何提高自我觉察，以促进他们注意与标记自己的想法和感受（Foster, Laverty-Finch, Gizzo & Osantowski, 1999；Korotitsch & Nelson-Gray, 1999）。然后我们使用这些技能来收集资料，这些资料可以用来为我们的概念化和后续干预提供信息（Cohen, Edmunds, Brodman, Benjamin & Kendall, 2013）。我们对追踪自我监测目标的频率、强度和持续时间很感兴趣（Cohen et al., 2013）。我们还想了解思维、行为或情绪出现的背景。行为的功能是什么？前因是什么？后果是什么？这将有助于澄清行为发生的原因，以及是否存在短期回报（Cohen et al., 2013；Rizvi & Ritschel, 2014；Waltman, 2015）。我们将在之后关于如何把苏格拉底式策略纳入辩证行为治疗的章节（第十二章）中详细讨论功能分析或行为链分析（functional analysis or behavioral chain analysis；见 Rizvi & Ritschel, 2014）。

通过自我监测收集新信息

在前一章中，我们回顾了影响人们认知的认知过程和认知偏差。如果我们只将概念化和治疗计划建立在早期治疗过程中获得的信息上，很明显，我们可能会在结合认知偏差与潜在的低自我觉察时忽视一些重要的拼图。虽然你可能在本科心理学课程中听说过抑郁现实主义（depressive realism；参见 Ackerman & DeRubeis，1991），但是大部分的研究是在非临床样本上完成的，而关于临床抑郁症水平的人对世界有更现实的看法是不完全准确的（Ackerman & DeRubeis, 1991）。这样的人也许不太容易犯过分自信或过于乐观的预测错误，但他们对过去的看法往往是歪曲的（Ackerman & DeRubeis，1991）。

抑郁症患者经常会过度概括。也就是说，他们更难记住发生的具体事情，并且倾向于根据过度概括的反刍思维记住他们认为发生了的事情（Brittlebank,

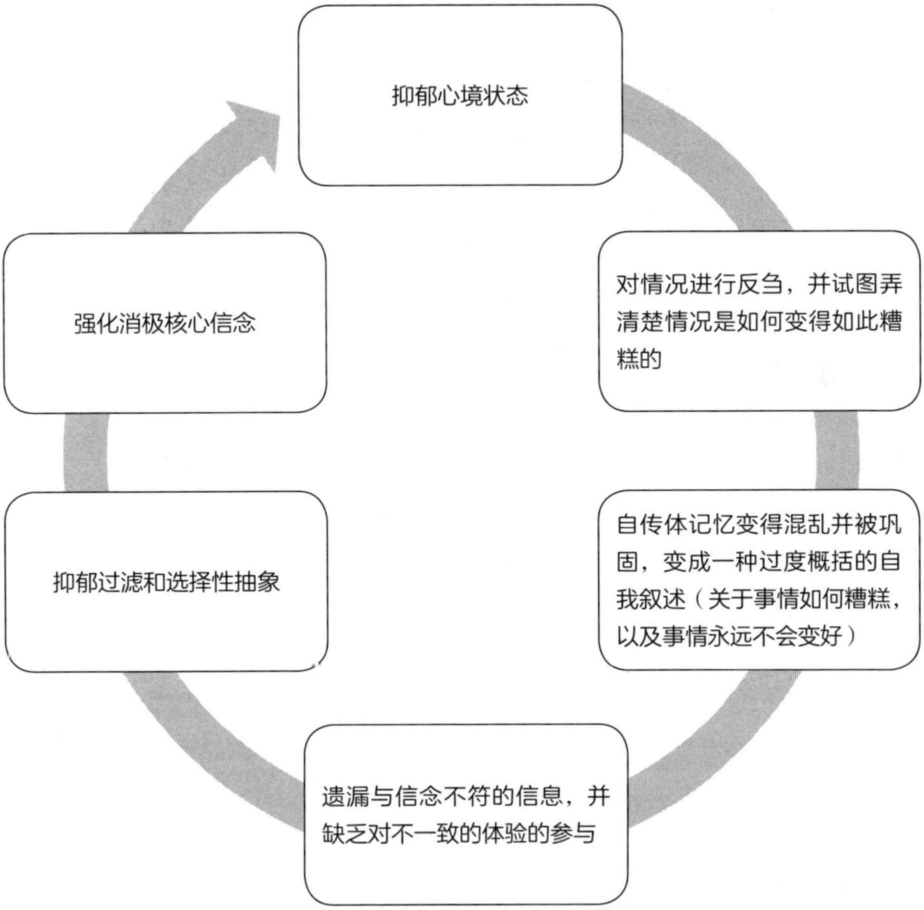

图 3.2　反刍–过度概括循环

Scott, Mark & Williams, 1993；Kuyken & Dalgleigh, 1995）（见图 3.2）。此外，他们在记住积极的经历或回忆方面可能存在特别的困难（Brittlebank et al., 1993；Williams & Scott, 1988）。这被认为是他们的思维反刍过程导致的（Watkins & Teasdale, 2001），当他们翻阅过去的记忆时（参见 Randall, 2007），他们会以某种方式重新讲述和巩固记忆，从而形成过度概括的记忆——这些记忆往往符合他们抑郁的核心信念和假设（Watkins & Teasdale, 2001）。在其他精神疾病中，类似的认知过程和自传体记忆问题也被观察到（见 McNally, Lasko, Macklin & Pitman, 1995）。

提高对想法的自我觉察

从定义上说，自动思维是一种发生在我们意识之外的、快速的评价性思维（Beck, 1963, 1964）。我们需要引导来访者注意和认识他们的想法，特别是那些影响他们情绪的想法（Beck, 1979）。一些来访者会比其他来访者更自然地接受这一点。人们通常接受他们的想法并将其陈述为事实。我们的工作是帮助他们迈出暂停和捕捉想法的第一步。有一个简化的 CBT 技能叫 3Cs［抓住它（Catch it），检查它（Check it），改变它（Change it）；参见 Creed, Waltman, Frankel & Williston, 2016］。这实际上是三种不同的技能，需要单独教授。在你开始检查和改变想法之前，你需要教来访者如何"捕捉"一个想法。

我们想要捕捉我们有兴趣对其进行工作的想法。之后的聚焦于关键认知的章节（第五章）将更详细地介绍如何找到最具战略意义的想法，以进行评估。当我们最初教来访者注意他们的自动思维时，我们经常以强烈的情绪反应为线索。

- "在你变得心烦意乱之前，你在想什么？"
- "你对自己说了什么？"
- "你认为会发生什么？"
- "你是怎么理解发生的事情的？"

有些来访者可以很容易地告诉你他们在想什么，但其他来访者需要一些帮助。通常，人们可能会分享的想法实际上是一种情境或情绪，而你需要帮助他们识别实际的想法，如下例所示。

治疗师：好的，你的轮班结束了，你的主管试图和你谈一些可能不太紧急的事情，然后你发现自己真的很生气。你在想什么，让你这么生气？

来访者：我想是时候回家了。

治疗师：是的，你的轮班结束了，计划好的回家时间到了。但是你到底在想什么，你当时对自己说了什么？

来访者：我只是在想我有多生气，我有多恨他。

治疗师：这么说，你真的很生气。你有愤怒的情绪。在行为上，听起来你似乎陷入了对工作的沉思。还有后来对你老板发火的行为。但是，导致这一结果的最初想法是什么呢？

来访者：我不太明白你的意思。

治疗师：好的，这实际上是一件好事，我们也许能找出是什么想法导致了这一连串事件以及给你带来的痛苦经历。让我们深入挖掘一下。我需要你闭上眼睛，想象一下那天，嗯，那天下午。你的工作是什么样子的？人们穿的是什么？当时有什么声音或者气味？你看着表，是时候离开了，但你的老板走过来，开始谈论一些看起来并不紧急的事情。当时你脑子里在想什么？

来访者：他是个彻头彻尾的浑蛋，居然等到一天结束才来找我谈话。这真是太不体谅人了！

治疗师：干得好！我们为你找出了一些潜在的想法。你认为你的老板是个浑蛋，因为他一直等到一天结束才来找你。你还认为他太不体谅人了。这些想法让你在情绪上感到愤怒，这导致了你反复思考自己的愤怒，情绪上感觉更愤怒，然后口头上对你的老板发火的行为。

来访者：是的，听起来差不多，你总结得很好。

治疗师：嗯，你在这方面做得很好。这些正是我们想要学会捕捉的想法。这些想法会让你的处境变得更糟。

来访者：希望治疗能帮助我在工作中避免发火。我真的不能失去我的工作。

第一步是注意到想法，并把想法标记为想法。事实上，把情境标记为情境、把想法标记为想法、把情绪标记为情绪、把行为标记为行为，这样做会让你在实践中走得更远。一些来访者在这方面会遇到更多困难，并且可能会跳过这一步。

这种自我觉察和自我监测技能是基础。如果来访者不能在心理上退后一步并注意他们的想法，那么后面的步骤将很难实施。之前提到的意象策略可能会有所帮助。画出时间线可能也会有所帮助。你可以通过让来访者对情境进行解释以大致了解他们的自动思维，而自动思维是你可以处理的。理想情况下，我们不会向来访者提供我们认为他们在想什么的猜测。朱迪·贝克（2011）提出了一个绝妙的策略，即猜测你认为他们可能会想到的相反内容。这实际上非常有用。所以，对于这个场景，治疗师可能会猜："所以，你认为你的老板真的很体贴，一直等到有时间才和你谈谈这件事？"虽然我们不想告诉来访者我们认为他们在想什么，但我们可以在注意到他们的想法时将他们的想法标记为想法。治疗的最早阶段通常侧重于建立融洽关系，而你可以将想法标记为想法并融入你的反思性倾听中。这在上面的示例中进行了说明。

提高对情绪的自我觉察

来访者在接受治疗时，其情绪觉察能力、情绪容忍度和关于情绪的信念会有很大差异（Leahy，2018）。因此，需要在此项目上完成的工作量取决于来访者的表现。在某些情况下，基本的情绪教育是治疗的重要组成部分，也许是某种预处理。在其他情况下，你可以随时保留或展开这一部分的讨论。你的来访者至少应该能够说出一些基本的情绪（愤怒、厌恶、恐惧、快乐、悲伤和惊讶；参见 Ekman，1992）。珀森斯（2012）更全面地回顾了与 CBT 相关的情绪理论，而莱希（2018）更全面地阐述了如何在 CBT 中处理情绪。

治疗师：你看男朋友的手机，发现他和前女友的一些短信，你当时有什么感受？

来访者：糟糕……非常糟糕。

治疗师：你感觉很糟糕，你当时有什么情绪？

来访者：[看起来是困惑的]

治疗师：愤怒、厌恶、害怕、高兴、悲伤还是惊讶？

来访者：哦，有很多，愤怒肯定是有的。

治疗师：你当时很愤怒，还有其他情绪吗？

来访者：我想我也感到有点害怕和悲伤，但主要是愤怒，非常愤怒。

治疗师：你主要是感到愤怒，但也有一些悲伤和担心，我说的对吗？

来访者：是的。

治疗师：你很好地识别了所有不同的情绪，听起来这是一个非常激烈的情况。你感到非常愤怒，但也有一些悲伤和恐惧。当我们识别这些强烈的情绪反应时，我们可以利用它们来提示我们进入最重要的工作领域。你最近经常感到愤怒、悲伤和害怕吗？

来访者：一直都是。

治疗师：需要你处理的情绪很多，而且这个情况的各个层面让人感觉很复杂。我认为需要花一些时间理清情况，识别所有不同的想法和相应的感受可能是有意义的。这样，开始记录你的情绪似乎是有道理的。让我向你展示一个可能对你有帮助的表格。

随着来访者越来越能够识别他们的情绪，你可以引入自我监测策略，例如 CBT 三角或三栏思维记录表，这将在下文讨论。如果你的来访者在识别自己的感受方面仍然有困难，你可以让他们记录令人沮丧的情况，在治疗中帮助他们剖析情况并标记他们的情绪。

提高对行为的自我觉察

我们可以使用自我监测来聚焦于我们试图增加或减少的行为（Korotitsch & Nelson-Gray，1999）。你要问自己的第一个问题是，来访者在做这个行为时是否意识到了该行为。如果没有，你可能需要首先记录行为后果的发生情况。当来访者开始记录一种行为时，可能会产生一种效应：我们会看到，随着来访者越来越能意识到行为的副作用，我们不期望的效应会减少（参见 Korotitsch & Nelson-Gray，1999）。如果你想要针对特定行为，你需要记录行为之前和之后发生了什么，以明确潜在的治疗目标。记录一个人一天的整体行为有助于更好地了解他们的处境和功能。相比仅仅依赖于上次治疗会谈结束后一周的回顾性记忆，你通常会发现一些意想不到的事情或可能会遗漏的一些事情（Brittlebank et al.，1993；Williams & Scott，1988）。行为可以通过多种方式记录（Cohen et al.，2013），经典的方法是行为或事件日志，用于记录行为发生的时间、背景以及同时出现的情绪和想法。

通过自我监测演示 CBT 模型

引入 CBT 模型

向你的来访者引入 CBT 模型实际上是一个多步骤的过程。首先你将解释模型，然后需要用来访者生活中的内容填充模型并向来访者展示。有很多方法可以解释 CBT 模型，最常见的是用一个模棱两可的假设情境证明不同的人对同一情境会有不同的反应。另一种方法是使用三角形（或菱形；参见 Greenberger & Padesky，2015）（见图 3.3）。下面是一个将这两者结合在一起的例子。

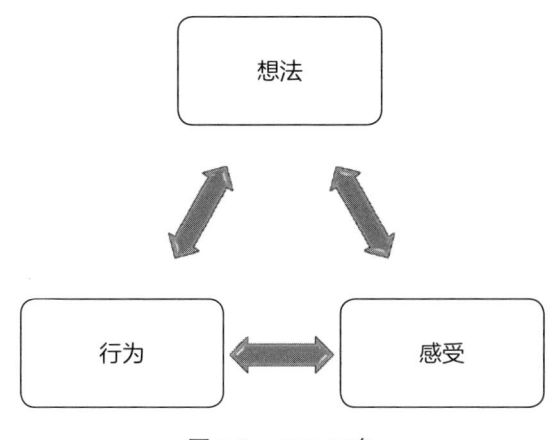

图 3.3　CBT 三角

治疗师：我想和你谈谈我是如何工作的以及我为什么要做现在的事情。不同的治疗师工作方式不同，我想介绍一下这种治疗的一个主要观点。首先，我想让你和我一起想象一个场景。想象一下，你在社交媒体上发布了一张照片，没有人点赞，也没有人评论。在这种情况下你会有什么感受？

来访者：我想我会生气的。我一点也不喜欢那样。

治疗师：所以，在这种情况下，你会很生气。你知道有人可能会有不同的反应吗？

来访者：是的，我妹妹会很伤心。而我爸爸，我甚至不知道他会不会注意到。

治疗师：那么，不同的人在相似的情况下会有不同的反应，你认为这是为什么？

来访者：我想相比我爸爸，这对我来说更重要，但我妹妹也会不高兴的。

治疗师：在这种假设的情况下，你会对自己说什么，导致自己这么生气？

来访者：我会生我朋友的气。他们发的内容我都会点赞，即使那些内容不是很好,那他们为什么对我这么无礼呢?

治疗师:所以,你觉得你的朋友很无礼,你感到很生气。你妹妹在想什么,导致她很伤心?

来访者:她可能觉得没人喜欢她。

治疗师:这是一个悲伤的想法,我可以理解她为什么会感到那么悲伤。你爸爸呢?

来访者:他很有趣,他可能只是觉得自己喜欢那张照片,而不像我那样担心它。

治疗师:你如何看待这三种情况?

来访者:我只是需要变得不那么消极。

治疗师:听起来你对自己的想法有想法了。也就是说,你们三个人有三种不同的想法和三种不同的情绪反应。所以,影响我们感受的不仅仅是发生了什么,还包括我们如何解释或理解发生的事情。我所使用的治疗方法不仅关注改善整体状况,还关注你的意义构建系统、你的想法和信念,这样我们可以最大限度地获益。

来访者:有道理。

治疗师:这是另一种思考方式[画一个三角形,在不同的角上写上想法、情绪和行为]。你有没有发现很难做到不生气或不悲伤?

来访者:嗯,就好像总是保持不快乐很难?

治疗师:对,你有没有努力尝试过不生气、不悲伤,只是开心?

来访者:这是我的人生故事!

治疗师:人们可能会跟你说"别那么生气"或"别难过",或者"别担心"。这容易吗?

来访者:这很难。

治疗师:是的,这真的很难,我想如果这很容易就不会有人来找我了。问题是，虽然我们无法直接控制自己的感受，但我们确实可以在一定程度上控制自己的想法，甚至更多地控制我们正在做的事情。看看这个图，我们会发现我们的想法、感受和行为是相互联系的。因此，通过调整你正在做的事情和你的想法，我们可以改变你的感受。听起来怎么样？

来访者：有道理。

治疗师：我知道这可能有点抽象，所以我想做的第一件事是在接下来的几周里花些时间谈谈你的担忧，看看这个模型对你有多适用。我想和你一起检验一下你的想法、感受和行为是不是相互联系的，因为如果是，这个模型应该很适合你的情况。这样可以吗？

来访者：可以。我喜欢这个想法——首先进行测试，确保它是适合的。

下一步是与来访者讨论他们的担忧和最近令人沮丧的情境，然后将这些情境纳入模型，以测试 CBT 是否适合他们。当你这样做了几次之后，你可以开始提问，帮助来访者开始看到想法、感受和行为之间的联系。在他们看到了这种联系后，推进认知和行为改变策略会变得更容易。

行为示例：行为激活

这个"入门"阶段在文献中称为自我监测，它实现了两个目标：帮助来访者进一步了解模型，以及帮助治疗师发现策略目标。直接尝试改变想法或改变行为可能会有很大的吸引力，但是如果我们还不知道从哪里进行干预，或者如果来访者没有看到他们的思维方式和行为方式与他们的感受之间的联系，这些尝试可能会失败。以行为激活为例（Martell, Dimidjian & Herman-Dunn, 2013），众所周知，行为激活的目标是让来访者变得更积极，从而帮助他们减轻抑郁。常识性方法只是直接告诉你的来访者要更加积极，这将帮助他们感觉更好。问题是，如果你患有临床抑郁症，你的能量就会非常低，并且经常会有这样的想法：你不会享受任何事情，你没有精力去做任何事情，你太沮丧了，什么都做不了。所以，当你的治疗师告诉你要更积极些时，你会对自己说："是的，但我很沮丧。我没有精力了。我做不到。"你甚至会对自己说："当我开始感觉好些时，我就会做更多。"这当然是个陷阱，因为在开始改变行为之前，你可能不会感觉好些。

那么，治疗师该怎么做呢？早期的目标是"抵制诱惑"，即不要给来访者提供那些他们可能不会遵循的建议，而是与他们保持一致，帮助他们看到自己做的事情正在影响他们的感受。理想情况下，这是一个被称为活动监测的联合发现（合作式经验主义）过程。它的观点很简单——用来访者生活中的细节证明认知行为模型，并寻找策略点进行干预。活动监测包括观察来访者一周的实际情况，然后将其作为了解更多信息的一种方式。请考虑下面的例子。

查德是个年轻人，从事着他自己不喜欢的工作，并且努力为他和妻子计划外生的孩子支付账单。他已经抑郁了好几个月，在治疗中表现为情绪平淡和极度冷漠。通常，当症状严重时，行为改变是第一个目标；随着症状的好转，认知策略被用于进一步改善（Beck et al., 1979）。我向查德解释了他的感受和行为是如何联系在一起的。我有一些初步的想法，关于他可能会做一些不同的事情来感觉更好，但并没有直接告诉他我认为答案是什么，而是建议我们一起研究他的抑郁症。我让他记录一周的抑郁情况。这包括记录他在做什么和他的感受。我请他在他的抑郁中寻找细微的变化——他感到更抑郁的时候和稍微不那么抑郁的时候。接下来的一个星期，我们一起看了他的日记。他在工作中很不开心，而且"抑郁小睡（depression naps）"的频率很高，这经常让他感觉更糟。我注意到他在傍晚的时候有轻微的"颠簸（bump）"，所以我专注于此并感到好奇。他解释说，其实他做晚饭的时候很享受。"太好了！"我在内心惊呼。我对此更加好奇了，做晚饭时是什么让他这么享受？他解释说，他觉得他并不擅长自己的工作，也不擅长做一个父亲，或者其他许多事情，但他很知道如何把饭做好。而且当他做饭的时候，他觉得（认为）他终于做好了一件事。

这非常重要。我们确定了一项有助于减轻他的抑郁症状的活动。通过查看整体日记，我问他是否看到了他正在做的事情和他的感受之间的任何联系。他能看出其中的联系，于是我问他想对这种联系做些什么。他说他可能想对他的日程做些改变，看看这是否能让他感觉更好一些。我们讨论了增加掌控感的其他方法。随着我们增加他的掌控感，他的抑郁情绪得到了缓解。他成了一个更投入的父亲和配偶，也找到了一份更有成就感的职业。我的结论很明确：如果我只是让他做我想到的第一件事，那么我就会完全错过这次成功的干预；通过引导他自己发现这一点，他对活动的认同和动力增加了。

思维示例：认知治疗

这个过程的基本流程是简单的分层。首先，我们教来访者如何注意自己的想法和感受。当他们学习如何这样做时，我们在他们的想法和感受之间建立联系，从而帮助他们建立对想法和感受的觉察。当他们意识到自己的想法和感受之间的联系时，我们就用这种联系来构建学习认知改变策略的基本原理。下面是一个正在构建的基本原理的例子，延续了上面的案例。

治疗师：贾斯明，关于你们最近分手的情况，我们已经讨论了一段时间了。很明显这对你来说很艰难。

来访者：真是糟透了，我就是感觉很糟糕。

治疗师：感觉真的很糟糕，那情绪呢？

来访者：难过，真的很难过。

治疗师：那么，你感到很难过，我们一直在观察这种难过背后的一些想法。你觉得哪些想法比较印象深刻？

来访者：那种"我将永远是一个人，没有人会爱我"的想法很明显。

治疗师：你有这些非常痛苦的想法，认为你将永远孤独，没有人会爱你，你最终会感到特别悲伤。

来访者：这不是事实吗？

治疗师：你认为这些永远孤独、不被爱的想法和你的悲伤感受之间有联系吗？

来访者：是的，我想是的。我认为它们是有联系的。当我花更多的时间去想这件事时，我当然会感觉更糟。

治疗师：那么，你想怎么做呢？

来访者：也许我只是需要让自己从这些想法中转移注意力。我只需要保持忙碌，这样我就没有时间悲伤。

治疗师：你已经试过了吗？

来访者：我是这样做的，最后我在工作时哭了，然后和一个没做错任何事的人吵架。

治疗师：如果转移注意力不能解决问题，我们还能尝试什么？

来访者：我不知道，这就是我来这里的原因。

治疗师：我们已经收集了一些好的资料来指导我们的计划。你会发现这些关于不被爱的想法往往会让你更加悲伤。

来访者：没错。

治疗师：那么，你想怎么做呢？

来访者：我想找一些不那么令人沮丧的新想法。

治疗师：等一下。慢点说，这听起来很重要，让我写下来。你是在提议，如果你的想法是让你如此悲伤的一部分，那么找出新的想法可能会让你感觉更好？

来访者：的确如此。

治疗师：很不错，事实上我有很多有用的技巧和策略可以教给你，帮助我们找到一些平衡的和可信的新想法。你觉得怎么样？

来访者：听起来正是我需要的。

小　　结

　　治疗师可以使用许多技巧来增加在治疗过程中使用有效的苏格拉底式策略的可能性。有一个强大的治疗联盟对所有治疗都很重要，而一个强大的联盟意味着就治疗目标和实现这些目标的方法达成一致。CBT 会谈结构有助于最大限度地提高会谈效率，并促进有成效的会谈。CBT 本质上是一种技能训练疗法，我们既关注来访者如何将苏格拉底式策略应用于自己的思维过程中，也注重这些方法带来的认知改变。自我监测是治疗中至关重要的第一步，我们教会来访者注意与记录他们的想法、感受和行为。当他们认识到想法、感受和行为之间的联系时，我们利用这一点为使用认知和行为改变策略（如苏格拉底式提问）建立了理论基础。掌握这些技能将使你和来访者更容易使用苏格拉底式策略，以帮助他们克服生活中的障碍。

参考文献

Ackermann, R., & DeRubeis, R. J. (1991). Is depressive realism real? *Clinical Psychology Review, 11*(5), 565–584.

Beck, A. T. (1964). Thinking and depression II. Theory and therapy. *Archives of General Psychiatry, 10*(6), 561–571.

Beck, A. T. (1963). Thinking and depression I. Idiosyncratic content and cognitive distortions. *Archives of General Psychiatry, 9*, 324–333.

Beck, A. T. (1979). *Cognitive therapy and the emotional disorders.* New York: Meridian.

Beck, A. T., Rush, A. J., Shaw, B. F., & Emery, G. (1979). *Cognitive therapy of depression.* New York: Guilford Press.

Beck, J. S. (2011). *Cognitive behavior therapy: Basics and beyond* (2nd ed.). New York: Guilford Press.

Bellack, A. S., Mueser, K. T., Gingerich, S., & Agresta, J. (2013). *Social skills training for schizophrenia: A step-by-step guide.* New York: Guilford Press.

Brittlebank, A. D., Scott, J., Mark, J., Williams, G., & Ferrier, I. N. (1993). Autobiographical memory in depression: State or trait marker?. *The British Journal of Psychiatry, 162*(1), 118–121.

Carroll, L. (2011). *Alice's adventures in wonderland*. Ontario, Canada: Broadview Press.

Cohen, J. S., Edmunds, J. M., Brodman, D. M., Benjamin, C. L., & Kendall, P. C. (2013). Using self-monitoring: Implementation of collaborative empiricism in cognitive-behavioral therapy. *Cognitive and Behavioral Practice, 20*(4), 419–428.

Creed, T. A. & Waltman, S. H. (2017). Therapeutic alliance. In A. Wenzel. (Ed.), *The SAGE encyclopedia of abnormal and clinical psychology* (pp. 3511). Thousand Oaks, CA: SAGE.

Creed, T. A., Waltman, S. H., Frankel, S. A., & Williston, M. A. (2016). School-based cognitive behavioral therapy: Current status and alternative approaches. *Current Psychiatry Reviews, 12*(1), 53–64.

David, S. (2016). *Emotional agility: Get unstuck, embrace change, and thrive in work and life*. New York: Penguin.

Edmunds, J. M., Beidas, R. S., & Kendall, P. C. (2013). Dissemination and implementation of evidence-based practices: Training and consultation as implementation strategies. *Clinical Psychology: Science and Practice, 20*(2), 152–165.

Ekman, P. (1992). An argument for basic emotions. *Cognition & Emotion, 6*(3–4), 169–200.

Foster, S. L., Laverty-Finch, C., Gizzo, D. P., & Osantowski, J. (1999). Practical issues in self-observation. *Psychological Assessment, 11*(4), 426.

Gilbert, P., & Leahy, R. L. (Eds.). (2007). *The therapeutic relationship in the cognitive behavioral psychotherapies*. London: Routledge.

Greenberger, D., & Padesky, C. A. (2015). *Mind over mood: Change how you feel by changing the way you think*. New York: Guilford Press.

Hayes, S. C., & Smith, S. (2005). *Get out of your mind and into your life: The new acceptance and commitment therapy* (2nd ed.). Oakland, CA: New Harbinger Publications.

Kazantzis, N., Beck, J. S., Dattilio, F. M., Dobson, K. S., & Rapee, R. M. (2013). Collaborative empiricism as the central therapeutic relationship element in CBT: An expert panel discussion at the 7th international congress of cognitive psychotherapy. *International Journal of Cognitive Therapy, 6*(4), 386–400.

Kolb, D. A. (1984). *Experiential learning: Experience as the source of learning and development*. Englewood Cliffs, NJ: Prentice-Hall.

Korotitsch, W. J., & Nelson-Gray, R. O. (1999). An overview of self-monitoring research in assessment and treatment. *Psychological Assessment, 11*(4), 415.

Kuyken, W., & Dalgleish, T. (1995). Autobiographical memory and depression. *British Journal of Clinical Psychology, 34*(1), 89–92.

Leahy, R. L. (2018). *Emotional schema therapy: Distinctive features*. New York: Routledge.

M. Stith, S., Miller, M. S., Boyle, J., Swinton, J., Ratcliffe, G., & McCollum, E. (2012). Making a difference in making miracles: Common roadblocks to miracle question effectiveness. *Journal of Marital and Family Therapy, 38*(2), 380–393.

Martell, C. R., Dimidjian, S., & Herman-Dunn, R. (2013). *Behavioral activation for depression: A clinician's guide*. New York: Guilford Press.

McNally, R. J., Lasko, N. B., Macklin, M. L., & Pitman, R. K. (1995). Autobiographical memory disturbance in combatrelated posttraumatic stress disorder. *Behaviour Research and Therapy, 33*(6), 619–630.

Miller, W. R., & Rollnick, S. (2012). *Motivational interviewing: Helping people change*. New York: Guilford Press.

Okamoto, A., Dattilio, F. M., Dobson, K. S., & Kazantzis, N. (2019). The therapeutic relationship in cognitive-behavioral therapy: Essential features and common challenges. *Practice Innovations, 4*(2), 112–123.

Overholser, J. C. (2011). Collaborative empiricism, guided discovery, and the Socratic method: Core processes for effective cognitive therapy. *Clinical Psychology: Science and Practice, 18*(1), 62–66.

Persons, J. B. (2013). *The case formulation approach to cognitive-behavior therapy*. New York: Guilford Press.

Randall, W. L. (2007). From computer to compost: Rethinking our metaphors for memory. *Theory & Psychology, 17*(5), 611–633.

Rizvi, S. L., & Ritschel, L. A. (2014). Mastering the art of chain analysis in dialectical behavior therapy. *Cognitive and Behavioral Practice, 21*(3), 335–349.

Tee, J., & Kazantzis, N. (2011). Collaborative empiricism in cognitive therapy: A definition and theory for the relationship construct. *Clinical Psychology: Science and Practice, 18*(1), 47–61.

Waltman, S. H. (2015). Functional analysis in differential diagnosis: Using cognitive processing therapy to treat PTSD. *Clinical Case Studies, 14*(6), 422–433.

Waltman, S. H., Hall, B. C., McFarr, L. M., Beck, A. T., & Creed, T. A. (2017). In-session stuck points and pitfalls of community clinicians learning CBT: Qualitative investigation. *Cognitive and Behavioral Practice, 24*, 256–267.

Wampold, B. E. (2001). *The great psychotherapy debate models, methods, and findings*.

Mahwah, NJ: Lawrence Erlbaum.

Watkins, E. D., & Teasdale, J. D. (2001). Rumination and overgeneral memory in depression: Effects of self-focus and analytic thinking. *Journal of Abnormal Psychology, 110*(2), 353.

Wenzel, A. (2019). *Cognitive behavioral therapy for beginners: An experiential learning approach.* New York: Routledge.

Westra, H. A., & Dozois, D. J. (2006). Preparing clients for cognitive behavioral therapy: A randomized pilot study of motivational interviewing for anxiety. *Cognitive Therapy and Research, 30*(4), 481–498.

Williams, J. M. G., & Scott, J. (1988). Autobiographical memory in depression. *Psychological Medicine, 18*(3), 689–695.

第四章

苏格拉底式提问的框架

贝克-苏格拉底式对话

斯科特·H.沃尔特曼和R.特伦特·科德

苏格拉底利用提问和面质帮助人们获得他认为的普遍真理。他的方法包括分解学习者的论点，然后构建一个通常与他的观点一致的新观点（Peoples & Drozdek，2017）。他根据回答者的预期答复提出一系列问题，从而实现这一点（Hintikka，2007）。然而，哲学和治疗的目标是不同的。在哲学中，苏格拉底式方法的应用可以称为反诘法（elenchus）。苏格拉底和其他哲学家会认为自己是想法、信念和思想的助产士（Grimes & Uliana，1998；Overholser，2018）。苏格拉底还关注伦理或道德相关的问题（Peoples & Drozdek，2017）。然而，治疗的重点是帮助来访者找到属于自己的，受他们的经历、证据和价值观影响的真理；因此，心理治疗中的苏格拉底式提问不同于苏格拉底对那些他试图改变其思想的人所做的事情。为了解释这一点，莱希认为，也许术语"贝克-苏格拉底式对话"或"贝克式对话"是对这个过程更准确的描述（见 Kazantzis et al.，2018）。指导贝克-苏格拉底式对话的首要原则被称为引导发现或合作式经验主义，这意味着在治疗联盟中存在合作关系，治疗师也需要呈现开放性和自动自发（willingness）等原则（见 Hayes，2005；见图 4.1）。

新的、平衡的和可信的想法

总结和整合

| 支持最初假设的证据 | 不支持信念的证据 |

| 现实证据 | 感知到的证据 | 已知证据 | 未知证据 |

| 事实、那些实际发生了的事情 | "歪曲的"证据、情绪和其他想法 | 事实、那些实际发生了的事情、例外情况和其他可能的情况 | "非歪曲"的证据、被忽略的证据、被回避的体验、来自行为实验的新证据、遗漏的背景 |

图 4.1 贝克 – 苏格拉底式对话概述

有一些证据表明，苏格拉底式策略是有关如何胜任工作的技能中最难学习的之一。例如，在一项有关学习认知行为治疗（CBT）常见的相关困难的定性和定量研究中，与引导发现相关的问题是最常见的困难（Waltman，Hall，McFarr，Beck & Creed，2017）。此外，我们还观察到，即使有持续的支持，这种技能可能也很难学习（Waltman et al.，2017）。这项研究的一位培训师很好地描述了这一常见的困境："治疗师倾向于'提供发现'，而非引导发现"（p.263）。这意味着尝试给来访者答案，而不是帮助他们自己找到答案。帕德斯基（1993）在她以苏格拉底式对话为主题的影响深远的演讲中指出了这一困难。她详细描述了治疗师如何难以知道该问哪些问题，并如何陷入试图劝说来访者或试图让他们得出具体结论的困境。

帕德斯基的苏格拉底式对话模型（1993 年版）

帕德斯基（1993）开发了一个四步的苏格拉底式对话模型，包括：（1）询问信息性的问题；（2）主动倾听；（3）总结；（4）询问整合或分析性的问题。几十年来，该模型一直是苏格拉底式策略训练的基础。它证明了这一过程并不涉及对抗性的过程——其中的目标是去除个人的论点。相反，它说明了临床工作者从来访者那里最先学习到的东西的重要性，然后他们共同将这种学习到的东西应用在来访者的境遇中，以帮助来访者在合作性探询的背景下形成新的视角。

我们感兴趣的是资深 CBT 治疗师在应用认知重建或行为改变等改变策略时如何应用这个框架，所以我们对具有过硬的苏格拉底式提问技能的专家治疗师和培训师进行了一项调查。虽然我们发现了一些差异，但大多数接受调查的 CBT 治疗师都使用了帕德斯基的框架或与之类似的模型。我们还询问了这些受访者，他们如何应用这个模型，如何在这种方法中一步一步前进，以及在他们进行这四个步骤时，他们的内部心理过程是什么样的。在我们的分析中，几个主题浮现了，包括：关系因素、关注来访者的反馈、认知和行为概念化，以及任务导向。

苏格拉底式提问框架（修订版）

基于这些结果和来自 CBT 培训师的经验反馈，我们对帕德斯基（1993）的原始框架做了一些修订（见图 4.2）。我们发现这对我们培训的一线治疗师和研究生很有帮助，它符合我们有关专家治疗师实际上如何进行苏格拉底式提问的归纳研究。

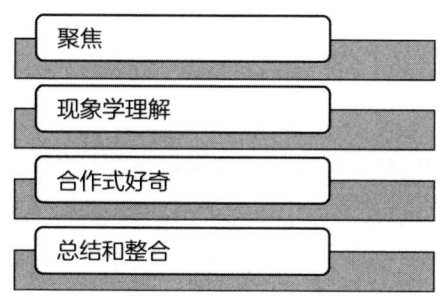

图 4.2 苏格拉底式提问框架（修订版）

修订后的模型包括首先聚焦于目标的关键认知。在确定合适的或策略性的目标后，治疗师要致力于形成对想法的现象学理解。也就是说，理解为何来访者以这种方式思考能完全说得通。一旦从来访者的角度看，我们就会努力通过合作式好奇的过程共同扩展这一观点。这个过程的顶点是总结和整合，治疗师帮助来访者理解全局，并试图调和他们最初的假设与他们新发展的、更平衡的观点。下面是对这个过程的快速总结。本书的其余部分提供了更精细的呈现，我们在其中将这些步骤分解为基本技能和能力，这些技能和能力将在应用个案示例和备忘录中介绍。

个案示例：菲奥娜

菲奥娜（化名）是一名 34 岁的已婚女性，非裔美国人，异性恋。她成长在一个情感否定的环境（emotionally invalidating environment）中。在那个环境中，有情绪是可耻的，成就才是被强调的东西。因此，正常的人类情感被认为是危险的、难以理解的和可耻的。虽然菲奥娜在学业和体育方面取得了很大的成就，但她经常觉得自己出了问题。她形成了这样一种信念，即她不够好、有缺陷。这些感受和信念对她来说是非常可耻的，只会加剧她抑郁的感觉。随着时间的推移，菲奥娜发展出了不断重塑自我的补偿策略，寄希望于变得像她崇拜的人一样，这样她最终就会足够好了。这些行为的一个意外后果是她的自我感发展不足，她的关系往往流于表面。

步骤1：聚焦

应用苏格拉底式策略的第一步是确定这些策略的目标。实际上，我们根本没有时间来解决每一个我们认为可能被歪曲的想法。我们希望以这样一些想法为目标，即那些对来访者的问题来说是关键的、与他们的核心困难及潜在信念相关的想法。这些通常被称为"热点思维（hot thought）"（Greenberger & Padesky, 2015），所以治疗师被教导要关注情感，或者"寻找热点"。治疗师可以问自己和来访者一些问题来促进这一步，包括以下问题。

- 对来访者来说，是什么让这种情况变得如此令人苦恼或困难呢？
- 最令人苦恼的部分是什么？
- 他们是怎么理解的呢？
- 这与他们的潜在信念有什么关系？
- 最令人痛苦的想法是什么？
- 我们能把这些想法分解成不同的成分吗？
- 这种想法对他们意味着什么？
- 我们如何确定目标认知？
- 我们能够如何表述这一想法，以促进合作式经验主义？
- 他们愿意评估这个想法吗？

下面举一个例子，让我们来看看这在实操中的样子。

治疗师：所以，菲奥娜，你提到你经历了一段非常艰难的时期，但对你而言决定来尝试做治疗真的非常不容易。

菲奥娜：是的，我已经被困了很长很长时间了，但是想到要接受治疗，总是很害怕……非常……不好。

治疗师：我想你宁愿自己解决这个问题。

菲奥娜：是的！

治疗师：所以，你到这里来其实很困难，可能需要一些勇气才能过来。让我们用一点时间，只是向你到达这里所付出的努力致敬。

［停顿一会儿］

我能问一下，来接受治疗对你来说有什么危险吗？

菲奥娜：在成长过程中，我接受的教育都说治疗是针对弱者的。

治疗师：来接受治疗意味着你很弱吗？

菲奥娜：你看，我只是……我……你甚至不知道对我来说，坐在这里承认我很抑郁有多难。

治疗师：对你来说，抑郁，还有承认你抑郁了，哪一个更糟？

菲奥娜：［痛苦］我想我已经抑郁一段时间了，但来接受治疗还是相当难以承受的。

治疗师：在我的办公室里向别人以及自己承认，你一直抑郁，这意味着什么？

菲奥娜：这意味着我有些问题。

治疗师：请你帮我理解一下，这到底是意味着你有问题，并且你有问题是不行的；还是你有问题，并且你是唯一一个有问题的人？

菲奥娜：都有。

治疗师：好的，所以对你来说，坐在我的办公室里是非常紧张的。这些想法中的哪一种更让你苦恼——是"你有问题"这个想法，还是"你是唯一一个有问题的人"？

菲奥娜：我觉得我是唯一一个有这种感觉的人，这就是为什么我不喜欢谈论这个。

治疗师：所以，你有问题，你感觉抑郁，这似乎是个秘密。

菲奥娜：我最大的秘密。

治疗师：这个秘密让你有什么感觉？

菲奥娜：很糟，肮脏，仿佛我是残缺的。

治疗师：羞耻的？

菲奥娜：是的！

治疗师：所以，你认为你是唯一一个有这种问题的人，这让你感到羞耻，所以你把问题留给自己，就像保守一个肮脏的秘密。这个秘密太可耻了，以至于很难告诉我——你的治疗师，你感觉抑郁？

菲奥娜：太难了。我真的很希望我能自己解决这个问题。

治疗师：我想我对我们可能要解决的问题有了一些了解。你感受到这些长期持续的抑郁体验，然后你对这些抑郁相关的想法和感觉又产生了一层额外的痛苦。在接下来的几周里，我们能不能花点时间来评估这些想法，也就是"你有问题，你是唯一有这种肮脏秘密的人"？

菲奥娜：可以，如果你认为有帮助的话。我已经厌倦了这种抑郁的感觉。

对于菲奥娜，具体的目标认知包括："我出了问题。""我是唯一有这种感觉的人。""如果我的家人知道了我的感受，他们就会嫌弃我。""如果人们了解了真正的我，他们就不会喜欢我了。"合作式经验主义的美妙之处在于，它让我们与我们的来访者保持坦率。作为治疗师，我们坦诚地与来访者谈论这些想法，并考量来访者是否有兴趣评估这些想法及相应的行为。

在那些教学生微积分的人中流传着一句名言："在结课时，他们可能不懂微积分，但他们肯定懂代数。"这种观点反映了掌握代数对学好微积分的重要性。通常，当学生们努力学习微积分时，他们会错误地归咎于微积分。然而，困难之处往往在于他们没有完全掌握代数技巧。同样，在学习苏格拉底式提问的过程中遇到困难的学生，往往无法识别整个过程最开始的步骤。也就是说，有效地完成苏格拉底过程的第一步对苏格拉底式干预的成功至关重要。因此，在第三章"入门指南"中，我们强调了治疗师可以在初期会谈中完成的基础程序，这为有效的苏格拉底式提问奠定基础。

步骤2：现象学理解

这一步可以被认为是一种确认（validation）的实践。在辩证行为治疗（DBT）的术语中，这是一个进行第四、第五和第六级确认的机会（见 Linehan，1997）。我们为整合提供了具体的建议，本书后面的部分将讨论这些建议。这一步的任务是了解来访者和目标认知。指导原则是，人们诚实地遵循他们的信念，而我们希望了解他们以这种方式思考是如何变得完全有道理的。这种对确认的早期强调也具有战略意义，因为它可以增强关系，并且可以为来访者进行调节。根据我们的经验，当人们觉得你真的真诚地倾听了他们说的内容时，他们更愿意对其他选择持开放态度。治疗师可以问自己几个问题以指导这一过程。

- 这种想法基于哪些经验？
- 支持这一点的事实有哪些？
- 如果这是真的，你认为支持这一点的最有力证据是什么？
- 来访者认为这是事实的原因是什么？
- 这是人们过去直接对他们说过的话吗？

- 他们有多相信这一点?
- 他们相信这一点多久了?
- 他们何时会更相信和更不相信这一点?
- 出现这种想法时,他们通常会做什么?

下面是一个实践中的示例。

治疗师:好的,我们想先看看为什么你会产生这样的信念:你有一些问题,而且你是唯一的一个。这将帮助我更好地了解你。你认为你是从哪里学到了这一点?

菲奥娜:我在一个非常严格的家庭中长大,家里每个人都有很高的成就,不优秀是不可能的。

治疗师:人们有很高的期望,不优秀就是个问题。

菲奥娜:是的,我爸爸把这当成我们之间的竞争。他总是告诉我,我哥哥做得有多好,如果我不想落后,我就需要做得更好。

治疗师:作为一个孩子,你有什么感觉?

菲奥娜:这真的很难,就像现在作为一个母亲,我意识到这是一种抚养孩子的糟糕方式——在他们尽了最大努力的时候,却让他们觉得自己不够好。

治疗师:[为以后做笔记:她承认她成长过程中的一些规则不是她想对自己的孩子使用的规则。]所以,你从你爸爸那里了解到:有问题是不可以的,那么你长大的过程中他会说些什么呢?

菲奥娜:是的,当我哭的时候,他会非常生气。我很快就学会了收起眼泪,然后摆出一张冷脸。

治疗师:[为以后做笔记:出于某种原因,爸爸可以生气,但菲奥娜不可以难过]那么,你学会了如何远离自己的情感,或者如何隐藏自己的情感?

菲奥娜：我学会隐藏情感，但我仍有情感。我把情感藏起来，因为它们给我带来了麻烦。似乎没有其他人遇到像我这样的问题。

治疗师：那么，你是怎么想到你是唯一一个有这样问题的人呢？

菲奥娜：我不知道，我觉得我就是知道这一点。

治疗师：好的，我想我遗漏了某些东西。你怎么知道你是唯一一个？

菲奥娜：唔……我想，我只是从来没见过其他人像我那样哭或者爆发。

治疗师：所以，在成长过程中，你从来没有见过其他孩子哭？

菲奥娜：不，我的意思是，我从来没有见过其他人像我那样哭，我也从来没有见过我哥哥哭。

治疗师：你觉得自己比别人有更多的情感。

菲奥娜：是的。

治疗师：那么，当其他孩子哭的时候会发生什么？

菲奥娜：他们的父母会抱起他们并安慰他们，然后他们就不会哭那么久。

治疗师：所以，你似乎比其他孩子哭得更多，而且，他们似乎和你生活在不同的系统里。他们的父母对他们哭泣的反应和你的父母不同。

菲奥娜：我想是的，我从来没有真正思考过这个，也没有和他们谈论过。

治疗师：似乎你从来没有真正和任何人谈论过这个。

菲奥娜：是的，我学会了保守秘密。

治疗师：让我试着把这一切放在一起，看看我的理解是否正确。成长过程中，取得成就会受到表扬，而表达情感会受到惩罚。你从小就学会了隐藏自己的情感。你认为，你是唯一有强烈情绪的人。有证据表明，可能有某种双重标准——你的父亲对你比同龄人的父母对他们的孩子更严格，是这样吗？

菲奥娜：是的，这听起来很对，我已经有一段时间没想过这些了。

治疗师：从你的背景来看，你在成长过程中会对自己的感受感到羞耻、觉得自己的感受有问题，这是完全说得通的。

菲奥娜：我明白这个道理，但这种感受仍然很强烈。

对菲奥娜来说，她的目标认知是根据她直接从父亲那里听到的信息而产生的，由此产生的行为创造了一个自我维持的系统——一个恶性循环。她有一个羞耻的秘密——她有情感，而她认为拥有这些情感是可耻的，这使她痛苦和羞耻。她相信她是唯一一个有这种感觉的人，并且如果人们真的有机会了解她，他们就会拒绝她，但这是她从未冒过的风险。当我们将这个过程在白板上绘制出来时，它帮助我们更好地理解这些思维形成的背景，并对它们的维持因素有一些思考。

步骤3：合作式好奇

虽然这一步骤的功能是寻找不支持信念的证据，但好奇心仍是这一过程的关键。在开创性的数理逻辑书《怎样解题》（*How to Solve It*）中，波利亚（Polya，1973）描述道，解决问题的一个关键步骤是确定未知数。一旦我们能站在来访者的角度，就可以一起努力扩展这一观点。我们问自己："他们遗漏了什么？"从功能上说，有两种盲点：你看不见的东西和你不知道的东西。我们需要弄清楚来访者没有注意到的是什么，这是由他们的注意过滤器，以及他们由于回避模式而形成的经验欠缺造成的。

通过对前面步骤中的元素进行评估，通常可以发现许多重大问题和探询方向。人们倾向于歪曲信息以符合他们先前存在的假设和信念。因此，我们希望帮助他们在心理上后退一步，同时审视背景和全局。我们问自己："如果这个想法不是真的，那么这方面的迹象是什么，我们能找到证据吗？"我们可能需要进行时间定位："总是这样吗？""一定总是这样吗？"

治疗师可以问自己一些问题来引导这一过程，包括以下问题。

- 我们是否可以增加支持证据的背景来减轻其影响，或者得出新的结论？
- 如果一直处于这种情况下，我们预计会发生什么？
- 我们是否可以帮助来访者记住例外或不一致的情况？
- 事实是什么？
- 他们会告诉朋友什么？
- 事情一直都是这样的吗？
- 这种想法如何影响他们的行为和可用的证据？
- 我们能去收集新的证据吗？

下面是一个实践中的示例。

治疗师：好的，所以我们有了一些想法，关于你是怎么产生这种信念的——你认为你有问题，并且认为你是唯一有这些问题的人。我们能看看硬币的另一面，试着弄清楚我们是否遗漏了什么吗？

菲奥娜：是的，我觉得可以，我已经有一段时间没真正思考过这些事了。

治疗师：我注意到，你说过，你不想像父亲抚养你那样抚养你的孩子。你能告诉我更多你不认同父亲的地方吗？

菲奥娜：他总是很生气，对他来说没有什么是足够好的。我一直在努力告诉我的孩子们，我爱他们，我要做的是帮助他们成长，而不是摧毁他们。

治疗师：所以，他的抚养模式并不完美。

菲奥娜：[笑]是的，你完全可以这么说。

治疗师：那么，是他觉得悲伤或有情感是不合适的？

菲奥娜：是的，他会告诉我哥哥"男儿有泪不轻弹"，告诉我"你哥哥就没有哭"。

治疗师：如果他的一些育儿方法有缺陷，这如何适用于他的情感规则？

菲奥娜：嗯，我想，也许这是一个糟糕的规则，或者是一个对我们不利的规则。

治疗师：多年来，这似乎对你造成了真正的伤害。

菲奥娜：那是你完全想象不到的伤害。

治疗师：你提到，你爸爸会经常生气？

菲奥娜：他并不总是生气，但如果事情没有像他想要的那样进行，他会非常生气，他的怒火很可怕！

治疗师：愤怒是一种情感吗？

菲奥娜：嗯，是的，我想确实是这样的。

治疗师：所以，针对你和针对他的规则不同？

菲奥娜：……那都是废话，我爸就是这样。

治疗师：那么，你怎么看待你父亲的这个规则，也就是"有情感是不好的"呢？

菲奥娜：我在成长过程中从来没有质疑过这一点，但我认为这是不对的。

治疗师：还有关于"你是唯一的"这一点。

菲奥娜：什么？

治疗师：让我把它画下来，看看我是否理解了这个循环。你认为你是唯一一个有这样感觉的人。这让你有了羞耻感。羞耻会导致回避和闭口不谈，所以你从来没有和任何人谈论过这个。因为你从来没有和任何人谈论过这个，所以你一直认为你是唯一一个。

菲奥娜：我就是这样被卡住的，我一直在这个循环里打转。

治疗师：是的，从某种意义上说，我们并不知道你是不是唯一的一个，因为你从来没有真正验证过。

菲奥娜：但验证起来很可怕，就像如果有人告诉我我很奇怪，而且只有我这样，那我该怎么办？

治疗师：你想问我，是否和你有同样的感受吗？

菲奥娜：[深呼吸] 是的。

治疗师：那就问我吧。

菲奥娜：你有像我这样的感受吗？

治疗师：是的，我有各种各样的感受。我有时会感到快乐，有时也感到悲伤、害怕或尴尬。有时，我会感到嫉妒或紧张。我总是有所有这些感受。

菲奥娜：是吗？

治疗师：是的，如果只有我这样，我可能会疯了。你想看看是不是只有你、我和你爸爸有这些感受吗？

菲奥娜：我想知道。

治疗师：让我打开我的互联网浏览器，然后我们做一些搜索。

菲奥娜：我从没想过要这么做。

对菲奥娜来说，这个过程包括帮助她理解她的假设形成的背景，质疑她的早期假设，并参与实验来收集新的经验和新的证据。为了验证她的假设，即她是唯一一个有这种感觉的人，一项早期的实验是在会面时进行一些互联网搜索。我们查阅了患病率数据和其他有抑郁与焦虑情绪困扰的人的言论。这帮助她认识到她的处境比她想象的要普遍得多，并减少了她的羞耻感，这有助于她进行更积极的实验。为了验证"家人如果知道她有抑郁症就会嫌弃她"的假设，她和姐姐谈论了她的心理健康问题。从这次实验中，她得知她姐姐也有抑郁病史，她父亲多年来也在接受治疗。新的经验会带来新的背景，并允许当事人重新审视以前的证据。

步骤 4：总结和整合

总结和整合的步骤非常重要，新手治疗师很容易跳过。这是我们努力使新的学习变得明确的地方。因为通常我们与来访者没有相同的图式和信念结构，所以我们更容易先于来访者看到新的视角。治疗师可能会想要尝试选择一个完全积极的想法，因为这样来访者可能会感觉更好。完全积极的想法或仅仅基于不支持旧有信念的证据的想法的问题在于，它们如果不符合来访者生活的现实，就可能是脆弱的。因此，我们要寻求建立平衡和具适应性的新想法。这个过程包括总结事情的两面，并帮助来访者形成新的、更平衡的想法，以抓住事情的正反两面。我们应该问的问题是，这种新的想法是否可信。一旦我们有了一个总结性的陈述，我们就应该帮助来访者将其与之前的陈述和假设结合起来。新结论与最初的假设相比如何？他们的潜在信念是什么？他们如何协调他们先前的假设和新的证据？我们还希望帮助来访者将认知转变转化为行为改变，从而巩固这些成果。因此，我们会问他们，在接下来的一周里，他们想如何将新的想法付诸实践，或者他们希望在未来一周如何检验它。

治疗师可以问自己一些问题来帮助解决这个问题。

- 这一切是如何结合起来的呢？
- 我们能总结一下所有的事实吗？
- 什么是兼顾正反两面的总结陈述？
- 关于这一点，来访者相信多少？
- 我们是否需要塑造这一点，使它更加可信？
- 来访者如何协调我们的新陈述与我们正在评估的想法？又如何协调该陈述与我们聚焦的核心信念？
- 我们应该如何将我们的新陈述应用到来访者接下来的一周？我们怎么才能验证该陈述呢？
- 如果新陈述是真的，这将意味着什么（关于来访者、世界、未来、目标核心信念、目标问题、目标等）？
- 我们从这个练习中了解了关于来访者的思维过程的什么内容？

下面是一个实践中的例子。

治疗师：好，我们收集了很多资料，并讨论了很多事情。你能帮我总结一下我们所讨论过的内容吗？

菲奥娜：我们谈了很多事情，我想我没办法都说出来。

治疗师：让我们先谈谈为什么你会认为自己有问题，并认为自己是唯一一个这样的人。

菲奥娜：我和爸爸一起长大……成了我爸爸……我因为有情绪而陷入困境，并学会了隐藏我的感受，进而不谈论它们，所以我认为我是唯一一个有这样的感受的人。

治疗师：我们今天讨论了什么，可以补充这些事实？

菲奥娜：我爸爸也有一些他自己的问题，所以他的情感规则可能不完全正确，而且他有一些严重的情绪问题。

治疗师：还有什么呢？

菲奥娜：然后我们查了一些资料。

治疗师：是的，我们待会儿会聊这个。你还做了一些勇敢的事情，问我是否有同样的感受，然后我说了什么？

菲奥娜：你说你有各种各样的感受。

治疗师：只有我们有这些感受吗？

菲奥娜：不，我们在网上搜索，得到了数百万个结果，然后我们读了其他人的故事。

治疗师：那又意味着什么呢？

菲奥娜：那意味着我不是唯一的一个人。我并不孤单。

治疗师：所以，一方面，你从小的教养让你相信"有情感是不好的"，并且你对自己的感受闭口不谈，认为你是唯一的一个；另一方面，有一些迹象表明，成百万上千万甚至数以亿计的人都有自己的情感，并且经常被这些情感困扰着。

菲奥娜：［流泪］是的。

治疗师：那么，我们如何把整个谈话总结成一个你可以接受的陈述呢？

菲奥娜：我爸爸不喜欢情感，但每个人都有情感，也许这没关系。

治疗师：等一下，再说一遍让我写下来。

［写下来，然后再读给她听］

你相信这一点吗？

菲奥娜：我有点相信。

治疗师：这是我们正在接触的新事物，令人兴奋，也许有点吓人。你相信哪个部分？还是我们应该用更可信的措辞重新描述它？

菲奥娜：我想，我相信你所拥有的那些情感，互联网上的人也同样有情感，但我真的不知道我生活中真实的人的情况如何。

治疗师：这一点很好，你想怎么做呢？

菲奥娜：我知道我需要做什么，但我既害怕又尴尬。

治疗师：恐惧和羞耻感让你有一段时间没有采取行动，你打算怎么办？

菲奥娜：我不想继续做我一直在做的事情。

治疗师：你今天表现出很大的勇气。有勇气来接受治疗，告诉我你很沮丧，和我谈论你的感受，并且问我关于我的感受。

菲奥娜：这很困难。

治疗师：这与你接受的训练完全相反。最简单的事情就是继续做你一直在做的事情。

菲奥娜：我不能再那样做了。

治疗师：好的，让我们为本周设定一个目标。一件可行的事，它是朝着不让羞耻和恐惧主宰你生活的方向迈出的一步。

菲奥娜：我想我需要和我姐姐谈谈我的感受和我们的童年。

治疗师：很好！让我们谈谈后续，帮助你建立并计划一次成功的互动。

当菲奥娜学会把这一切结合在一起时，她能够看到，尽管她在很小的时候就因为自己的情绪而感到羞愧，但她被对待的方式更多地源于她父亲对自身情感的不适，而并非她在根本上有缺陷的迹象。当治疗师请她将这一点与她之前的陈述相协调时，她能够获得以下洞察：（1）她没有任何问题；（2）情绪是她生活中自然的一部分；（3）有些人可能会对她的感受感到不舒服；（4）她不想过那种担心别人会怎么想的小日子。这些收获被用来促进价值导向行为和自信行为的增加，这有助于重塑她的环境，以强化她的新信念。

小　　结

在本章中，我们介绍了一个将苏格拉底式提问应用于临床实践的框架，该框架基于一位 CBT 临床治疗师报告的行为样本。我们通过一个案例对该框架加以说明，其中包括关键对话的文本。苏格拉底式的程序包含会谈内和跨会谈的策略，以帮助增进融洽关系、传授技能并带来大范围的持久变化。接下来的章节将进一步分解和澄清苏格拉底式提问框架的步骤。我们鼓励读者在阅读每个部分后用这些材料练习，以便能够将这些程序运用在自己的临床治疗中。我们在本章的工作表中包含了基于此模型的思维记录表（见工作表 4.1），供你在临床实践中使用。

工作表 4.1　苏格拉底式思维记录表

聚焦：我们的目标是什么？ 问题的不同部分是什么？ 哪一个部分最令人苦恼？ 我认为这种情况的解释是什么？我在告诉自己什么？ 我们如何定义我们的目标？
理解：我这样想如何说得通？ 我是从哪里学到这一点的？ 这是人们以前告诉过我的事吗？ 哪些事实告诉我这是真的？ 这个想法让我如何表现？
好奇心：我们遗漏了什么？ 上述陈述中是否缺少重要的上下文？ 我的行为会影响我的体验吗？ 我们不知道的是什么？ 哪些事实告诉我这可能不是真的？ 有没有我们忘记的例外情况？
总结：我们如何总结整个故事？
整合：这个总结与我最初的陈述如何整合起来？ 这与我通常对自己说的话如何整合起来？ **要点**：什么样的陈述是更平衡和可信的？ 我如何将这个陈述应用于我接下来的一周？

©Waltman, S.H., Codd, R. T. Ⅲ, McFarr, L. M., and Moore, B. A.（2021）. *Socratic Questioning for Therapists and Counselors: Learn How to Think and Intervene like a Cognitive Behavior Therapist.* New York, NY：Routledge.

参考文献

Greenberger, D., & Padesky, C. A. (2015). *Mind over mood: Change how you feel by changing the way you think*. New York: Guilford Press.

Grimes, P., & Uliana, R. L. (1998). *Philosophical midwifery: A new paradigm for understanding human problems with its validation*. Costa Mesa, CA: Hyparxis Press.

Hayes, S. C. (2005). *Get out of your mind and into your life: The new acceptance and commitment therapy*. Oakland, CA: New Harbinger Publications.

Hintikka, J. (2007). *Socratic epistemology: Explorations of knowledge-seeking by questioning*. Cambridge: Cambridge University Press.

Kazantzis, N., Beck, J. S., Clark, D. A., Dobson, K. S., Hofmann, S. G., Leahy, R. L., & Wong, C. W. (2018). Socratic dialogue and guided discovery in cognitive behavioral therapy: A modified Delphi panel. *International Journal of Cognitive Therapy, 11*(2), 140–157.

Linehan, M. M. (1997). Validation and psychotherapy. Empathy reconsidered: New directions in psychotherapy. In A. C. Bohart & L. S. Greenberg (Eds.), *Empathy reconsidered: New directions in psychotherapy* (pp. 353–392). Washington, DC: American Psychological Association.

Overholser, J. C. (2018). *The Socratic method of psychotherapy*. New York: Columbia University Press.

Padesky, C. A. (1993). Socratic questioning: Changing minds or guiding discovery. Paper presented at the A keynote address delivered at the European Congress of Behavioural and Cognitive Therapies, London.

Peoples, K., & Drozdek, A. (2017). *Using the Socratic method in counseling: A guide to channeling inborn knowledge*. Routledge.

Polya, G. (1973). *How to solve it* (2nd ed.). Princeton NJ: Princeton University Press.

Waltman, S. H., Hall, B. C., McFarr, L. M., Beck, A. T., & Creed, T. A. (2017). In-session stuck points and pitfalls of community clinicians learning CBT: Qualitative investigation. *Cognitive and Behavioral Practice, 24*, 256–267.

第五章

聚焦关键内容

斯科特·H.沃尔特曼

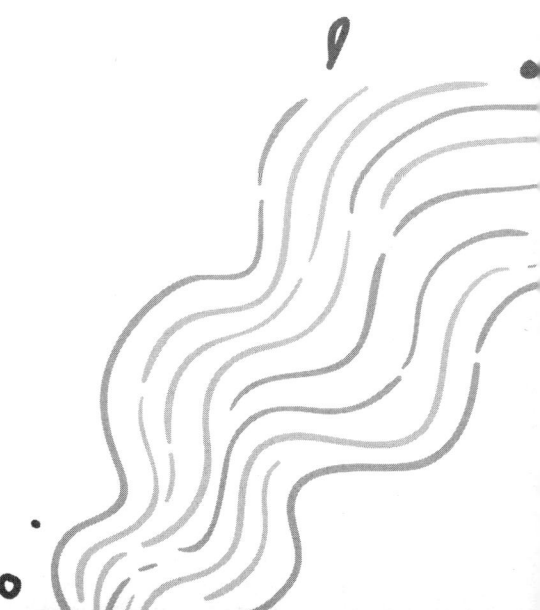

概　　述

在任何给定的治疗会谈中，使用苏格拉底式认知改变策略的治疗师都有自己的选择。你可以在许多不同的问题上花费一点时间，也可以在关键问题上花费大量时间。你可以跳到自己听到的每一个可能的歪曲想法上，或者深入一个问题领域找到策略目标。一项新近的研究发现，在临床工作者学习认知行为治疗的过程中，识别最佳的认知干预目标是一个常见的难点（Waltman, Hall, McFarr, Beck & Creed, 2017）。培训师报告如下。

> 虽然选择一个想法来挑战很容易，但选择一个对当前问题非常关键的想法则需要更多的经验。（培训师 19）
>
> 不以核心认知为目标，而是在整个会谈中从一个想法"跳跃"到另一个想法……有时不清楚他们在试图完成什么，并且我会经常觉得他们在寻找任何看起来可能被歪曲的想法。（培训师 8）
>
> 最常见的困难是如何聚焦与问题最密切的认知或行为。有时临床工作者会跟随来访者说的第一件事，而不是去寻找与问题最密切相关的东西。（培训师 2）

很明显，通过把这些想法放在一起可以得知，并不是每一个歪曲的想法都与个体的概念化或提出的问题有关。正如 2014 年在华盛顿特区举行的自我管理与康复训练（SMART①）年会上汉克·罗布（Hank Robb）指出的那样，"这是 A-B-C 而不是 A-T-C。②"这一巧妙的声明强调，我们更感兴趣的是聚焦于来访者实际相信的认知，并且不需要聚焦于我们所遇到的每一个歪曲的想法。最佳干预目标可能不是来访者说的第一件事；如果我们从一个目标跳到另一个目标，我们将采取一系列考虑不周的干预。有时，对于次要自动思维，最佳的策略是简单地注意到它（并可能将其标记为想法）。花几分钟评估一种情境和相应的想法是非常宝贵的。花些时间充实情境有助于确定与目标最相关的想法。这就是贝克（1979）在他的第一本书中提到的"发现隐藏的信息"。本章将重点教你如何识别和聚焦关键认知。

聚焦关键认知之所以十分重要，一个关键原因在于，CBT 是一种时间相对有限的治疗方法，治疗过程需要及时调整。如果你打算在周末参观一个新的地方，那么相比于在那个地方停留较长时间的情况，你可能会在这个周末安排很多不一样的活动。你或许会查找可靠的信息，如咨询礼宾部或你遇到的人，了解"必须做"的活动是什么。如果你不想错过任何重要的事情，那么可以花一些时间为你的参观做计划。同样，如果你在美食广场吃午餐，你可能不会点你看到的第一份合乎需求的食物。如果你想点最理想的菜肴，你会先四处看看。有时，你发现了一些寻求已久的事情，便可以直接去做；但如果你只吃一顿午餐，就可以做一些评估以选出最佳方案，充分利用时间。

临床案例：帕梅拉，一个焦虑的大学生

治疗师要知道问哪些问题以及如何提问，而同样重要的是为这些问题确定

---

① 英文全称为 Self-Management and Recovery Training。——译者注
② A、B、C、T 分别是事件（Activating events）、信念（Beliefs）、反应结果（Consequences）和想法（Thoughts）的英文缩写。——译者注

一个最佳目标。最先被提起的事情极少是最值得聚焦的事情。一个精明的治疗师要能够深入一个情境，感受其中的情感，去探索并与来访者共同确定策略干预点。请参考下面的例子。

帕梅拉是第二职业大学的学生，她因过度焦虑和担忧而接受治疗。在会谈刚开始时，她便报告说，由于需要为下一学期选择课程，她感到越来越焦虑。在这些情境下，治疗师可能感受到直接进行问题解决、咨询或安抚的诱惑，但所有这些策略都忽略了维持帕梅拉的焦虑的机制，也就是她潜在的想法。当然，所有这些策略都可以成为会谈后期有用的治疗成分。以共情和确认为先导，你首要要对帕梅拉身处的情境有更多的了解。这可能涉及经典的提示，比如："你能告诉我更多关于这个情境的信息吗？"帕梅拉与你分享了选择课程表的细节，并发表了一些对学校的抱怨。通常，每件事都是相互关联的，我们很容易从一个话题跳到另一个话题；所以，你可以问一些有针对性的问题，让她回到主题上，以获得更多信息。

"不得不去选课这件事对你有什么影响？"帕梅拉谈到她是如何不睡觉、心烦意乱、花很多时间担心这种情境的。在这一步，你仍然在分析该情境，你想通过共情和确认来增进治疗关系。"选课确实是一件大事，你有这种感受是很正常的。听起来整件事情对你来说真的很有压力，你的焦虑程度比上周要高。你在担心些什么呢？"帕梅拉非常担心，想要分享这些担忧。当她分享这些担忧时，你正在倾听情感的微妙变化。她对选择一位好教授或一天中的某个时间感到担忧，但这似乎并没有给她带来情绪负担，因此你可以假设这与选课无关，或者至少与组织问题无关。在这一步，你改变了方向，开始挖掘潜在的想法和恐惧："那么，你担心选课的事，你害怕会发生什么后果？"帕梅拉立刻看起来很焦虑，说她只是担心她会做出错误的决定。这似乎就是问题所在，所以你朝这个方向看得更远："好吧，你做了错误的决定，然后会发生什么？"

帕梅拉带着挫败的表情说，接下来会发生的是她将成为一个失败者。在这个时候，你认为你已经找到了目标，但你想确认一下，也想看看它是否需要被具体化。你身体前倾，用越来越温暖的声音说道："这听起来是一个非常痛苦的想法。不知道我理解得是否准确：你现在需要选择你的课程表，但你担心你可能会做出错误的决定。而且，如果你做出错误的决定，那就意味着你失败了。事实上，你是说你会成为一个失败者。是这样吗？"帕梅拉带着温顺的态度说，听上去似乎是这样的。再一次，你以确认开头："我能明白你为什么这么焦虑；这是一个高风险的决定。"在这个时候，你可以选择几个不同的方向。经验不足的治疗师可能会立即评估帕梅拉做出错误决定的可能性或证据。尽管她报告说她担心做出错误决定，但还有一个更大的问题在起作用。在这里，我们有机会发现她的一些正在运作的人生规则（中间信念；见第二章）。

"听起来，做出错误决定的情形对你来说很危险。你能帮我理解一下是什么让事情变得这么糟糕的吗？"帕梅拉谈到她如何不喜欢犯错。"是的，我认为大多数人都不喜欢犯错，但在这种情境下，听起来似乎不止如此。你是可以犯错的吗？比方说，如果你犯了错误，选择了错误的课程表，那结果会有多可怕？"帕梅拉肯定地说，如果她犯了错误，那将是非常糟糕的。"听起来你有一个想法，那就是犯错误是不可以的。这个想法让你非常焦虑。我们能花点时间仔细讨论一下这个想法吗？"帕梅拉认为这是一个好主意。有了一个良好的认知目标后，你就能够按照框架进行下一步的干预。

思维的鉴别诊断

这一整章可以称为"思维的鉴别诊断"。这里所涉及的技能包括分析和整合，也就是说：将一种情境分解为几个部分，重点关注关键要素，然后完善该情境。你可以参考医生治疗运动损伤的例子。在开始治疗之前，医生可能会问一些问题，以找出问题所在的部位；关注该部位，并可能稍微拓展一下，对可能的诊断提出一些假设，然后开始验证或排除这些诊断，以形成整体治疗计划。律师可能会称之为缩小范围和建立诉讼主张（见 Trachtman, 2013）；然而，临床工作者可能会称之为评估的"确定疼痛部位"阶段。确定痛苦的区域在哪里，关注并深入主题，拓展内容以找出确切的痛点所在，并运用这一点确定干预靶点——这可能是一种有用的策略。

热点思维

苏格拉底式提问至少有两个不同的目标：热点思维（Greenberger & Padesky，2015）和热点思维的情感意义（Beck，1979）。后面的章节将讨论其他目标，如行为。热点思维的内涵是，人们往往对令人不安的情境有许多不同的想法，我们希望关注可能对人们影响最大的那个想法。热点思维可能是良好的初始治疗目标。它们是与痛苦和回避模式相关的重要思维，但它们不像热点思维的情感意义那样根深蒂固，后者与核心信念相关（Beck，2011）。临床工作者可以首先针对一个热点思维向来访者教授认知技能并缓解一些症状，然后随着治疗的开展进入热点思维的更深层意义。如果热点思维看起来可能是真实的或难以评估，那么针对热点思维的意义可能是一种特别有用的策略。

识别热点思维

在许多地方，有一种游戏叫作"冷热游戏"。在这种游戏中，当一个人离隐藏的宝藏越来越近或越来越远时，其他参与者会通过说"更热"或"更冷"引导他找到隐藏的宝藏。找到热点思维可能是一个类似的过程，需要你和来访者共同发现热点思维，并且你跟随的不是明确的提示，而是情感。训练有素的治疗师学会倾听来访者声音的变化，以此作为情绪化评估的一种手段（Wenzel，2019）。当你还在学习如何做到这一点（并仔细检查你的假设）时，你可以简单地问来访者，你们已经识别的想法中哪一个最令人不安、痛苦、焦虑、沮丧、羞耻、恼怒等。如果你很好地分析了情境并引出了他们的各种想法，那么确定哪种想法与最痛苦的情绪相关，可能是找到热点思维的一种办法。

识别热点思维的第一步是确定它在哪里。通常，你可能首先需要将情境进行分解（见表5.1）。想象你与一位长期有着抑郁感受和羞耻感的来访者（她的问题与流产史和不孕不育有关）交谈。这个案例中可能有很多工作要做：她目前怀孕的困难，她预见的未来，流产史，丧失，导致这一切对她而言特别痛苦的背景信息，她和伴侣之间的互动，她与家人、与她自己之间的互动，以及其他尚未确定的信息。一位称职且富有同理心的治疗师需要以共情的方式解析这些成分及其相应的情绪。我们不可能一次完成所有的工作，因此我们需要找出应该着手的地方。如果以公开、坦诚的方式进行，则更容易做到这一点。当你们谈论故事的所有不同部分以及她所经历的一切时，这是一个很好的确认机会。在进行概括并提供共情和确认后，我们可以共同决定从哪里开始。通常，建议从最令人苦恼的部分开始，但这个决定应该是共同商量做出的。

表 5.1 分解故事

故事有哪些不同的部分？

最让人苦恼的部分是什么？

在我们确定了情境的不同组成部分并决定了从何处开始或聚焦之后，就要开始对情境进行"解析"，以处理来访者的情绪，确定他们的想法，并看看这些部分是如何结合在一起的。在我们对情境有了良好的认识之后，我们就可以确定哪个想法是最令人苦恼或痛苦的（即"最热的"），然后我们会把它当作热点思维（见表 5.2）。

表 5.2 识别热点思维

对最令人苦恼的情境的不同想法有哪些？

哪一个是最令人苦恼的想法？

识别热点思维的情感意义

热点思维的情感意义（见 Beck，2011）或潜在意义（见 Beck，1979）通常与核心信念或图式系统有关。针对热点思维的情感意义可以让你在更深层次上进行工作。"箭头向下"是有效探索热点思维意义的经典策略（Beck，2011）（见图 5.1 和图 5.2）。

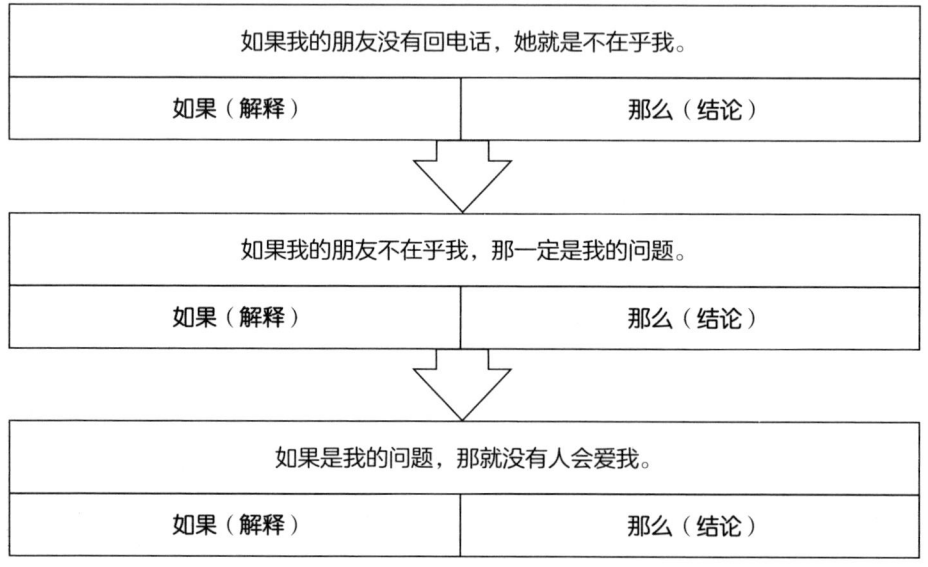

图 5.1　箭头向下

这一策略相当直接，你需要跟随一个热点思维以发现潜在的易感性。一旦你确定了热点思维，你只需问来访者：如果这个想法是真的，那意味着什么？这个过程几乎没有变化。有些治疗师试着使用以下提问方式将焦点集中在来访者身上："如果这个想法是真的，那么这对你意味着什么？"其他治疗师可能会在评估焦虑想法时询问"那么，如果发生了这种情况，你担心下一步会发生什么？"或"如果发生这种情况，为什么会如此糟糕呢？"，将这种形式以一支侧向箭头呈现出来（见图 5.3 和图 5.4）。

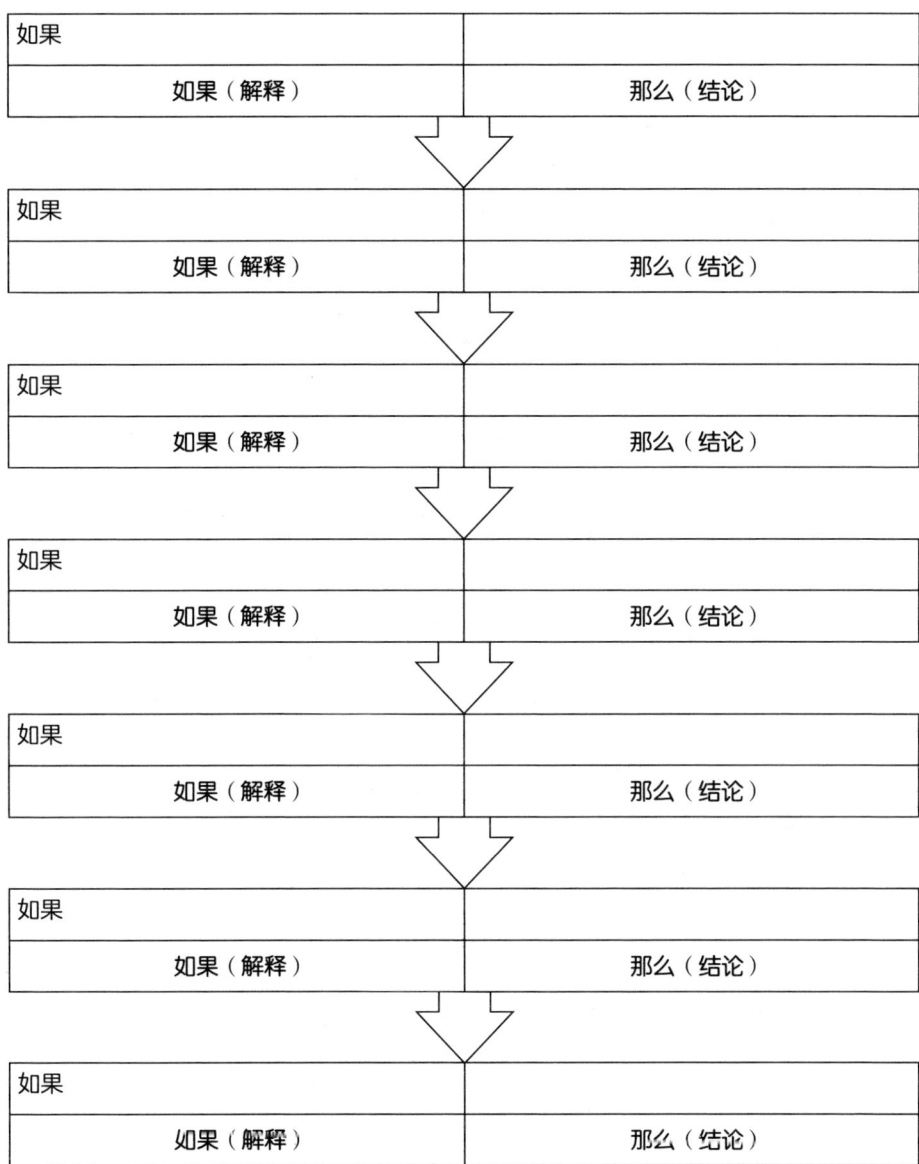

图 5.2　空白的箭头向下

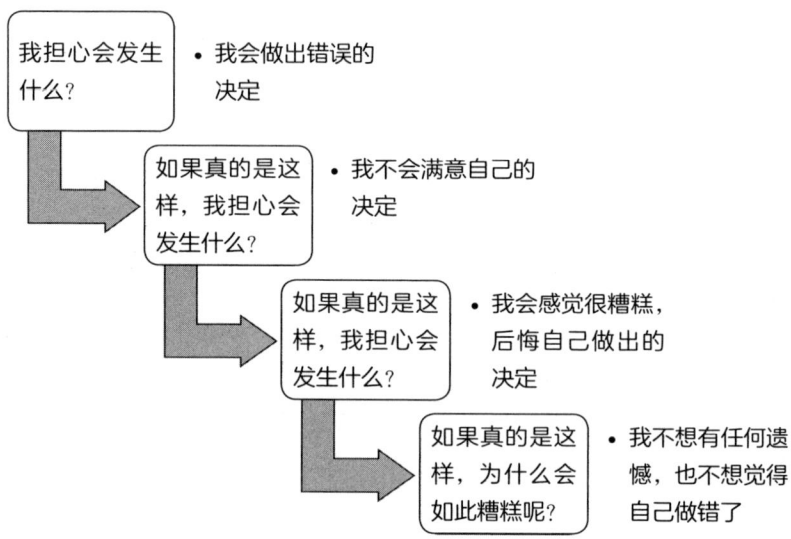

图 5.3 侧向箭头

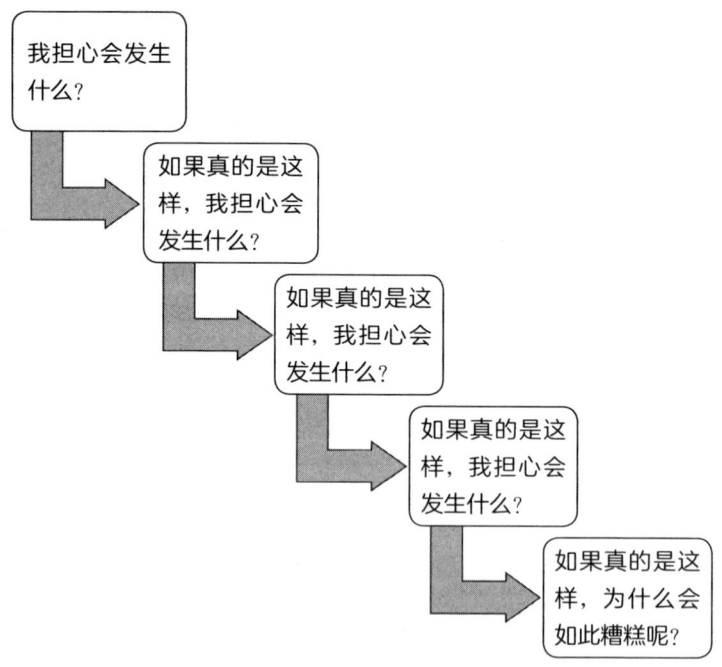

图 5.4 空白的侧向箭头

通常来说，你需要通过一系列简短的问题慢慢深入，直至找到潜在的意义——这可能是一个核心信念，或与核心信念密切相关。治疗师经常会问："在我找到核心信念之前，我需要问多久，或者我需要问多少次这个问题？"答案是，没有固定的次数。你需要一直往下问，直到你察觉到来访者的情感发生了明显变化，或者你遇到了一个循环。这项技能（以及识别热点思维）如下所示。在这个例子中，一位年轻的来访者正谈论到最亲密的朋友没有回复自己的短信，这让她十分沮丧。

治疗师：杰拉尔丁，我想和你一起解决你和朋友之间的一些困境，好吗？

来访者：好的。对此我一直很痛苦。

治疗师：那么，跟我说说吧，据我所知，你度过了非常艰难的一天，然后给你的朋友发了信息，但她没有回复。

来访者：是的！

治疗师：你当时感觉如何？

来访者：生气！但是，也很伤心……很担心。

治疗师：你有很多情绪感受。让我们试着找到并列出与这些感受相一致的想法。当她没有回复信息时，你很生气，这个时候你在想什么？

来访者：我一直在想，每一次我都为了陪她而抛下了一切。

治疗师：那么，你内心对自己说了什么？

来访者：她很自私。作为朋友，她不像我做得这样称职。

治疗师：那么，你的愤怒指向了她？

来访者：是的。

治疗师：没有对自己或其他方面感到生气？

来访者：没有，我只是对她很生气。

治疗师：还有其他让你生气的想法吗？

来访者：大多数时候，我只是在想她是怎么抛弃我的。

治疗师：所以，你认为她抛弃了你，认为她自私，认为她没有像你对她那样好，并且你对她感到愤怒。

来访者：是的。

治疗师：那伤心呢？你有什么伤心的想法？

来访者：嗯……我猜她不喜欢我或者讨厌我。

治疗师：你认为她不喜欢你，或者对你感到厌烦，所以你很伤心。这些想法听起来似乎非常令人伤心，我可以理解你为什么会伤心。还有其他伤心的想法吗？

来访者：我在想我可能会又一次失去朋友。

治疗师：你在想这段友谊可能会如何结束，你也在想自己多年来失去的其他友谊。听起来你想了很久，最终也想了很多关于友谊结束的事情。你对自己说了什么？

来访者：嗯？

治疗师：当你在思考过去或现在可能会结束的友谊这一主题时，你是怎么理解这些的？

来访者：我想我是在告诉自己，也许我真的搞砸了，我把他们都赶走了。

治疗师：所以，这是另一个相当沉重的想法。我知道你有很多悲伤，然后可能会因为无法联系到她或从她那里得到支持或安慰而更加生气。

来访者：我当时感觉很糟糕。

治疗师：听起来是这样的。焦虑呢？哪些想法让你焦虑？

来访者：很大程度上，类似于"把他们赶走了"的想法。我只是在想自己交友多么差劲，我害怕不得不结识新朋友。

治疗师：总而言之，你度过了非常难熬的一天，然后试图打电话给你最好的朋友，但联系不到她，然后产生了很多想法和感觉。

［在白板上写下内容］你认为"她抛弃了你，自私，没有像你对她那样好"，因此你感到愤怒。你也有这样的想法："你把别人都赶走了""也许你又失去了一个朋友"。因此你感到悲伤。你担心需要找新朋友，因而感到焦虑。这对任何人来说都是一件很难处理的事情，再加上之前你度过了非常艰难、紧张的一天。让我们找出我们要关注的内容。我在这里写下的所有想法中，哪一个对你来说最痛苦？

来访者：这是一个艰难的选择，它们都很糟糕。

治疗师：我同意我们有很多工作要做，让我们先挑其中一个。你认为哪一个想法让你最难受？

来访者："我把别人都赶走了"的想法。

治疗师：听起来这是一个很重要的想法。

［这是一个热点思维］

你有多相信"你把别人都赶走了"的想法？

来访者：分情况。有时非常相信，有时就没那么相信了。

治疗师：那天晚上呢？

来访者：我很担心真的是这样。

治疗师：听起来，对你来说那是一个百感交集的夜晚。现在，我们从未评估过这个想法，所以我不确定它是不是真的，但很明显，这是一个可怕的想法，一个很痛苦的想法。让我们看看我们是否能弄明白为何这个想法会如此具有情感威胁性。如果我们想象这个想法是真的，你在把别人赶走，这对你意味着什么？

来访者：这意味着我的人际关系很糟糕，我可能会孤独地死去。

治疗师：好的，让我们继续讨论。如果这是真的——你的人际关系很糟糕，你可能会孤独地死去，这对你意味着什么？

来访者：也许我内心深处是有问题的，我是有缺陷的。

治疗师：这听起来也是一个非常痛苦的想法。如果你有缺陷，那对你意味着什么？

来访者：我的生活是没有希望的，我永远也搞不明白该如何生活。到最后每个人都会离开我。

治疗师：那么，这种把别人赶走的想法，更多的是关于你还是他们？你会感觉是你自己好像有点问题，还是感觉他们有问题？

来访者：也许两者都有，但主要是我。

治疗师：我们一直跟随着你的这些想法，然后发现你认为"自己是有缺陷的""每个人最终都会离开你"。如果这些想法都是真的，那对你意味着什么？

来访者：更多就是关于我是有缺陷的。

治疗师：在这种情境下，这种缺陷是可以修复的吗？还是说已经无法修复？

来访者：永远的缺陷，我从来没有做对过，也永远做不对。

治疗师：所以，是有问题的？

来访者：没错。

治疗师：所以，你有一个想法，认为你"把别人都赶走了"。这个想法的情感意义是"你有问题"。我能理解你为什么感到悲伤，而这些正是我们想要处理的关于自我的想法和信念。这些关于自我的潜在信念往往更加根深蒂固，与这些信念工作需要一个过程，但我们可以从今天开始。你觉得怎么样？

来访者：如果这能让我感觉好点，我很乐意试一试。

在确定了热点思维及其意义之后，我们可以很好地确定治疗目标，为来访者的生活带来有意义的变化。此外，由于这些要素是以合作的方式确定的，因此来访者会对这些目标进行评估，这意味着这种思维及其意义可以直接、公开地确定。

其他重要考虑因素

找到苏格拉底式提问策略的最佳目标可能比简单地找到热点思维或热点思维的意义更为复杂。有时不存在一个明确的热点思维，也不是所有的思维都与核心信念有关。下面，我们将回顾一些其他考虑因素，以辅助制定会谈目标。

"如果–那么"规则

知识寻求（knowledge seeking）和苏格拉底式提问的初始目标是揭示依据主观现实建立的"预设性前提（tacit premises）"（Hintikka，2007），即通常基于可能满足或可能未满足的假设的结论或解释。在正式和非正式逻辑的框架中，这被称为"如果–那么"条件（If-Then Rules；Hintikka，2007；Prist，2017；Trachtman，2013）。从前面的章节中，我们可以补充一点：这个"如果–那么"的过程可能相当主观（Beck & Haigh，2014）。"如果"是结论（"那么"）为真所必须满足的前提。在之前的一章中，我们讨论了认知个案概念化里中间信念的假设（见 Beck，2011）。"如果–那么"语句可以嵌入概念化中，也可以只是来访者所做的推断——尽管它可能受到图式的影响。考虑前面的例子，其中可能会有很多"如果–那么"假设："如果我的朋友没有在我认为合理的时间范围内做出回应，那么他们就是无视我。""如果我的朋友不理我，那么他们就是自私的。""如果一个人很自私，那么他就不会在乎你。"在认知层面，我们可以针对"如果""那么"或"如果"和"那么"之间的联系——即"如果"与"那么"之间的必要条件关系。我们可以把个体制定的这些"如果–那么"语句称为"规则"或"态度"。通常，它们更多的是关于期望、过程或含义，而不是内容。

工作表 5.1　聚焦工作表

情境描述：	
发生了哪些令人苦恼的事情？	
1.	
2.	
3.	
4.	
5.	
6.	
7.	
最令人苦恼的部分是什么？	
那时你的脑海中有什么想法？	相应的感受是什么？
哪一个想法最令你苦恼？	
这个想法的情感意义是什么？	

©Waltman, S.H., Codd, R. T. Ⅲ, McFarr, L. M., and Moore, B. A.（2021）. *Socratic Questioning for Therapists and Counselors: Learn How to Think and Intervene like a Cognitive Behavior Therapist*. New York, NY：Routledge.

引入概念化

2014 年，在中国香港召开的国际认知心理治疗大会的专题讨论会中，鲍勃·莱希（Bob Leahy）解释了概念化对于确定认知干预目标的重要性。

> 作为治疗师的问题是："哪个想法是最需要挖掘/深入的？"如果来访者有"其他人不喜欢我"的想法，我认为这是普遍的。我们不会被所有人喜欢。所以，检查那些"人们不喜欢你"的证据，实际上可能并不值得深入。但问题是："需要挖掘的潜在假设、规则、图式或行为是什么？"这就是治疗师所拥有的力量感或洞察力，以发现来访者的问题所在。来访者认为，"其他人不喜欢我，这就是问题所在"。那不是问题，问题在于潜在的假设或图式。
>
> （Kazantzis et al., 2018, p.9）

朱迪·贝克补充道：

> 我认为我们还没有明确说明，个案概念化对于决定是否关注某一特定认知有多重要。当出现令人沮丧的情境时，我们是否要关注所有的认知？如果是，我们是否要聚焦于自动思维层面，我们是否要进行引导发现，以找出其对来访者的意义？我们是否将对来访者的基本假设、规则或基础核心信念进行工作？概念化帮助治疗师确定如何引导治疗会谈：他们如何对问题进行概念化？他们将如何最好地帮助这位来访者？
>
> （Kazantzis et al., 2018, p.10）

如果你回顾了前一章的内容（它解释了如何绘制循环图以识别维持因素），那么这些就是优先考虑的认知类型。治疗师要问自己以下关键问题。

- "鉴于我对来访者的了解，他们如何理解这种情境？"
- "对他们来说，情感意义是什么？"

- "他们可能容易受到哪些感知偏见的影响？"
- "为什么这种情境令我的来访者尤其沮丧？"
- "这如何符合我对他们潜在信念的理解？"
- "哪些想法让来访者陷入困境？"
- "来访者对这些想法的反应如何？"
- "他们依赖感知的行为会带来什么样的后果？"

认知个案概念化可以通过两种方式影响你选择关注的内容。你可以用它确定出现的特定事件或问题的焦点，也可以在设置会谈议程时直接针对个案概念化的关键要素。如果你采用后一种方法，请记住，坚定信念的改变通常是循序渐进的。此外，如果你与一位习惯于以偏概全的来访者工作（Brittlebank et al.，1993；Williams & Scott，1988），当你致力于深入特定情境和事件，而不是直接评估以偏概全的信念，则更容易找到关于他们假设的例外情况。在你找出一些不一致的地方之后，你将更容易瞄准更大的信念。下一章将重点讨论核心信念和图式。

思维陷阱

有许多不同的认知歪曲列表、思维错误列表、思维陷阱列表等（Beck，1979；Beck，2011；Beck et al.，1979；Burns，1989）。随着时间的推移，关于认知歪曲的思考发生了变化（Gellatly & Beck，2016），并且可能是由于版权原因，不存在达成共识的认知歪曲清单，新的清单也总是在生成。在聚焦阶段，你不需要有一个完整的认知歪曲列表，也绝对不应该试图反驳和纠正你听到的每一个歪曲想法。但是，了解我们关注的思维是什么类型可能会有所帮助。留心来访者那些"全或无"或"非黑即白"的思维。注意对未来不切实际的预测或对其他人的想法的猜测。寻找选择性过滤信息或以偏概全的事件。你还会想要了解绝对化信念，但是通过对非理性信念有一个基本的了解，你可以很好地解决这些问题。

非理性信念

在理性情绪行为疗法（rational emotive behavior therapy，REBT）中，可以将以下四种非理性信念作为常见的目标（Dryden，2013）：绝对化要求、低挫折耐受、概括化评论和糟糕至极。理性情绪行为疗法（REBT）与贝克学派CBT的区别在于，REBT强调的是"必须"。埃利斯（2003）假设CBT的所有认知歪曲都是基于绝对主义的"必须"（即绝对化要求），这也是REBT中的核心非理性信念。我们可以把绝对化要求看作意愿或接纳的对立（Ciarrochi & Robb，2005；Ciarrochi, Robb & Godsell，2005；Ellis，2005）。贝克学派的CBT从业者倾向于从自动思维开始关注，而REBT治疗师则直接聚焦非理性信念（Ellis，2003）。有学者认为这两个概念非常相似；研究发现，两者都能预测情绪困扰（Szentagotai & Freeman，2007）。

一项荟萃分析研究了自动思维和非理性信念之间的关系（Şoflău & David，2017）。研究人员发现非理性信念和自动思维的概念之间有重叠，并指出非理性信念可以被视为核心信念或自动思维，而自动思维可以包括评估和推论（Şoflău & David，2017）。模型研究发现，自动思维部分调节了非理性信念对抑郁症状的影响（Szentagotai & Freeman，2007）；然而，自动思维仅部分解释了非理性信念对情绪困扰的影响，这意味着存在一些自动思维无法解释的独特变量。这支持了这样一种观点，即非理性信念对情绪困扰有着自动思维无法完全解释的独特影响。

布施曼（Buschmann）等学者使用更精细复杂的研究设计和评估工具重复了圣塔戈泰和弗里曼（Szentagotai and Freeman，2007）的研究，并发现了相似的结果（见 Buschmann et al.，2018）；这进一步支持了非理性信念的独特性。统计建模支持了绝对化要求作为核心非理性信念的首要地位，其他非理性信念（如自我贬损和低挫折耐受）也在模型中以连接节点的形式出现（Buschmann et al.，2018）。

对于使用苏格拉底式策略的治疗师，其临床意义在于，治疗师可以有更多的靶点。如果我们采用"如果-那么"条件语句,即"如果-预测-那么-结论",你可以寻找与患者陈述相关的绝对化非理性信念。你可以观察并瞄准潜在的绝对化要求(即"必须")、低挫折耐受、糟糕至极和概括化评论。例如,乔纳森在治疗中报告了愤怒的问题和抑郁的症状。他在做一份自己不喜欢的工作,而且似乎得不到很好的对待。在讨论一个目标情境时,你发现了一个热点思维——"他们不在乎我",这种自动思维的情感意义是"我受到了不公平的对待"。这两种想法对治疗师来说似乎至少是部分真实的,因此治疗师可能会选择深入了解潜在的非理性信念:"糟糕至极"(例如,"被不公平对待是可怕的";见 Waltman & Palermo, 2019),"绝对化要求"(例如,"人们必须始终尊重我";见 Ellis, 2003),"低挫折耐受"(例如,"我不能忍受被不公平对待";见 Dryden, 2013),或"个人评价"(例如,"从根本上来说,在工作中待我不公的人都是坏人";见 Dryden, 2013)。已故的乔治·卡林(George Carlin)曾说过:"对于任何愤世嫉俗者,你都会发现,他们是失望的理想主义者。"如果你能识别出带来失望的理想,你就可以寻找与目标理想相对应的绝对主义"必须"。

合作制定目标

这是一个经常被跳过的关键步骤。如果你曾经试过在会谈中不停追赶来访者,试图评估某件事情,但他们一直在继续跳转话题,那么你可以这么问自己:他们是否理解你正在做什么?你可以开诚布公地讨论,这将使后面的过程变得更容易。一旦你确定了首选的认知目标,就应该与来访者讨论,这样他们就会明白你正在将会谈的重点转移到这一认知上,而不是听更多的故事。这可以相当快地完成,并且通常使得会谈变得更加简单。如果你正在用技能训练的方法进行治疗,这也是一个至关重要的步骤。

好的,约翰,我们一直在讨论你和老板之间的状况,以及你认为

"他不关心你"的想法,这意味着你受到了不公平的对待,还有"你不能忍受不公平的对待"的想法。我想转移一下焦点,来看看最后一个想法。我们花一些时间来评估"你不能忍受不公平的对待"的想法,你觉得这样可以吗?

如果来访者说"不",那么无论如何你这次评估都不会成功,但如果来访者说"可以",那么你们就是方向一致的。这样,如果来访者偏离了话题,你就可以将话题再拉回来:"所以,我注意到我们转移到了一个不同的主题,我们还没有评估完你是否可以忍受工作中的不公平对待。我们再接着评估刚才的想法,这样可以吗?"

创建共同定义

通常,认知目标最初可能是模糊的。做一个好人意味着什么?我们如何定义失败者?什么是好母亲?成功意味着什么?通常情况下,来访者的定义与他们的潜在信念相一致。用一个扭曲的定义评估一个想法会让你的工作变得更加辛苦。一旦我们知道了要评估的内容,创建一个共同或通用的定义可能会有所帮助(见 Overholser,1994,2010,2018)。

需要注意的是,创建共同定义并不是一项发现性任务。我们的目标不是找到来访者的定义,然后衡量他们是否符合定义的标准,因为他们的定义是有偏差的;目标是共同创建一个合理的定义,以便对来访者的想法进行合理的评估(Overholser,2010)。下面是一个更直接的例子。

治疗师:弗雷迪,我们已经讨论了一段时间,你担心人们会因为你很奇怪而评判和拒绝你。我想更仔细地看看你对"奇怪"的看法,但首先我想对"奇怪"这个词做一个定义,以确保我们的观点一致。那么,当你说"奇怪"时,那是什么意思?

来访者:不同。

治疗师：所以，"奇怪"是指不同，不一样。

来访者：对。

治疗师：与什么不同？

来访者：所有人。就像每个人都一样，但有些人不同，这很奇怪。

治疗师：所以，奇怪是偏离了常规。我很好奇，奇怪是不是很糟糕？

来访者：嗯……对一些人来说是。

治疗师：所以，有些人不喜欢奇怪，但这会让奇怪变得不好吗？

来访者：如果你想让人们喜欢你，那么奇怪就是不好的。

治疗师：那么，奇怪和可爱是相关的吗？

来访者：我想是的。

治疗师：这是完全相关的吗？比如，如果你很奇怪，就没有人喜欢你；如果你不奇怪，所有人都会喜欢你？

来访者：好像是这样的。

治疗师：你呢，你喜欢奇怪的人吗？

来访者：我仅有的几个朋友都很奇怪！

治疗师：你不喜欢他们这样？

来访者：不，我真的很喜欢他们。虽然他们很奇怪，但我喜欢。

治疗师：也许不是每个人都不喜欢"奇怪"。让我们搜索一下，看看别人是如何定义"奇怪"的。你能帮我一个忙吗？在你手机的网络浏览器中搜索"奇怪"这个词的定义。

来访者：嗯，好，我会用"网络浏览器"搜的。

治疗师：[微笑] 谢谢。

来访者：这上面写着，奇怪或不寻常的性格：古怪，奇异。

治疗师：幸好我们查了一下，不然我可能就会漏掉一些内容。我们从字典的定义中了解到了什么？

来访者：嗯，它说是古怪，也说是奇异。

治疗师：你怎么看呢？

来访者：也许，奇怪让你与众不同，但与众不同让你变得有趣。

治疗师：还有奇异。

来访者：哈，我想是的。

治疗师：所以，我们可以从这里开始，看看为了变得有趣和奇异，被一些人评判是否值得。我们可以看看你有多奇怪，或者我们可以评估我们提出的定义，看看你所认识的奇怪的人是否有趣和奇异，但也可能不是每个人都能欣赏到。你认为哪一点对你最有用？

来访者：我想是讨论我害怕被评价为奇怪，但或许奇怪本身并不一定是坏事。

治疗师：这听起来很有意思。所以，我们要看看你的奇怪行为会带来什么好处，又会带来什么损失，看看是否值得（为此害怕）。这听起来可行吗？

来访者：是的，我真的很想知道这是否值得，我一直以来都很害怕这一点。不过即便现在仅仅是在讨论，我也确实很喜欢"变得有趣和奇异"这个想法。

通常，当你使用共同的定义时，来访者就会开始列出他们认为自己符合或不符合标准的原因。你需要打断他们，强调当下要做的是什么，并重新引导他们做出一个通用的定义。你可以从字典、百科全书或其他资源库中获取帮助，以创建一个适宜的定义。如上所述，定义的构建方式应该使得目标认知更容易评估，并能对特定类型的概括化认知产生影响。看一下这位名为佐拉的来访者的例子。在儿童保护服务机构将孩子们从她身边带走后，佐拉正在努力戒酒，努力将孩子们接回来。佐拉和她的治疗师识别出了"她是个坏妈妈"的信念。在评估这一想法之前，治疗师建议他们对"坏妈妈"做出一个通用的定义，以帮助他们进行公允的评估。

治疗师：佐拉，我们识别出了一个非常痛苦的想法，也就是你认为自己是个坏妈妈。在我们开始评估之前，我想首先对"什么是坏妈妈"做出一个我们都同意的共同定义。你看这样行吗？

来访者：嗯，我觉得可以。

治疗师：那么，我们应该如何定义"做一个坏妈妈"呢？

来访者：好吧，坏妈妈是不会吸毒的。她不会让自己的孩子被带走。她也不是瘾君子［开始哭泣］。

治疗师：佐拉，我想停一下。显然，这是一个很难的话题，能够尊重这一点很重要。我听到你所做的是列出你认为自己是个坏妈妈的所有理由。我不想那样做，也不认为这会有所帮助。我想，你在一个人的时候已经总是这样做了。我想给"坏妈妈"下一个通用的定义，一个我们都同意的定义，这样我们就可以看看你的这个信念。也许定义"完全的好妈妈"和"完全的坏妈妈"这两个极端会更容易。听起来可以吗？

来访者：［坚定地呼吸］是的，我能做到。

治疗师：很好，我们已经做得很好了。那么让我们来定义"完美的妈妈"吧。

来访者：她会做饭，打扫卫生，熨衣服，孩子们有饭吃。

治疗师：而且可能是很不错的食物，比如有机、健康、碳水平衡、天然无公害的食物，还有转基因食品。

来访者：［微笑］是的，而且一切都干净整洁。

治疗师：孩子们的情感需求如何？

来访者：哦，对了，她们爱自己的孩子，也让孩子们知道父母很爱他们。

治疗师：孩子对她们来说很重要。

来访者：是的，你的孩子必须是最重要的。

治疗师：所以，有实际的需求，情感的需求，以及优先满足孩子；还有什么吗？

来访者：作为一个妈妈，你需要尽力，他们一直都需要你。

治疗师：所以，做一个好妈妈是一件长期的事情。不会达到做得足够多，不必再尝试的程度？

来访者：不会，这是一份永远的工作。

治疗师：所以，我们谈论的所有事情都是从跨时间的角度来看的。

来访者：是的，这很累。

治疗师：听起来似乎是这样。另一个极端呢？我们如何定义一个"彻头彻尾的坏妈妈"？

来访者：坏妈妈根本不会关心她的孩子。她把自己放在第一位。

治疗师：只是关乎关心吗？一个妈妈会真的做什么坏事去伤害她的孩子吗？

来访者：比如不照顾他们，因为她是瘾君子，所以孩子们都被带走了。

治疗师：也许这是一个例子，但我相信你已经听过或可能想到其他例子。

来访者：是的，一个和我同铺的女人说她妈妈会为了钱让她出去接客，这样她妈妈就可以去磕嗨了。

治疗师：这听起来应该在我们的定义清单上。还有什么是坏妈妈的行为？

来访者：我猜还有虐待自己的孩子。

治疗师：也许，还有抛弃孩子。以及故意伤害自己的孩子？

来访者：是的，确实有这样非常令人糟心的事。

治疗师：所以，我们的定义里有一些内容。听起来好妈妈一直都在做好事，坏妈妈总是把自己放在第一位，伤害她的孩子。我们需要制定一个标准。你要做得多好才能成为一个好妈妈？在你变坏之前你会犯多少错误？一旦你变成了一个坏妈妈，你是永远都坏，还是有一条救赎之路？

来访者：我不知道。

治疗师：这些都是很重要的问题。你认识多少个彻头彻尾的好妈妈？她们从始至终、每时每刻都是好妈妈？

来访者：呃……是我真的知道的情况，还是只是觉得她们很好的情况？

治疗师：嗯，实际生活中的完美妈妈有多少？

来访者：可能没有。跟孩子们相处太难了。有些努力对一个孩子有用，可能对下一个孩子就没用了。

治疗师：那么，让我们来定义"足够好的妈妈"。

来访者：足够好的妈妈会努力工作，能够确保孩子们得到他们需要的东西。

治疗师：她爱他们，努力把他们放在第一位。

来访者：她没有故意伤害她的孩子。

治疗师：而且，她从不放弃。这听起来怎么样？

来访者：听起来是个好妈妈，不过是一个现实中的好妈妈。

治疗师：关于救赎的问题呢？一个母亲能犯错误，然后重新回到正轨，再变得足够好吗？

来访者：我想是的……我希望如此。

治疗师：怎么能让你更容易聚焦在为了让你的孩子们回来，你需要做的事情上呢？

来访者：走上一条救赎之路，回到足够好的状态。

治疗师：好的，这样我们有了一个我们都同意的共同定义，并且已经写下来了。让我们看看你过去在哪里，现在在哪里，以及你想要达到的目标。

为认知目标创建一个共同的通用定义，它的原则步骤与苏格拉底式方法是一致的，其目标是首先定义所讨论的品质（见 Hintikka，2007）。

工具和会谈内策略

治疗师可以问自己以下这些问题来引导这一过程。

- 故事的哪些不同部分可能会让我的来访者感到不安？
- 最令人不安的部分是什么？／热点在哪里？
- 他们如何看待这种情况？
- 来访者对情况的不同看法是什么？
- 他们的想法和感受是否一致？
- 我遗漏了什么吗？
- 我所听到的内容如何与我对来访者的个案概念化相匹配？
- 我是否听到任何认知歪曲或非理性信念？
- 我想聚焦于哪个想法？
- 哪种想法与让他们陷入困境的行为最相关？
- 哪种想法最令人痛苦？
- 这种想法的情感意义是什么？
- 来访者对这个概念有一个合适的定义吗？还是我们应该创建一个共同的定义？
- 来访者是否愿意评估该想法？

下面是一个实践中的示例。

案例：哈罗德

哈罗德（化名）是一名异性恋的非裔美国人，年近四十岁，在执法部门工作了十多年。近期，在得知结婚近二十年的妻子对他不忠后，他离婚了。随后，他出现了抑郁、愤怒、焦虑和失眠的症状。从认知上看，他很容易陷入思维反刍：他不该遭遇发生在他身上的一切，他的未来是多么无望。在这次会谈中，他报告说，因为离婚协议中的规定，他最终卖掉了自己的房子并且不得不把大部分资产给妻子，此后他的症状有所加重。以下是一个示例，展示了他的治疗师如何与他工作，以确定一个适合运用苏格拉底式提问的有效目标。

治疗师：哈罗德，从你告诉我的情况来看，这一周你经历了令人难以置信的艰难处境。你说你感到愤怒和悲伤，甚至因为沮丧今天差点没来。

来访者：是的，最近情况很糟。

治疗师：我很抱歉你最近一直感觉很沮丧，在我们继续之前，我想说，我认为任何人在结婚几十年后经历离婚都会特别艰难。然后，再加上额外的变故，比如不得不搬家和卖掉你的旧房子，这就更艰难了。你现在要经受的事情太多了。

来访者：[叹气] 是的，真的是。

治疗师：所以，我想和你谈谈发生了什么，我们试着聚焦于最艰难的部分，以确保这次会谈涵盖了最重要的内容。所以，首先，让我们试着列出这个困境的所有不同部分，这样我们就可以制定一个重点聚焦的问题清单。这样可以吗？

来访者：可以，这一切似乎都是相互作用的，但我想一步一步地处理这件事可能比一次性解决它要容易。

治疗师：这个困境的不同部分是什么？我已经写下了搬家带来的压力，因为你在一开始提到了它。还有什么？

来访者：钱，我不得不卖掉这所房子，我的房子，然后把我花了几十年积攒的所有资产都给她。

治疗师：这是一个很大的困难。让我明确地写下来。还有什么？

来访者：我不确定。

治疗师：你还谈到了在新社区重新开始的压力，你提到了想念你的孩子，还有想念原来的房子。这些问题中的任何一个都可能需要处理，我们已经很好地列出了一个清单。还有其他我们可能需要关注的潜在问题吗？

来访者：我想我们已经有一个足够长的清单了。我不知道怎样才能渡过难关。

治疗师：好的，让我们选出一个问题，看看能对此做些什么。哪一个问题是你最近想得最多的？

来访者：可能，所有的这些都是吧。

治疗师：我知道你有很多活跃的想法。我们一直在努力优先改善你的睡眠，那么你在准备睡觉时想的是哪一部分呢？

来访者：我在想"把所有的钱都给她"的这部分。我真的很生气。我的律师说从长远来看这是个好主意，但我认为她不应该得到任何东西。

治疗师：我看得出这真的让你很心烦。你对这种情况还有什么其他不同的感受吗？

来访者：愤怒。

治疗师：还有别的吗？

来访者：有些悲伤，但大部分是愤怒。

治疗师：所以，有很多愤怒和一些悲伤。你有什么样的愤怒的想法？

来访者：我经常在脑海里骂她。

治疗师：我能想象。你卖了房子，给了她最多的资产，在这种情况下，是哪个部分让你如此愤怒？

来访者：我是个好人，我不该遭受这些。

治疗师：你认为"你是个好人，你不该遭受这些"，这种想法会让你感到愤怒，是吗？你还有什么愤怒的想法？

来访者：她侥幸逃脱了。

治疗师：你认为她侥幸逃脱了惩罚，这也让你愤怒。还有什么想法让你这么愤怒？

来访者：我在想我的孩子们都不知道发生了什么，他们知道的一切都是从她那里听到的。

治疗师：是的，我们以前也聊过这个。这种想法有时会让你陷入困境。还有其他让你愤怒的想法吗？

来访者：主要是这些。

治疗师：关于悲伤，是什么想法让你如此悲伤？

来访者：我想我是孤独的，我再也不能拥有我想要的那种生活了。

治疗师：这是一个非常悲伤的想法，你认为"你是孤独的"，并且认为"你永远不会拥有你想要的生活"。

来访者：这是她的错！

治疗师：当我们谈及更脆弱的部分时，愤怒就会突然冒出来。

［从个案概念化上说，治疗师注意到来访者倾向于利用他的愤怒来避免悲伤。这种情境让他感到很不公平，因此出现了很多想法，而且他和许多来访者一样，如果治疗师不介入，他会花大部分时间谈论他的前妻。］

来访者：是的，我想你是对的。

治疗师：那么，让我们聚焦于其中一种想法。以下哪种想法对你来说最痛苦？

来访者："她侥幸逃脱了"。我会一直为此而愤怒。

治疗师："她侥幸逃脱"的这个想法对你来说真是个热点问题。我也想谈谈悲伤的部分。我们之前已经讨论过你如何用愤怒来掩盖你的悲伤。［姿势：将一只手放在另一只手上］

来访者：我知道，你一直在提。

治疗师：我不会强迫你去处理这个部分。你有多大的意愿去处理你的悲伤？

来访者：我不想感到悲伤。

治疗师：很多人都不想感到悲伤，那你有多大的意愿去处理你的悲伤呢？

来访者：我想是时候了，我已经拖得够久了。

治疗师：好的，我只是想要强化一下你的意愿。处理脆弱的情绪，这可能真的是一件很难的事。这是另一种勇敢，它不同于你在日常生活中佩戴奖章所表现出来的那样。

来访者：是的，我很擅长那一类的勇敢。

治疗师：我知道，我们谈了很多。所以，如果我们要处理你的悲伤，我们可以从"你孤身一人，并且永远不会拥有你想要的生活"这个想法作为工作的起点。如果这个想法是真的，那对你意味着什么？

来访者：我的生活将毫无意义。

治疗师：这里面似乎藏着很多悲伤的情绪需要我们去处理。那么，如果我们认为这个假设是真的，"你的生活将毫无意义"，那对你意味着什么呢？

来访者：我就不能过我想要的生活。

治疗师：如果你不能过你想要的生活，那对你意味着什么？

来访者：我永远都不会幸福。

治疗师：那么，如果你再也不幸福了，那对你意味着什么？

来访者：我的生活不是我想要的。

治疗师：[此时遇到了一个循环，假设这便是热点思维的情感意义] 因此，你认为"你孤身一人，并且永远不会拥有你想要的生活"，这种想法的情感意义似乎是你永远也不会幸福。

来访者：这都是她的错！

治疗师：所以，悲伤在于你永远也不会幸福了，然后再加上"这都是她的错"，这又你感到十分愤怒，是这样吗？

来访者：是的，这是我一直在思考的主题。

治疗师：我们可能想把这两个部分都作为目标，但一次只能讨论一个。我们能从"你再也不会幸福"的想法开始吗？

来访者：可以，我就是觉得我再也不会幸福了。

治疗师：这是一个非常悲伤的信念。在我们开始探讨这个信念是否正确之前，我们能定义一下幸福生活是什么样子的吗？

来访者：幸福的生活就是，下班后回家，家里有爱你的妻子和家人。

治疗师：也许，这是其中的一部分。下班后回家，家里有爱你的妻子和家人，能让人感到很幸福，这怎么说？

来访者：就是，在你的生活中，有人关心你，让糟糕的一天也值得一过，这一点很重要。

治疗师：这很重要，让我写下来。所以，我们对幸福生活的定义是，在你的生活中有关心你的人，让糟糕的一天值得一过。还有什么能让人们幸福？

来访者：他们都说钱买不到幸福，但你需要有足够的钱来舒服地生活。

治疗师：我正在记录这些资源信息。很好，还有什么？

来访者：需要一个目标。

治疗师：这也是一个很好的观点，让我把它加入我们讨论的（定义）清单中。还有别的吗？

来访者：我不确定。

治疗师：你认为什么能让他人幸福？

来访者：我哥哥为高尔夫球而活，我妹妹可以整天泡在图书馆里。

治疗师：所以，你把爱好也加在清单上了。还有别的吗？

来访者：我想不出什么了。

治疗师：在你的生活中，有什么你想做但没能做的事情吗？

来访者：我一直想买一辆露营车，开车到处看看。

治疗师：那就是旅行？新体验？

来访者：是的，两者都有。

治疗师：让我们把它们添加到清单中。我知道你的工作很难，但对你来说很有意义。

来访者：是的，服务很重要。

治疗师：我们已经有了一个相当不错的清单了。幸福的生活包括有你所爱的人，他们能让糟糕的日子变得更美好；有充足的物质资源、目标、爱好、旅行、新的体验和服务。你还想添加其他内容吗？

来访者：不，这些听起来真的很不错。

治疗师：是的，我想这个清单非常好。那么下一步是评估"你永远不会幸福"的信念，就是使用我们制作的这个清单来评估你现在的处境以及你的未来，怎么样？

来访者：好的，我很感兴趣。也许，事情并不像感觉上那样没有希望。

在这一会谈中，治疗师帮助哈罗德聚焦于具体情境中最令人苦恼的部分，并在这一过程中集中讨论了一些与他的悲伤情绪直接相关的关键内容。哈罗德起初想谈谈他的愤怒和他的前妻，但治疗师知道，通过这种方式，来访者既回避了他的悲伤，也避开了为改善现状可做的努力。他们共同讨论了这一点，并找到了一个与其悲伤有关的热点思维。他们使用箭头向下技术深入探索，发现了一个信念，即他认为自己永远也不会幸福了。在继续评估这一信念之前，他们创建了一个关于"幸福生活"的共同定义来辅助评估。事实证明这是有帮助的，因为很快就可以看出，来访者对幸福生活的定义有偏差，主要关注那些他认为自己缺少的东西。"聚焦工作表"中填写了他的信息，以展示这个过程（见工作表 5.2）。

工作表 5.2　聚焦工作表：以哈罗德为例

情境描述：	
最近卖掉了房子，不得不把大部分资产给前妻。	
发生了哪些令人苦恼的事情？	
1. 把资产给前妻	
2. 搬家的压力	
3. 想念孩子	
4. 不得不在一个新地方重新开始	
5. 想念原来的房子	
6.	
7.	
最令人苦恼的部分是什么？	
把资产给前妻	
那时你的脑海中有什么想法？	相应的感受是什么？
她侥幸逃脱了	愤怒
我是个好人，我不应该遭受这些	愤怒
我的孩子认为我是个坏人	愤怒
我不能过上想要的生活	悲伤
哪一个想法最令你苦恼？	
我不能过上想要的生活	
这个想法的情感意义是什么？	
我永远也不会幸福了（而且这是她的错）	

©Waltman, S.H., Codd, R. T. Ⅲ , McFarr, L. M. , and Moore, B. A.（2021）. *Socratic Questioning for Therapists and Counselors: Learn How to Think and Intervene like a Cognitive Behavior Therapist.* New York, NY：Routledge.

小　结

在本章中，我们重点回顾了如何聚焦关键内容，讨论了如何将一个情境分解为不同的组成部分，识别出情境中最令人苦恼的部分以及其中的各种想法和感受，从这些想法中识别出热点思维，并深入探索热点思维的情感意义。我们还讨论了其他重要的因素，如确定"如果－那么"假设，与概念化联系起来，观察认知歪曲和非理性信念，共同制定认知目标，以及在必要时为目标创建共同的定义。这些任务可能会占用宝贵的会谈时间，但带来的结果是你可以进行更具有策略性的干预。聚焦于关键认知可以让你在更短的时间内完成更多工作。此外，当我们选择与一个相当重要的想法工作时，就能更容易地运用苏格拉底式策略。令人进退两难的是，是花一点时间评估你遇到的每一个表层认知歪曲，还是聚焦并深入探索关键内容——这样你就可以花更多的时间在更重要的内容上。本章支持后一种策略，并提供了"聚焦工作表"以辅助这一过程。

参考文献

Beck, A. T. (1979). *Cognitive therapy and the emotional disorders*. New York: Meridian.

Beck, A. T., & Haigh, E. A. P. (2014). Advances in cognitive theory and therapy: The Generic Cognitive Model. *Annual Review of Clinical Psychology, 10,* 1–24.

Beck, A. T., Rush, A. J., Shaw, B. F., & Emery, G. (1979). *Cognitive therapy of depression*. New York: Guilford.

Beck, J. S. (2011). *Cognitive behavior therapy: Basics and beyond* (2nd ed.). New York: Guilford Press.

Brittlebank, A. D., Scott, J., Mark, J., Williams, G., & Ferrier, I. N. (1993). Autobiographical memory in depression: State or trait marker? *The British Journal of Psychiatry, 162*(1), 118–121.

Burns, D. D. (1989). *The feeling good handbook*. New York: William Morrow.

Buschmann, T., Horn, R. A., Blankenship, V. R., Garcia, Y. E., & Bohan, K. B. (2018). The relationship between automatic thoughts and irrational beliefs predicting anxiety and depression. *Journal of Rational-Emotive and Cognitive-Behavior Therapy, 36*(2), 137–162.

Ciarrochi, J., & Robb, H. (2005). Letting a little nonverbal air into the room: Insights from acceptance and commitment therapy. Part 2: Applications. *Journal of Rational-Emotive and Cognitive-Behavior Therapy, 23*(2), 107–130.

Ciarrochi, J., Robb, H., & Godsell, C. (2005). Letting a little nonverbal air into the room: Insights from acceptance and commitment therapy. Part 1: Philosophical and theoretical underpinnings. *Journal of Rational-Emotive and Cognitive-Behavior Therapy, 23*(2), 79–106.

Dryden, W. (2013). On rational beliefs in rational emotive behavior therapy: A theoretical perspective. *Journal of Rational-Emotive and Cognitive-Behavior Therapy, 31*(1), 39–48.

Ellis, A. (2003). Similarities and differences between rational emotive behavior therapy and cognitive therapy. *Journal of Cognitive Psychotherapy, 17*(3), 225–240.

Ellis, A. (2005). Can rational-emotive behavior therapy (REBT) and acceptance and commitment therapy (ACT) resolve their differences and be integrated? *Journal of Rational-Emotive and Cognitive-Behavior Therapy, 23*(2), 153–168.

Gellatly, R., & Beck, A. T. (2016). Catastrophic thinking: A transdiagnostic process across psychiatric disorders. *Cognitive Therapy and Research, 40*(4), 441–452.

Greenberger, D., & Padesky, C. A. (2015). *Mind over mood: Change how you feel by changing the way you think.* New York: Guilford Press.

Hintikka, J. (2007). *Socratic epistemology: Explorations of knowledge-seeking by questioning.* Cambridge: Cambridge University Press.

Kazantzis, N., Beck, J. S., Clark, D. A., Dobson, K. S., Hofmann, S. G., Leahy, R. L., & Wong, C. W. (2018). Socratic dialogue and guided discovery in cognitive behavioral therapy: A modified Delphi panel. *International Journal of Cognitive Therapy, 11*(2), 140–157.

Overholser, J. C. (1994). Elements of the Socratic method: III. Universal definitions. *Psychotherapy: Theory, Research, Practice, Training, 31*(2), 286.

Overholser, J. C. (2010). Psychotherapy according to the Socratic method: Integrating ancient philosophy with contemporary cognitive therapy. *Journal of Cognitive Psychotherapy, 24*(4), 354–363.

Overholser, J. C. (2018). *The Socratic method of psychotherapy.* New York: Columbia University Press.

Priest, G. (2017). *Logic: A very short introduction* (Vol. 29). Oxford: Oxford University Press.

Şoflău, R., & David, D. O. (2017). A meta-analytical approach of the relationships between the irrationality of beliefs and the functionality of automatic thoughts. *Cognitive Therapy and Research, 41*(2), 178–192.

Szentagotai, A., & Freeman, A. (2007). An analysis of the relationship between irrational beliefs and automatic thoughts in predicting distress. *Journal of Cognitive and Behavioral Psychotherapies, 7*(1), 1–9.

Trachtman, J. P. (2013). *The tools of argument: How the best lawyers think, argue, and win.* Lexington, KY: Trachtman.

Waltman, S. H., Hall, B. C., McFarr, L. M., Beck, A. T., & Creed, T. A. (2017). In-session stuck points and pitfalls of community clinicians learning CBT: Qualitative investigation. *Cognitive and Behavioral Practice, 24*, 256–267.

Waltman, S. H., & Palermo, A. (2019). Theoretical overlap and distinction between rational emotive behavior therapy's awfulizing and cognitive therapy's catastrophizing. *Mental Health Review Journal, 24*(1), 44–50.

Wenzel, A. (2019). *Cognitive behavioral therapy for beginners: An experiential learning approach.* New York: Routledge.

Williams, J. M. G., & Scott, J. (1988). Autobiographical memory in depression. *Psychological Medicine, 18*(3), 689–695.

第六章

现象学理解

斯科特·H.沃尔特曼

波利亚（1973）在他的经典数理逻辑著作中说："回答一个你不理解的问题是愚蠢的"（p.6）。要回答数学问题，你首先需要定义问题，然后确定什么是已知的，什么是未知的，以及它们是如何组合在一起的（Polya，1973）。著名的哲学家和博弈论语义学的主要构建者辛提卡（Hintikka，2007）说："正如每个解谜爱好者都知道的那样，解决谜题所需的机智推理的关键往往在于，能够准确地想象在什么情况下，由谜题说明引起的正常期望没有实现"（p.20）。此外，任何诉讼律师都明白，有时最好的论据是抓住对方论据的松散线索（Trachtman，2013）。当然，治疗师的角色不是用巧妙的推理或对抗性的、纯粹的逻辑论据像解谜一样解决来访者的问题（Wenzel，2019）。

值得注意的是，尽管我们称之为苏格拉底式提问或苏格拉底式对话，苏格拉底本人并不是一个治疗师，实际上也不会是一个好的治疗师："苏格拉底肯定没有参与我们所说的苏格拉底式提问。他不会同意我们所说的。他的提问显然是出了名地冷酷无情，几乎会用他的提问把人压在地上"（Kazantzis, Fairburn, Padesky, Reinecke & Teesson et al., 2014; p.6）。可以说，治疗师的第一项工作是理解自己的来访者（Kazantzis et al., 2018）。与苏格拉底的真实方法形成鲜明对比的是卡尔·罗杰斯（Carl Rogers）的以来访者为中心的治疗，他说："我的目的是理解他在自己内心世界的感觉，接受他本来的样子，创造一种自由的氛围；在这种氛围中，他可以按照自己的想法、感受和存在向任何他想要的方向移动"（Rogers，1995；p.108）。罗杰斯著名的悖论是，接受是改变的前兆（Rogers，1995）。

合作式经验主义的原则弥补了两者间的差距，并以一种强有力的方式结合了这些元素（Wenzel，2019）。

> 同样，在合作式经验主义的精神下，你作为治疗师和你的来访者共同检查证据，然后得出结论。我们不预先假设来访者的想法需要挑战，相反，我们采取一个更中立、好奇的评估立场，只有当我们的评估结果支持这种结论时，我们才会认为来访者的想法是不具适应性或无益的。
>
> （Wenzel，2019，p.191）

现象学理解

如果我们将苏格拉底式对话的步骤概念化为与思维记录七栏表的元素相一致（见 Kazantzis et al., 2014），那么下一个步骤在功能上就是寻找支持证据。我们想要理解来访者为什么认为自己的想法或信念是真实的。尽管如前文所述，个人的感知是通过其期望和偏见过滤出来的（Beck & Haigh, 2014; Lippman, 2017）。因此，如果仅根据事实证据评估信念，你可能会发现人们在理智上知道某事，但在情感上却不相信。这种情况我们在临床上都很熟悉。当我们最终想要根据证据评估信念时，我们首先需要理解信念的整体（见图6.1）。目前，我们正在收集所有可能的证据。稍后，我们将评估这些证据。一些不客观的证据仍然具有重要的情感意义，需要加以注意。

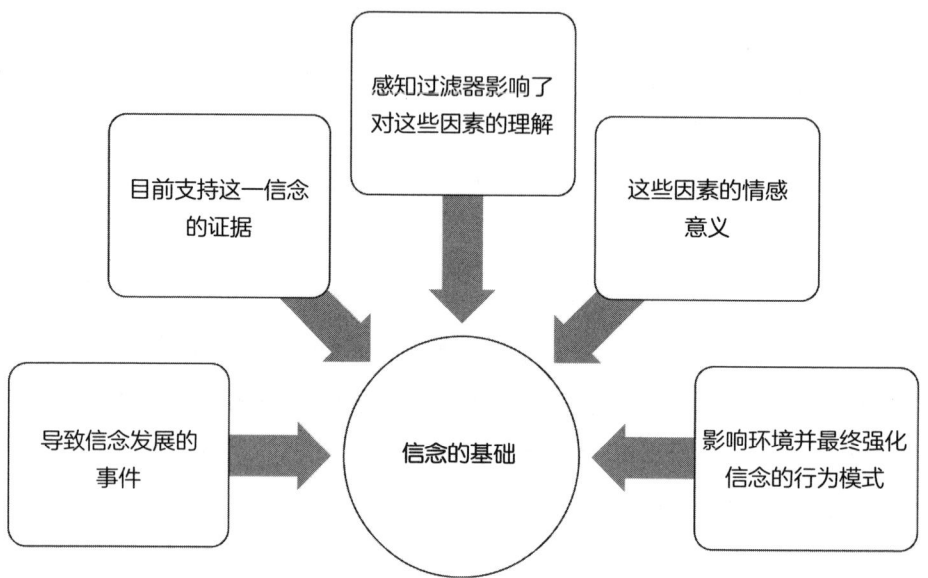

图 6.1 对信念相信程度的理解

基于合作的现象学

现象学产生于哲学，建立在心理学的内省本质之上。现象学可以理解为对意识本质的研究（Grossman，2013）。现象学家对研究个体的主观现实和客观现实都感兴趣，以获得问题的本质（即格式塔）（Davidsen，2013；Mishara，1995）。这涉及不评判和不先入为主，并形成一种与初学者思维的正念观念一致的心态（Kabat-Zinn，2006）。

> 因此，现象学可以被认为是一种思维方式，它搁置了传统的科学解释，并试图与我们所有更成熟的世界建构背后的原始经验取得联系……请记住，现象学研究的目的是重新发现整个活着的人以及当事人和他周围的人是如何体验这个世界的。
>
> （Chessick，1995，p.161）

这种对预先假设的搁置在现象学传统中被称为悬置（bracketing；Chessick，

1995），它需要治疗师容忍一些因素，包括结果的不确定性、不是全能专家的脆弱性以及对来访者的情感体验所持的开放态度（Kazantzis et al., 2014）。打个比方，我们正在试着看看作为来访者是什么感觉。我们并不只是想知道他们如何合理化我们当前处理的信念；我们想知道持有这样的信念是什么感觉。为什么他们形成这种信念是说得通的呢？带着这样的信念系统生活会是什么感觉？形成这种信念是什么感觉？这种信念目前如何影响他们看待世界的方式（即过滤）？伴随着这种信念的冲动和行为是什么？放弃这种信念有什么风险？

为了与合作式经验主义的精神保持一致，现象学在苏格拉底式提问中的应用需要基于合作的现象学。正如我们试图了解信念的主观和客观基础一样，我们也在努力帮助来访者加入我们的探询。对于治疗双方来说，这可以也应该是一个考虑情感的过程。下面将讨论如何在这个过程中处理、鼓励、消化和使用情感。

基于概念化的现象学视角

个案概念化指导的治疗方法与现象学活动本质上是一致的，因为它是具体的或特定于个人的。在这一过程中，有许多事项需要记在心里。正如朱迪·贝克（2011）在她的信息处理模型中解释的那样，人们倾向于完全接受符合他们假设的信息，然后忽略不符合他们偏见的信息。信息可能被歪曲和解释为与他们的假设相吻合；这样，那些实际上不是信念的证据的元素可以作为证据呈现出来，因为人们在心理层面歪曲了它们。

以玛丽为例，她是一位年轻的职场母亲，因企图自杀而住院后被转介给了治疗师。在评估情况时，她将自杀行为归因于不断增加的压力，即她必须为每个人做所有的事情。在评估这个信念的现象学理解阶段，治疗师了解到她实际上在家里得到的帮助很少。从表面上看，这似乎支持了她必须做所有事情的想法。当治疗师和玛丽不断了解情况，就共同发现了更深入的背景。玛丽的配偶过去做了更多的家务，但玛丽对配偶完成家务的方式不满意，她要自己做这些家务，因为她不希望以错误的方式做家务。所以，在某种程度上，她得到的帮助很少，这证明了她必须自己做所有的事情；而在另一方面，有更多需要处理的背景。

考虑依赖信念的知觉过滤器（例如，确认偏差）和与图式相关的行为反应的影响，可以帮助你更好地了解情况。例如，如果你的来访者事先就认为世界是危险的，那他往往会有高度的威胁感知，并且通过变得愤怒和敌对来回应感知到的轻视，这是更好地了解情境的重要背景。有时，背景信息不那么明显。要记住的一点是，你的来访者会陈述很多事情，就好像它们是真实的一样，而我们希望展示同理心和好奇心，同时保持实证的元认知意识，即意识到证据如何与经过概念化的信念、行为、情感和感知过滤器相匹配。

关注情绪和情绪处理

情绪聚焦疗法（emotion-focused therapy，EFT）的出现给我们上了重要的一课，那就是在促进改变时关注情绪的重要性（Johnson，2009；Greenberg，2004）。认知行为疗法一直认为，处理情绪而不回避情绪是治疗的重要部分（Beck，1979）；然而，随着CBT的广泛成功传播（Beck，2011；Beck & Haigh，2014；Wenzel，2019），模型出现了各种过度简化，这可能导致对CBT的误解（Waltman，Creed & Beck，2016；Wenzel，2019）。其中包括一些错误的观念，例如强调纯粹的积极思考或逻辑分析是最重要的。最近，人们重新关注在CBT中重视情绪的关键作用（见Thoma & McKay，2014）。

从EFT的角度来看，治疗的目标是改变一个人的情绪体验和相应的叙事（即图式），而情绪就嵌在叙事中（Greenberg，2004）。从CBT的角度来看，各种情绪体验与图式激活有关；这（以及相应的行为反应）被称为模式或模式激活（Beck & Haigh，2014）。为了最好地改变那些满载情绪的图式，我们需要激活相关的情绪以直接作用于图式。理想情况下，我们希望情绪激活的水平是适度的。

如果你的来访者情绪投入不足，我们希望让他们更多地与自己的感受接触；这可以通过各种CBT、EFT或一般咨询技巧完成（见表6.1）。如果你的来访者情绪过于活跃，你可能需要提供确认、教授和指导他们使用情绪调节技能，或帮助他们耐受情绪，直到情绪自行减弱。如果你的来访者的核心困难是情绪调节（例如，边缘型人格障碍患者），则此过程可能会更加复杂，后面的章节（第十二章）将重点介绍如何将苏格拉底式策略纳入辩证行为治疗（DBT）的框架。如果回避情绪是显著的临床表现，你可能需要直接针对关于情绪的信念（见 Leahy，2018）。（见表 6.2）

表 6.1　针对情绪表达不足和情绪过度表达的策略

增加情绪接触的策略	调节情绪的策略
及时的情绪识别	提供确认
通过关注情绪体验的躯体感觉来加强聚焦	教授情绪调节技巧（例如，腹式呼吸）
使用意象来提高情绪化材料的突出性	在会谈中辅导使用情绪调节技巧
	辅导有关情绪体验的意愿和接纳程度
	耐受情绪
	着陆（grounding）

表 6.2　情绪处理的步骤

从情绪聚焦疗法的角度（Greenberg，2004）	从认知行为疗法的角度
培养情绪觉察	最初的重点是增加情绪觉察（也许还有耐受程度）。治疗师表达同理心和确认，因为情绪可以帮助治疗师确定治疗的干预点。治疗师评估来访者有关情绪体验的意愿和耐受程度。与情绪体验的关系可能成为最初的治疗目标。
调节情绪	如果来访者积极参与认知重建过程，就会产生情绪调节。关注承载更多情绪的证据或主观证据可以提高会谈中的情绪投入。可能需要辅导情绪投入增加或情绪下调（emotion down-regulation）的策略。
情绪转化	当潜在信念被修正时，原有的情绪体验就会松动，而更具适应性的情绪体验就可以形成。基于新视角的行为改变计划可以强化新的信念和情绪。

关注和处理来访者的情绪体验是认知改变过程的重要组成部分。虽然感受不是事实，但感觉上肯定非常像，我们需要尊重来访者的痛苦并花时间与他们的痛苦对话。这一步的目标是全面了解我们的来访者和我们所聚焦的信念——为此，我们需要理解该信念的情绪体验。

以约翰为例，他是一位中年男子，因长期的愤怒和抑郁病史而接受治疗。在会谈开始时，他报告说自杀意念增加了，这些意念继发于"我的家人没有我会过得更好"的想法。治疗师可以看到，事实上这看起来并不准确，但这是来访者强烈感受到的事情。治疗师知道他需要处理和关注这种感觉，因为这种感觉在治疗结束后也会持续存在。治疗师关注了相关的情绪体验，以帮助约翰理解"我的家人没有我会过得更好"的想法，从而有助于聚焦来访者自杀的原因进行认知重建。

治疗师：好的，约翰，我们来谈谈这个问题。你刚才告诉我，你认为你的家人没有你会过得更好。

来访者：是的，我想可能是的，我已经有一段时间没有这种想法了。

治疗师：伴随这些想法的情绪是什么？

来访者：嗯，有些解脱，好像没有我可能会更好。

治疗师：让我们把时间倒退一步，你能告诉我你的这种想法是如何产生的吗？

来访者：我只是担心我会变成我爸那样。

治疗师：我知道你对他有很强烈的感受。

来访者：我恨死他了！我很高兴他死了。

治疗师：所以，如果你是你爸爸，那么你的孩子会很高兴你死了吗？

来访者：我猜是的。

治疗师：让我们把注意力集中在"我担心我会变成我爸爸"的问题上。在情感上你有什么感觉？

来访者：太吓人了，好像真的把我吓坏了。

治疗师：所以，这是一个可怕的想法。让我们暂停一下，看看这个想法有多可怕。

［停顿］

你能告诉我更多关于这种恐惧的信息吗？

来访者：我只是害怕变成我爸那样。

治疗师：这确实是一个可怕的想法，特别是考虑到你告诉我的关于你父亲的事情。告诉我更多关于你的恐惧的情感体验。你身体的什么地方感受到了这种恐惧？

来访者：就像一种下沉的感觉，但也像我所有的头发都竖起来了。

治疗师：这个描述很好。下沉在哪里？

来访者：［指着胸口］我的心好像在往下沉。

治疗师：你感觉你的心在往下沉，同时你又很警觉，你说你的头发都竖起来了。

来访者：没错。

治疗师：好的，所以你觉得你正在变成你父亲，然后你会有强烈的情感和躯体反应——你感到害怕，感觉你的心在往下沉，你的头发都竖起来了。这听起来像是我们要好好讨论的东西。对你来说，有什么迹象表明你正在变成你父亲那样？

来访者：我不知道。我只是这样觉得。

治疗师：让我们来靠近一下这种感受，看看我们能不能确定是什么让你觉得自己正在变成你父亲那样。这样可以吗？

来访者：我有点紧张。

治疗师：我理解，这可能会有些紧张。关于那些和让你活着一样重要的事情，我也不想回避与此有关的内容。如果我们计划在之后一起使用一些呼吸练习，帮助你变得更好和更踏实，你觉得怎么样呢？

来访者：好的，那可能是明智之举。

治疗师：所以，我们要了解这些感觉，看看我们是否能找出一些你认为自己正在变得像你父亲的原因。

来访者：好的。

治疗师：好，让我们用一些意象。我要你闭上眼睛，想象一下你爸爸。想象他的脸，他的声音。想想他过去是怎么走路的，他过去说了什么和做了什么。

［停顿］

他的形象出现了吗？

来访者：［显得有点慌张］是的。

治疗师：好的，你做得很好。现在你脑海里已经有了你父亲的形象，你觉得你哪一点像他？

来访者：他的脸！

治疗师：他的脸，随着年龄的增长你会越来越像他吗？

来访者：是的，但不是那样。他的脸［指着下颌的轮廓］，他的脸总是看起来很生气，我觉得我也在生气。

治疗师：很好，有些事情我们需要讨论一下。是什么让你觉得你的面部表情跟你父亲一样？

来访者：我想我记得。前几天晚上，我从镜子里瞥见了我的脸，我看起来很生气，就像他一样。这让我非常害怕。

治疗师：我可以理解，在看到自己变成那样之后，这是一个多么可怕的想法。你生气有什么原因吗？

来访者：是的，我在引擎上装了一个螺栓，我很生气，因为我做了这么愚蠢的事。

治疗师：你生气了，你父亲也生气了，你做了什么是他之前做过的？

来访者：我提高了嗓门，叫家人别管我。

治疗师：据我所知，你父亲也经常提高嗓门。

来访者：一直都是。

治疗师：他还做了其他事情；你恨他是因为他太吵了吗？

来访者：不，我恨他是因为他打我妈妈和我们这些孩子。

治疗师：所以，我们知道为什么你想到自己会变成你父亲那样是那么可怕了。

来访者：这把我整个周末都搞砸了。

治疗师：整个周末你都在担心自己会变成你父亲那样。你恨他，没有他你的生活更美好。你也认为你的家庭没有你会更好。

来访者：没错。

治疗师：但是我们跳过了一个步骤。这周末你打你的妻子或孩子了吗？

来访者：没有，我不会那么做的。我宁愿自杀也不愿伤害他们。

治疗师：你的父亲会做出这样的陈述吗？

来访者：他会杀了我，而不会想到伤害自己。

治疗师：那么，你是你爸爸吗？

来访者：不，我想不是。

治疗师：为什么不是？告诉我你为什么不是你爸爸。

来访者：哦，那太难了。

治疗师：我只是想帮助你理解这个新想法，以保证你的安全。如果你不是你爸爸，为什么不是呢？

来访者：我不是我爸，因为他很刻薄，辱骂他人，而且失控。

治疗师：那么，如果你不是你爸爸，那对于"你的家庭没有你会过得更好"而言，这意味着什么？

来访者：我想，这是另一种情况，我不想让我的孩子在成长过程中没有爸爸。没有一个虐待孩子的爸爸对我来说是件好事，但我不想让我的孩子感到孤独。

治疗师：你想让你的孩子得到这些东西，这意味着关于你的什么信息?

来访者：嗯，我爱他们。

治疗师：你爱你的孩子。让我们暂停一下，暂时停留在这种感觉中。

[眼泪涌上眼眶]

来访者：[松了一口气]

治疗师：从情感上来说，当你意识到你不是你的父亲，你的家庭没有你并不会更好时，你有什么感觉？

来访者：好多了。

治疗师：那你之前的那种心在往下沉的感觉呢？

来访者：事实上，我觉得轻松、放松了很多。

治疗师：好的，接下来的一周，我们来谈谈如何记住这些想法和感受。

告诉来访者他正在进行情绪推理可能会更容易，并且确实没有任何证据表明他正在变成他的父亲，但这些感觉会一直挥之不去。在上面的案例中，注意、关注和触碰他的情绪，既可以让治疗师确定他觉得自己在变成他父亲的未说出口的原因，也可以促成更有效的干预。由于我们的首要目标是了解来访者及其主观体验，我们需要认识到合作式经验主义并不意味着严格的经验主义。稍后，会有一个地方让我们评估我们收集的数据，但首先我们需要对情况有一个很好的了解。

确认

这个理解阶段是提供确认的好机会。人们天生需要被倾听和理解（Kazantzis et al., 2018）。确认技术可以更进一步地证明你听到了来访者的话，你理解他们在说什么，因为你向来访者提供证据，并且你正在确认（即承认）的要素是有根据的或合理的（Linehan, 1997）。当然，在这个过程中，我们试图理解他们是如何相信这个想法的，以及什么能够支持它的潜在正确性；我们并不是默认同意他们所说的任何事情——你不能确认无根据的事情（Linehan，1997）。从 DBT 的角度来看，有六个级别的确认。对这六个级别的深入回顾和分析超出了本章的范围。后面的章节将更多地关注苏格拉底式策略和 DBT。而在这里，我们将集中讨论这六个级别的要素（见表 6.3）。

表 6.3　确认的要素

保持关注
积极倾听
准确反馈
阐明非言语信息
根据早期历史理解信念、行为或情绪
根据环境线索理解信念、行为或情绪
根据内在线索理解信念、行为或情绪
根据对情况的解释理解信念、行为或情绪
完全的真诚

你可以做一些事情向来访者这个人传达整体确认，包括保持关注、积极倾听、准确反馈所谈的内容（表明你在倾听所谈的内容和所谈内容的含义），以及真诚对待来访者（Linehan，1997）。这些要素与帕德斯基（1993）提出的"倾听是苏格拉底式过程的关键步骤"的著名建议大体一致。倾听的一个收获是，你会更好地理解来访者的观点。这将使你得以提供其他确认的要素，以证明所讨论的要素（例如，想法、感觉或行为）在早期学习、环境线索或来访者对情况的解读中是完全有意义的（Linehan，1997）。

行为学的观点是，所有行为都是习得的，并且所有行为都是有意义的。同样，我们的来访者也倾向于诚实地遵循自己的信念。生活教会了他们各种各样的经验，他们以一种最大限度地减少痛苦并满足他们需求的方式过着自己的生活；然而，这些经验往往是基于过度概括、过度修正、歪曲的解释、歪曲的或有限的信息。在接下来的步骤中，我们将尝试扩大视野以帮助来访者看到遗漏了什么，但首先我们需要以他们的视角看待事情。确认是实现这一操作的完美工具，它能够增强关系、调节情绪，并倾向于减少防御（Linehan，1997）。熟练的 CBT 从业者会将确认融入发现过程中。

调整治疗进程的时机

理想情况下，你应该在聚焦阶段找到一个合适的或最佳的认知目标。在理解阶段，你有时可能会选择调整治疗进程或确定要针对的替代性思维。这种情况的两个极端现象包括：你所针对的思维实际上没有太多内容，可能是你选择了一个令人苦恼但不是核心的想法——并非所有的想法都与核心信念或已确定的问题有关；或者，有时当你在理解阶段工作时，目标信念似乎显然是正确的（当然它可能不是）。在这些情况下，调整治疗进程会有所帮助。我们可以将有争议的真实想法视为情境，并针对信念的意义。例如，如果在评估来访者关于"家人讨厌他"的想法时，以及在理解阶段，来访者报告家人经常、反复说他们讨厌他，那么你可以考虑转移到家人讨厌他的意义或含义上（即，"这是否意味着没有人会爱他？"）。如果你决定转移目标（以及当你这样做时），你应该做出一个公开的（大声的）决定，这样你们就可以继续保持一致。

理解的问题

有一些问题可以帮助你了解来访者和他们的信念。当然，问题列表的存在并不意味着你必须询问列表中的每个（或任何）问题。你可以问这些问题的不同形式，或者问从你们讨论的内容中自然延伸出的其他问题。下面以妮科尔为例演示这些问题：妮科尔是一位年轻的母亲，正处于创伤后应激障碍（posttraumatic stress disorder，PTSD）和苯丙胺使用障碍的双重康复中。几个月前，在她的孩子被儿童保护服务机构从她家带走后，她开始接受治疗。她目前正处于转移计划（diversion program）中，被强制要求接受治疗。她对自己的处境感到非常羞耻，但她在治疗中一直做得很好。她陷入了思维反刍，总是想自己是一个多么糟糕的母亲，以及她是如何毁掉一切的。在之前的会谈中，你关注的热点思维是"她是一个坏妈妈"。以下展示了治疗师如何试图对她的信念进行现象学理解。后面的步骤将包括评估她遗漏的要素，但首先治疗师需要理解并尊重她的信念中的"真理内核"（Linehan，1997）。

治疗师可以问自己几个问题来引导这个过程。

- 这个想法基于什么经验？
- 支持这一观点的事实是什么？
- 如果这是真的，你认为支持它的最有力证据是什么？
- 这是过去人们直接对他们说的话吗？
- 如果相信这个想法，会有什么感觉？
- 他们相信这一点多久了？
- 他们什么时候更倾向于相信这一点？
- 当这种想法出现时，他们通常会怎么做？

这个想法基于什么经验？

为了更好地理解你正在评估的认知，我们想要找出导致这种信念形成的事件。如果你的来访者认为他们不讨人喜欢，是否存在某些本该爱他们的人却不爱他们的情况？如果你的来访者认为他们失败了，他们真的失败了吗？如果你的来访者认为这个世界很危险，他们是否曾经受伤或有受伤的危险？了解信念形成的经验基础将会让你更好地理解你在处理的是什么。

治疗师：妮科尔，我们决定评估一下你认为你是坏妈妈的信念。我从之前的会谈中知道这是你经常想到的事情，它真的让你感到有压力，你因为这个想法而感到非常羞耻。

来访者：我只是觉得很糟糕。

治疗师：那么，在评估这个想法时，我首先想更好地了解这是从哪里来的。在你的生活中，是什么事情让你认为自己是一个糟糕的母亲？

来访者：嗯，法官带走了我的孩子，因为我不是一个称职的母亲。

治疗师：那么，法庭在评估时认定你不适合做母亲。

来访者：是的，所以从法律上讲，我是个坏妈妈。

治疗师：这是一个很重要的证据。所以，你继续相信自己是一个坏妈妈也就说得通了。还有其他重要的例子吗？

来访者：嗯，有一次我被捕了。有时候，当我在外面吸毒或寻找毒品的时候，我会让孩子们独自待着。

治疗师：还有几个例子，让我确保我对所有这些都做好了笔记。还有其他情况吗？

来访者：我认为我必须接受治疗的这一事实也证明我搞砸了。

治疗师：你是被强制要求来这里的，所以你是因为做了些什么才受到强制要求的，这有道理。而且，你还说接受治疗就像证明了你是个坏妈妈一样。

来访者：或者，至少是我真的搞砸了①。

治疗师：［注意到过去时态反映了她的变化］

你做得很好。我想更明白些，在你的脑海中，哪一件事最重要？

来访者：被认定不称职。我这辈子从没感觉这么糟糕过。

治疗师：所以，最糟糕的部分是当你被认定为不称职的母亲时。

［在心中留意：如果被认定不称职是证据里最沉重的一个，那么下一步探索是否称职可能会有收获］

是什么让你如此痛苦？

---

① 来访者在这里使用了过去时态。——译者注

来访者：我想，直到那时我才意识到我的生活是多么混乱。我在试图处理我的PTSD时陷入了迷茫，我没有意识到它已经变得如此糟糕。

治疗师：[在心中留意一些其他缓解因素，待会儿再探讨]
因此，由于所发生的事情——被宣告为不称职，这是一次特别痛苦的经历。但是，在某种程度上它也有点令人震惊，就像有人从你身下拽出一块地毯。

来访者：更像是被打了一拳。

治疗师：这是一个强有力的意象，我想这可能让你心烦意乱吧？

来访者：没错。

在这个例子中，我们看到治疗师如何关注情感体验，在适当的时候进行确认，并首要专注于了解她的信念和情绪是如何形成的。当你探索一个问题时，自然会遇到很多重要的信息。在下一步中，这些信息可以帮助你扩展她的视野，以关注她遗漏的证据和缺失的背景。

支持这一观点的事实是什么？

这个问题与上面提到的关于经验的问题非常相似。需要注意的是那些不是客观事实的事实。从获得对来访者的现象学理解的角度看，我们不想拒绝或只关注客观事实——至少在最初是这样。在稍后的过程中，我们将评估这些事实，看看它们是否真的是事实。通常，人们会用纸牌建造一个精神家园，一个想法是基于另一个想法和解释的。最后，从合作式经验主义的角度，我们将基于可靠的证据来评估信念；然而，如果我们忽略了案例中的情感因素，我们可能会在逻辑角度上促成变化，但相应的情感变化不会产生。

解决这个问题的一种方法是进行非正式的审查（voir dire）。"voir dire"是法语，意思是说真话，并且它是一个法律术语，指的是对证据、陪审员或证人进行初步审查。这样的策略需要从一个共情的位置（如合作式经验主义）靠近。下面是如何在会谈中处理这个问题的示例。

治疗师：妮科尔，我们决定评估一下"你是一个坏妈妈"的热点思维。你有什么证据证明你是个坏妈妈？

来访者：嗯，我只是在这方面做得很糟糕，而且我没能当好妈妈。

治疗师：这两句话听起来很让人不安。

来访者：是的，我感觉很糟糕。

治疗师：听起来你认为自己是坏妈妈的一些证据是基于你的想法，你认为自己作为一个妈妈很糟糕，也认为你作为一个妈妈失败了。

来访者：没错。

治疗师：我不知道我们是否评估了这两个说法——关于"你是个坏妈妈"的说法，以及"你是个失败的妈妈"的说法。

来访者：什么意思？

治疗师：嗯，听起来你认为自己是坏妈妈的部分证据来自你关于自己作为妈妈的想法。

来访者：但是，作为一个妈妈，我很糟糕，我确实失败了。

治疗师：你感觉你很糟糕，感觉你失败了，这听起来像是另一组需要评估的想法。我很愿意和你一起看看这两个问题。我只是不想把这些痛苦的想法当成事实，如果它们不是事实的话。

来访者：我想这是有道理的。

治疗师：所以，在我的日志里，我要写下你认为自己是一个坏妈妈的想法，并且你觉得这些想法是真的。这些想法和感受肯定是存在的，我想把它们纳入我们的分析中。现在，让我们把注意力集中在我们知道的事实上，稍后我们会回过头来评估这两个非常痛苦的想法——"你是一个坏妈妈"，以及"你是一个失败的妈妈"。这样可以吗？

来访者：可以，我想有时我会把自己弄得晕头转向的。

治疗师：我知道你最近有很多休息时间，这可能是过度思考的最佳时期。我想尊重你所拥有的这种情感体验。我们需要承认这些想法和感受，我也想帮助你客观、平衡地看待你的处境。那么，有哪些事实佐证你是一个坏妈妈呢？

来访者：因为我吸食冰毒，我的孩子从我家被带走了。

治疗师：这听起来像是事实，让我写下来。还有哪些事实佐证"你是一个坏妈妈"的观点？

来访者：我就是觉得我从来不知道我在做什么。

治疗师：这会伴随什么情绪呢？

来访者：不确定感、焦虑。

治疗师：所以，你有"不知道自己在做什么"的想法，你感到焦虑和不确定。在事实层面，这些想法和感受是在什么条件下产生的？

来访者：嗯，没有人教过我如何做父母。我只是尽我所能地想办法解决这个问题，但大多数时候我不知道该怎么做。

治疗师：那么，你是怎么处理的？

来访者：我想我已经尽力了。

治疗师：综合起来，我们列出的事实是，你必须自己弄清楚如何成为父母，并且你已经尽力而为；但你仍然经常觉得不知道自己在做什么，因此你有很多焦虑和不确定感。

来访者：是的。

关注案例的主观元素可以让你整合和处理图式的情感元素，这将帮助你最终实现更深层次的改变。当你把来访者的想法和感受看得很重要的时候，这对来访者来说也可能是一种确认。他们的想法可能是正确的，而他们的感觉可能与重要的背景或信息有关。在这个过程中要避免的陷阱是陷入对证据的冗长评估——这可能会导致一系列得到部分评估的想法,并且会谈没有明确的结果。与上述类似,有时最好的策略是承认某一个证据在情感上很重要,但它是一个尚未被评估的想法。我们可以一起评估它,但首先我们要坚持我们努力确定下的目标。

如果这是真的,你认为支持它的最有力证据是什么?

有时,专注于最重要的证据(个案的关键)可能是务实的。主观上认为最重要的问题可能被附加了很多情感上的重要性。有时,这些问题并不是你所期望的,也不会让你知道治疗评估的重点。

治疗师:妮科尔,你觉得自己是个坏妈妈。我们决定一起评估这个想法,看看它是不是真的以及我们该如何处理它。首先,我们想看看它是否真的成立。那么,如果"你是个坏妈妈"的想法是真的,那么最有力的证据是什么呢?

来访者:我认为最有力的证据是我的孩子有多不快乐。我已经让他们经历了很多,他们被安置在寄养系统中。这不是他们的错,但他们是受苦的人。

治疗师:对你来说,证明你是一个坏妈妈的最有力证据就是你的孩子在寄养系统中看起来多么不开心。在你看来,他们正因为你的错误而受到惩罚。

来访者:是的。

治疗师:我知道这对你来说有多难过。所以,让我们仔细看看这一点——听起来,如果你的孩子不开心,你就是一个坏妈妈?

来访者:不是,你不可能让孩子们永远开心。都是我的错,这才是最大的证据。

治疗师:好的,你是个坏妈妈的最大证据就是你的孩子不开心,而且这都是你的错。

[留意到关于"错误"的想法在下一阶段可能有用]

那么，帮我理解一下为什么这对你来说是最大的证据。

来访者：我知道寄养系统有多糟糕，我不想让他们经历那样的事情。

治疗师：你自己也被寄养过吗？

来访者：是的，我是在各种地方长大的，我讨厌寄养系统。我知道有些人有好的经历，但我的经历是糟糕的。而且，我的孩子还很小。

治疗师：所以，你对他们现在正在经历的事情有一个现实的认知。

来访者：是的，我一直在想象他们在一个锁着的房间里哭泣，房间里只有他们自己，他们不知道为什么会这样。

治疗师：这是一个令人难以忘记的画面。

[在心中留意：意象可能是案例的重要组成部分，并且意象可能需要并入总结和整合部分]

来访者：是啊，我就是睡不着，没法集中精神，脑子里一直在想。

治疗师：当然，你感觉很糟糕，这是一个非常痛苦的画面。让我们继续讨论这个问题，但我也想和你的个案工作人员合作，看看我们能否得到一些关于孩子们的生活条件的信息。

来访者：那太好了，我一直在想，一直在担心。

治疗师：所以，综上所述，你是一个坏妈妈的主要原因与你的想法有关，你认为你的孩子不快乐，并且这是你的错，他们因为你吸食冰毒而被送入寄养系统。你的脑海里有你无辜的孩子的形象，他们被关起来，独自待着，哭泣。这个画面真的很令人沮丧。

[留意到她的懊悔可能是一个潜在的证据，用以反驳"她是一个完全不称职的母亲"的说法]

我说得对吗？

来访者：对，听起来差不多。

治疗师：好的，那就让我们开始评估最大的证据。

通过检查最有力的证据，你可以关注个案中更情绪化的因素。通过探索这些内容，你可以更好地理解这种信念以及来访者为什么会相信这种信念。这些策略知识将帮助你了解在接下来的步骤中应该关注哪里。

这是过去人们直接对你说的话吗？

有时，痛苦的想法或信念是基于来访者直接被告知的事情。在这些情况下，我们希望更多地了解谈话的背景以及谈话者的可信度。

治疗师：妮科尔，我很好奇，你一直认为自己是个坏妈妈，有没有人真的跟你说过你不是个合格的妈妈？

来访者：是的，有几个人这样说过。

治疗师：让我们谈谈这个。这句话是在什么情况下说的？

来访者：嗯，我的个案工作人员和我一起回顾我的案子时，她谈到了我是如何搞砸的。

治疗师：而且，她告诉你你是一个不称职的妈妈？

来访者：嗯，不是直接的，但她在谈论我是如何搞砸的。

治疗师：所以，她没有告诉你她认为你是一个不称职的妈妈，但你从她所说的内容中推断出这一点。

来访者：是的，我想是这样。我只是感觉很糟糕。

治疗师：你感觉非常糟糕，并认为自己是一个糟糕的母亲。有没有人真的告诉你你是一个坏妈妈？

来访者：当我刚刚怀孕的时候，我的前夫告诉我，我应该去堕胎，因为我会是个坏妈妈。

治疗师：这有点像被人说你是个坏妈妈，你的前夫见过你做妈妈的样子吗？

来访者：没有，不过这是最好的结果，他不是什么好东西。

治疗师：所以，一次是你推断出来的，但只是你的一个想法；另一次是被人预测到的，尽管听起来他可能不是最好的判断者。还有其他事件吗？

来访者：有一名惩教人员告诉我，我需要整理好我的生活，不要再做坏妈妈和瘾君子了。

治疗师：这是一些直接的反馈。那，这个人知道你发生了什么事吗？

来访者：嗯，他知道我被捕的原因以及我是一个妈妈，因为我在询问如何给我的孩子打电话。

治疗师：所以，他知道你是一个妈妈，你因为毒品有关的指控而被捕，他知道你是一个怎样的妈妈吗？比如，他能不能对你作为母亲的表现做出全面的判断？

来访者：我想不能，但也许他以前见过我这种类型的人，而且他是对的，我确实需要整理我的生活。

治疗师：好的，总而言之，有时你会收到这样的信息：你是一个坏妈妈。有一次是你在和个案工作人员交谈时推断出的信息，而她正在谈论你是如何搞砸的；另一次是你前任的预测，但听起来他从未将你视为妈妈，我们也不知道他的判断力有多好。然后是这位惩教人员，他给了你严格的建议，他认为你需要整理好你的生活，以及你的毒品相关指控正在妨碍你承担妈妈的职责。

来访者：听起来是对的。

治疗师：让我们来看看这是在什么背景下发生的，以及信息来源的可靠性。

通常情况下，弄清楚到底发生了什么是很重要的。情境的情绪性会让人们从情境中获得的信息染上情绪化的色彩。描绘出情境的背景可以帮助你更好地了解来访者和其他人的心理状态，以便更好地了解发生的事情。

如果相信这个想法，会有什么感觉？

这对于信念和相关情感的情绪处理是一个重要的问题。将这些感受与信念结合起来，对于促成认知和情感上的变化很重要；此外，这有助于确定你可能忽视的其他具有情感意义的证据。

治疗师：妮科尔，当你说你是一个坏妈妈，并且相信这种想法时，你是什么感觉？

来访者：令人心碎，我都快发疯了，想要修复这种状况，而且，我感觉很糟糕，真的让我想要吸毒。

治疗师：所以，你有一种强烈的情感体验，一种想要改变现状的冲动，但也有一种想要逃避感受的冲动？

来访者：是的，如果我能用吸毒来逃避，就容易多了，但是如果我这样做了，我的孩子就回不来了。

治疗师：我想这对你来说可能会更加困难。

在这种情况下，探索来访者相信想法的感觉可以澄清情况并帮助来访者了解自己的感受。这也有助于治疗师了解要聚焦的相应情绪和行为反应。

你相信这一点多久了？

如果一种信念是发展形成的，那么从逻辑上讲，这种信念曾经是不存在的，而进一步说，它在未来可能不一定是真的。此外，信念可能是在重大压力源或创伤之下形成的，认识到这一点将改变你处理这种信念的方式。如果来访者认为他们从记事起就相信某些信念，那么你可以考察当时和现在是什么让这种想法成立的。

治疗师：妮科尔，你相信你是一个坏妈妈多长时间了？

来访者：我想我一直觉得自己不够好。

治疗师：好的，但有没有过"不够好"变成"不好"的时候？

来访者：当然，当我的孩子被带走时，我想那时我才意识到我实际上是一个糟糕的母亲。

治疗师：为了帮助我更好地理解这一点，让我们把你作为一个母亲的时间轴画出来，然后标出你认为自己在不同的时间点上的表现如何。

治疗师关注的是来访者是如何基于离散的时间段做出整体判断的。画出时间轴将帮助治疗师在之后的阶段检查那些关于信念可能不成立的差异或情况（过去或未来）。

你什么时候更倾向于相信这一点？

这是一个非常有用的问题。如果我们能够确定来访者在什么时候最相信目标信念、什么时候最不相信目标信念，我们就可以很好地了解哪些类型的证据对其信念系统最重要。

治疗师：妮科尔，这种认为你是一个坏妈妈的信念有多坚定？

来访者：嗯？

治疗师：你什么时候最相信这一点？有没有你稍微不那么相信的时候？

来访者：当我想到我的孩子们被带走的时候，我最相信这一点。

治疗师：我们谈到过那是一段特别痛苦的记忆，你是否有比当时更不相信这一点的时候？

来访者：我想，就是当我回想起我在多么努力戒毒的时候。这是我能回忆起的戒毒最长的时间。

治疗师：你一直都很努力地在戒毒。我很清楚你非常在乎这件事。

从这个问题中，治疗师了解到在尝试理解目标信念时应该关注哪些类型的证据。此外，治疗师还收集了指向未来的积极信息，以帮助来访者关注她所忽视的一些重要领域，并帮助她努力朝着她的目标和价值观持续改变行为。

当这种想法出现时，你通常会怎么做？

这个问题可以帮助你了解信念对来访者行为的影响，了解这进而如何影响环境，以及潜在地影响来访者吸收的信息。例如，如果你的来访者经常认为别人不会爱他，并以推开别人作为回应，这将影响别人是否留在他身边，并影响他关于别人是否爱自己的看法。

治疗师：妮科尔，我想了解更多关于你是一个坏妈妈的信念。当这些想法浮现在你的脑海时，你在情感上倾向于什么感觉？

来访者：不好，非常不好。

治疗师：你有哪些情绪？

来访者：羞耻、悲伤和愤怒。

治疗师：你觉得自己是个不称职的母亲，你感到羞耻、悲伤和愤怒。当你有这样的想法和感觉时，你倾向于做什么？

来访者：如果是以前，我会嗑药的。这些感觉是如此强烈，我真的感觉到了想要逃避的冲动。

治疗师：我理解你的想法，那现在呢？

来访者：我经常哭，也经常睡觉。睡觉是我的逃避方式之一。

治疗师：所以，你觉得自己是个坏妈妈，感受到强烈的羞耻、内疚和愤怒，然后你就逃避了，或者你想逃避？

来访者：是的。

治疗师：你用睡觉逃避或过去用吸毒逃避的经历对你认为自己是个坏

妈妈的信念有什么影响？

来访者：嗯，这让我不去想它。

治疗师：这会让你不那么相信它吗？

来访者：嗯，不会，我通常之后会感觉更糟。

治疗师：哦？

来访者：我就会想，我是多么懦弱，然后我会想这有什么用，反正我也不能把我的孩子接回来了。

治疗师：这听起来像过山车。你非常羞耻、愤怒和焦虑。你用一些逃避行为回避这些感觉，但你的解脱最终被"我是懦弱的""反正我也不能把我的孩子接回来了"的想法破坏了。

来访者：这是世界上最糟糕的过山车。

治疗师：听起来好像不是好玩的过山车。由此产生的情绪余波会如何影响你认为自己是一个坏妈妈的想法？

来访者：嗯，我感觉更糟了，我真的觉得自己是个坏妈妈。比如，我应该直面这一切。这是很重要的。

治疗师：所以，情绪会变得更强烈，而你变得更相信自己是个坏妈妈了？

来访者：就是这样。

治疗师：听起来你的回避行为进一步证明了你是个坏妈妈？

来访者：我想是的。我觉得一个更好的妈妈会比我更好地处理这件事。

治疗师：好的，让我们来谈谈这个观点——你的回避行为进一步证明了你是一个坏妈妈。

正如我们在前一章中讨论的，与我们的潜在信念相关的行为可以是回避行为、过度补偿行为或与那些信念一致的行为（Young，1999）。更多地了解行为对于理解情况是很重要的。此外，我们也有兴趣了解来访者对他们的行为和行为结果的看法。来访者可以认为他们的行为是信念的进一步证据，或者他们可以认为其补偿策略未能解决问题这一点是信念的证据。他们可能看不到自己的逃避行为对自身、对他人和他们整体处境的影响。

小　　结

在我们确定了一个适合苏格拉底式提问的对象之后，接下来，我们将重点理解这个想法或信念的意义。理想情况下，我们希望理解来访者相信认知的理由。我们要关注信念基础的主观和客观要素，以帮助我们对信念的本质形成全面的感觉。关注和融入情感是这个过程的重要部分。这个过程可以被框定为确认和应用合作式经验主义的练习。在使用改变策略之前以理解为主导，有助于来访者感觉被理解、减少情绪失调、降低防御，并帮助治疗师了解在哪里可以找到有效扩展来访者观点的视角。后面的步骤将包括评估在理解阶段收集的主观证据要素。

参考文献

Beck, A. T. (1979). *Cognitive therapy and the emotional disorders*. New York: Meridian.

Beck, A. T., & Haigh, E. A. P. (2014). Advances in cognitive theory and therapy: The Generic Cognitive Model. *Annual Review of Clinical Psychology, 10,* 1–24.

Beck, J. S. (2011). *Cognitive behavior therapy: Basics and beyond* (2nd ed.). New York: Guilford Press.

Chessick, R. D. (1995). The application of phenomenology to psychiatry and psychotherapy. *American Journal of Psychotherapy, 49*(2), 159–162.

Davidsen, A. S. (2013). Phenomenological approaches in psychology and health sciences. *Qualitative Research in Psychology, 10*(3), 318–339.

Greenberg, L. S. (2004). Emotion-focused therapy. *Clinical Psychology & Psychotherapy: An International Journal of Theory & Practice, 11*(1), 3–16.

Grossman, R. (2013). *Phenomenology and existentialism: An introduction*. London:

Routledge.

Johnson, S. M. (2009). Attachment theory and emotionally focused therapy for individuals and couples. In J. H. Obegi & E. Berant (Eds.), *Attachment theory and research in clinical work with adults* (pp. 410–433). New York: Guilford Press.

Hintikka, J. (2007). *Socratic epistemology: Explorations of knowledge-seeking by questioning.* New York: Cambridge University Press.

Kabat-Zinn, J. (2006). *Mindfulness for beginners.* Louisville, CO: Sounds True.

Kazantzis, N., Beck, J. S., Clark, D. A., Dobson, K. S., Hofmann, S. G., Leahy, R. L., & Wong, C. W. (2018). Socratic dialogue and guided discovery in cognitive behavioral therapy: A modified Delphi panel. *International Journal of Cognitive Therapy, 11*(2), 140–157.

Kazantzis, N., Fairburn, C. G., Padesky, C. A., Reinecke, M., & Teesson, M. (2014). Unresolved issues regarding the research and practice of cognitive behavior therapy: The case of guided discovery using Socratic questioning. *Behaviour Change, 31*(01), 1–17.

Leahy, R. L. (2018). *Emotional schema therapy: Distinctive features.* New York: Routledge.

Linehan, M. M. (1997). Validation and psychotherapy. Empathy reconsidered: New directions in psychotherapy. In A. C. Bohart & L. S. Greenberg (Eds.), *Empathy reconsidered: New directions in psychotherapy* (pp. 353–392). Washington, DC: American Psychological Association.

Lippmann, W. (2017). *Public opinion.* New York: Routledge.

Mishara, A. L. (1995). Narrative and psychotherapy—the phenomenology of healing. *American Journal of Psychotherapy, 49*(2), 180–195.

Padesky, C. A. (1993). Socratic questioning: Changing minds or guiding discovery. Paper presented at the keynote address delivered at the European Congress of Behavioural and Cognitive Therapies, London.

Polya, G. (1973). *How to solve it* (2nd ed.). Princeton, NJ: Princeton University Press.

Rogers, C. R. (1995). *On becoming a person: A therapist's view of psychotherapy.* New York: Houghton Mifflin Harcourt.

Thoma, N. C., & McKay, D. (2014). *Working with emotion in cognitive-behavioral therapy: Techniques for clinical practice.* New York: Guilford Press.

Trachtman, J. P. (2013). *The tools of argument: How the best lawyers think, argue, and win.* Lexington, KY: Trachtman.

Waltman, S. H., Creed, T. A., & Beck, A. T. (2016). Are the effects of cognitive behavior therapy for depression falling? Review and critique of the evidence. *Clinical Psychology: Science and Practice, 23*(2), 113–122.

Wenzel, A. (2019). *Cognitive behavioral therapy for beginners: An experiential learning approach.* New York: Routledge.

Young, J. E. (1999). *Cognitive therapy for personality disorders: A schema-focused approach.* Sarasota, FL: Professional Resource Press.

第七章

合作式好奇

斯科特·H. 沃尔特曼

了解这一步的目标很重要。这并不是试图让人们承认我们是正确一方的审讯,也不是专注于完成交易的销售展示。类似地,我们也不会试图让来访者得出预先确定的正确答案。在上一步中,我们专注于以来访者的眼光看待事物。在当前步骤中,我们专注于共同扩展该观点。我们将共同发现真相,也会专注于教来访者如何在心理上退后一步,并学会独立完成(Overholser,2011,2018)。

合作与好奇心

苏格拉底式无知(socratic ignorance)是一个术语,表示对知识的否认(Overholser,2010,2011,2018)。当然,苏格拉底并不是真正无知(Hintikka,2007),他心中有一个想法,即真相是什么以及要将来访者引向哪个预期目的地(Kazantzis et al., 2018)。苏格拉底式无知与有时在动机访谈中使用的哥伦布方法(Columbo approach)不同。文学人物哥伦布是一位才华横溢的侦探,他会装聋作哑,以便人们降低防御并透露更多内容。在这个合作式经验主义过程中,我们的目标是真实可信的好奇心(Schein,2013)。贝克-苏格拉底式对话与纯苏格拉底式对话的不同之处在于,在前者中,治疗师对来访者持开放态度，与来访者共同探索；而贝克－苏格拉底式对话与哥伦布方法的不同之处在于，在前者中，这种好奇心是真实的。

克里斯蒂娜·帕德斯基（Christine Padesky）在之前关于苏格拉底式提问的小组讨论中很好地说明了这一点。

> 当我建议人们如何在治疗中更好地使用苏格拉底式对话和引导发现时，我最强调的一件事就是拥有真正的好奇心，因为我认为好奇心——治疗师真正的好奇心——通常是治疗师有效使用苏格拉底式过程的最佳预测指标。我不同意你所说的一方面……因为你说，"我们知道我们要去哪里"。我想有时我们确实知道我们要去哪里，但我认为，作为治疗师，如果我们的头脑中有太多想法，我们知道我们要去哪里，那么这是一个危险的陷阱。
>
> （Kazantzis, Fairburn, Padesky, Reinecke & Teesson, 2014, p.7）

蒂和卡赞齐斯（Tee and Kazantzis, 2011）之前创建了矩阵图来展示合作和经验主义的交叉模型（见表 7.1）。该模型将与自主性和动机相关的因素联系起来，认为高合作和高经验主义会提高动机、增加自主性，并带来改变。

表 7.1　合作式经验主义矩阵（Tee and Kazantzis, 2011）

	低合作	高合作
低经验主义	低合作式经验主义	支持性治疗
高经验主义	提供发现 通过将思维贴上歪曲或非理性的标签进行辩论	合作式经验主义 共同发现 激发来访者的动机 带来改变

重述个案:"如果"和"那么"

这个过程的第一步是找到你的治疗框架并重述来访者的情况。这将帮助你整合信息并了解你正在处理的内容。在这一步中,你正在总结来访者的情况,或者他们为什么会相信你正在评估的认知。由于来访者最终将成为自己的真理仲裁者,我们正在关注他们最重视哪些部分。我们正在试图使用"如果–那么"的框架构建他们的案例(见图 7.1)。"如果"部分是他们对事件的解释,"那么"是他们得出的结论。我们希望确保我们对来访者的解释有很好的理解,而他们的解释实际上包含两个独立的组成部分:他们对所发生的事情的解释和符合其结论标准的主观理解。两者都是潜在的干预点。通过在框架的聚焦过程中创建共享或通用定义(参见 Overholser,1994,2010,2018),我们已经在这个过程中领先一步。

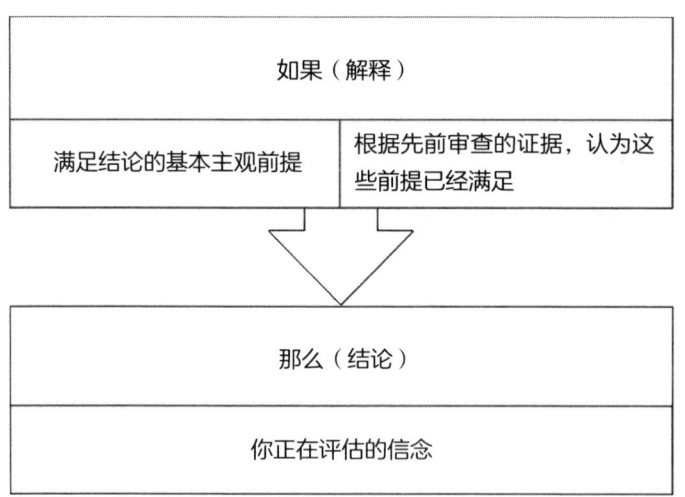

图 7.1 澄清来访者的观点

在法律领域,这个概念的类比是刑事或民事责任有法律或法定定义,为了确立刑事或民事责任的结论,诉讼人可能需要证明意图、因果关系、损害和缺乏减罪因素（Trachtman，2013）。我们不一定需要评估所有这些，但在评估来访者对你所评估的信念做出的解释时，这些肯定是需要考虑的因素。你要问问自己："我们到底在评估什么？"以及"需要发生什么才会让那变成真的？"

想一想一位母亲对十几岁的女儿不听劝告而感到沮丧的例子。母亲的结论是"她不尊重我"。我们想要理解和评估导致这个结论（那么）的解释（如果），因为这是我们得到不同结论的方式。我们想了解这位母亲对所发生的事情的解释，以及她关于这些事情是如何满足不"尊重我"的标准的解释。因此，我们将与她一起确定到底发生了什么，包括我们的来访者在此事件之前、期间和之后做了什么。我们还想与她广泛讨论关于尊重和不尊重的抽象规则，并且我们希望将这种抽象的对话缩小到具体的可观察行为。我们也可能会努力评估她关于尊重的假设的合理性以及这些假设的确定程度。

在临床上，我们可以扩展她对发生的事情的解释或评估支撑她对情境的反应的假设，从而取得进展。

治疗师：好的，我们评估的想法是你的女儿不尊重你，谈到这点，支持这个想法的主要证据是她对待你的方式不礼貌。是这样吗？

来访者：是的，听起来差不多是这样。

治疗师：为了更好地理解这一点，如果可以，我想把它分解一下。

来访者：可以的。

治疗师：那好，我们从两部分来看。你女儿的什么行为看起来不尊重你，以及你自己的规则，也就是你认为什么是尊重，什么是不尊重。让我们从真实发生的事件开始，她做的什么特殊的行为看起来不尊重你？

来访者：我该从哪里开始呢？我说的任何话她都不愿意听，她对我的态度总是不好。当我跟她讲话时她永远在玩手机。

治疗师：这些听起来很让人感到烦恼，我相信还有很多例子可以说明。这些是主要的部分吗？

来访者：是的，这些是对我影响最大的事情。

治疗师：这三件事中，哪一件你觉得最恶劣，也就是哪一种行为表现看起来最不尊重人？

来访者：玩手机。她总是在玩手机，她的脸总是贴着手机，非常没有礼貌。

治疗师：因此她几乎所有的时间都在玩手机。

来访者：如果她醒着的话，她就在玩手机。

治疗师：是因为你不喜欢她一直玩手机？还是说她玩手机的某个方面很不礼貌？

来访者：当我跟她讲话时她在玩手机，这一点很不礼貌。

治疗师：当你跟她讲话时她也不把手机放下，这一部分是你觉得不尊重你的。

来访者：就是这样！

治疗师：她只对你这样吗？

来访者：你的意思是，她是不是在其他所有人面前都会放下手机，除了我？

治疗师：是的，她在你的伴侣面前会放下手机吗？

来访者：不会，她不会为了任何人放下手机。

治疗师：你看到过她在现实生活中跟其他朋友交流吗？

来访者：他们来过几次，他们太吵了，但是他们从不离开房子。我猜他们不想离开无线网络带来的安全感。

治疗师：那就是说，即使她的朋友过来，她还是玩手机吗？

来访者：她不会因为任何人放下手机。有时候，我想他们是通过手机与彼此交谈，尽管他们同处一个房间！

治疗师：有可能，我都不会惊讶于此。所以，如果她在其他人面前——比如你的伴侣、她自己的朋友，或者可能是每一个人——都做这种与手机相关的行为，那么这对于尊重而言意味着什么？

来访者：我猜，对她来说这可能是正常的，跟尊重无关。

治疗师：听起来你和你的女儿对于尊重以及什么行为代表尊重存在不同的规则或假设。

来访者：我完全相信这一点！

治疗师：在你的认知里，尊重与不尊重之间的界限是什么？

来访者：我不太确定，我想这可能与表现无礼有关。

治疗师：所以，如果你表现得无礼，那么你就是不尊重别人。

来访者：是的。

治疗师：我们该用谁的标准去决定什么是无礼的表现呢？如果我们在问我是否对你表现得无礼，那么我们是用我对于无礼的标准还是你的标准来评价我？

来访者：我很可能会使用我的标准，但是你看起来似乎会给自己定很高的标准。

治疗师：所以，按照你关于无礼的标准，人们可能会公然做一些无礼的事情，犯下"罪行"。而且，有些尊重他人的事情人们没有做，即疏忽之罪。无礼的界限是什么？在我们认定他们无礼之前，他们必须做多少坏事，或者他们必须少做多少好事？

来访者：我也不知道，我的意思是有些时候，一些表现是明显不尊重人的。

治疗师：我很同意你说的。但是有些情况属于灰色地带，就像你女儿的情况，你怎么看？

来访者：[疑惑不解]

治疗师：如果她确实时不时地对你不尊重，我们能否得出结论，认为她整体上对你是无礼的，因此是完全不尊重你的？

来访者：我不认为她对我完全是无礼的。

治疗师：她有时候会很让人烦恼。

来访者：是的，但是我不认为那是针对我。

治疗师：那么，我们该如何把这些总结到一起呢？

来访者：我确实认为有人跟你讲话时你不去看着对方的脸是不尊重的表现，但我不认为那是针对个人的。她这么做我不高兴，但是我不觉得她是故意这样无礼对待我的。

治疗师：那听起来是我们可以处理的内容。它如何影响你对这件事的整体感受？

来访者：我不高兴，但是我不那么气愤了。

另一个例子是有社交焦虑的来访者，他们认为学校里的人在评判他们。他们得出的结论是人们在评判他们，而我们想了解引向这种结论的解读。他们的结论基于对正在发生的事情的解读，其中可能包括别人在看他们、别人大笑或无意中听到八卦。关于被评判的构成（以及感觉到被评判的可怕）也有潜在的假设。所以，我们可以看看事情是否真的按照他们认为的方式发生了；我们也可以看看这是否意味着他们认为的那样。此外，我们可以评估结论在感知上的可怕程度、由此产生的行为或结论的普遍性/持久性，从而确定结论的含义。（见图 7.2）

评估个案

教授科学推理

阿伦·贝克最初将认知疗法描述为实验方法在思维中的应用（Beck, 1979）。CBT 的一个目标是教来访者如何识别、评估和重建他们的想法（Beck, 2011）。这个过程总是包括与元认知和科学推理相关的技能，这些技能被认为与学习 CBT 技能有关（Garber, Frankel & Herrington, 2016）。科学推理是指一种假设检验的思维模式，它涉及收集和检查证据以检验假设（Kuhn, 2002;

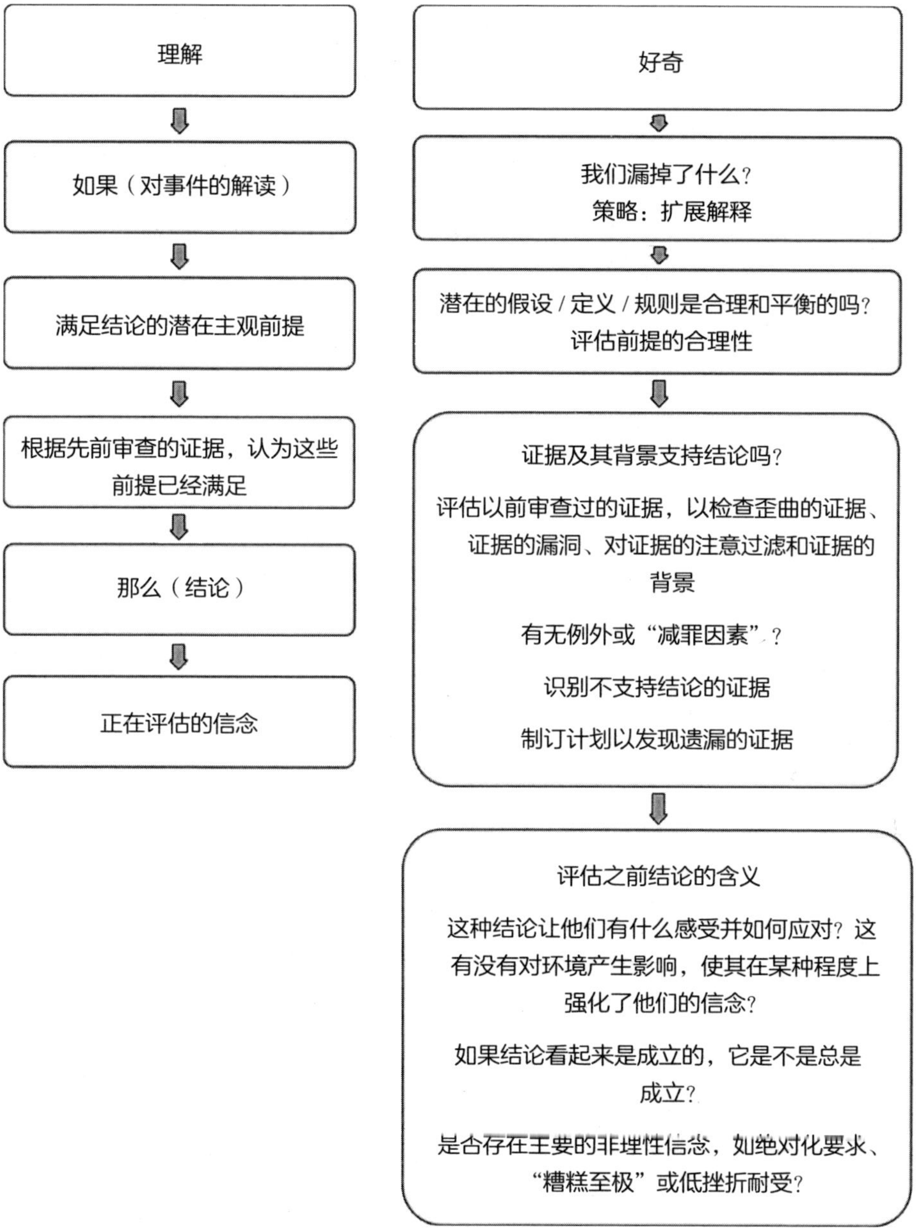

理解

- 如果（对事件的解读）
- 满足结论的潜在主观前提
- 根据先前审查的证据，认为这些前提已经满足
- 那么（结论）
- 正在评估的信念

好奇

我们漏掉了什么？
策略：扩展解释

潜在的假设／定义／规则是合理和平衡的吗？
评估前提的合理性

证据及其背景支持结论吗？

评估以前审查过的证据，以检查歪曲的证据、证据的漏洞、对证据的注意过滤和证据的背景

有无例外或"减罪因素"？

识别不支持结论的证据

制订计划以发现遗漏的证据

评估之前结论的含义

这种结论让他们有什么感受并如何应对？这有没有对环境产生影响，使其在某种程度上强化了他们的信念？

如果结论看起来是成立的，它是不是总是成立？

是否存在主要的非理性信念，如绝对化要求、"糟糕至极"或低挫折耐受？

图 7.2　扩展来访者的视角

Sandberg & McCullough，2010）。如果你是一名训练有素的研究人员，你可以将这些科学推理技能应用于此过程，以更好地评估来访者的结论。在研究中，我们试图确定方法和结果是否支持结论。

如果你还记得我们在第五章"聚焦关键内容"中介绍的内容，逻辑辩论通常基于"如果－那么"陈述（如果－想法，那么－结论）。我们感兴趣的是评估结论的有效性（即"如果"是否使"那么"成为必然）和根据这些结论做出的类推的有效性（即所有结论是否得到可用数据范围的支持）。对有效性的威胁有许多解释（对相关研究方法的回顾参见 Codd，2018）（见表 7.2）。这些都是在我们的合作式好奇驱使下的潜在探索领域。

表 7.2　威胁证据有效性的因素

样本偏倚	• 这里的基本概念是，数据源是否反映了结论的目标；样本是否能够代表总体？
	例如：你的来访者是否认为没有人会喜欢他们，因为他们的高中同学似乎都不喜欢他们？我们能否帮助他们探索我们所讨论的个体在多大程度上代表了更大的群体？
	• 我们还可以看看特定情境或时间段在何种程度上能推广至更大的情况。他们是否试图基于一个不具代表性的样本，对自己的生活、他们自己或他人做出宽泛的结论？
混淆变量或 第三变量	• 生活是多元而复杂的。混淆变量或第三变量背后的基本思想是，可能有一些我们没有测量的项目影响了我们的发现。
	• 有哪些没有考虑到的因素可能会影响目前的情况？
	例如：虐待幸存者可能会想，他们做了什么而受到虐待，而且与施虐者和施虐者的历史相关的混淆变量可能会对所发生的事情产生重大影响。
数据收集变量/ 方法变量	• 还有许多其他的变量可能会影响我们对正在评估的初始假设完全有信心的能力。这个信息来源可靠吗？我们是否过于依赖回顾性数据？我们是在试图预测一个"低基本比率事件"吗？
	• 要思考的内容有很多，我们不需要正式地审查他们的思维过程，但我们可以试着描绘发生了什么，以及他们如何理解发生的事情。如果有任何关于结论如何得出的担忧，这可能会降低我们对这些结论的有效性的信心。

（续表）

历史因素	• 背景很重要，历史偏见背后的观点是，研究不是在真空中进行的。在这里，我们要看看是否有任何可能会影响所发生的事情或对所发生事情的认知的情境因素、历史因素或背景因素。 例如：如果你的来访者认为自己是找不到工作的失败者，那么全球经济衰退是否可能影响了这一情况？ • 关于历史因素的一个很好的例子是，基于收视率的 24 小时新闻平台对暴力和悲剧事件的替代性暴露的影响。这种文化转变可能会影响你的来访者持有的"世界正变得越来越危险"的观点。
成熟度	• 成熟度指常规的发展过程可能成为混淆变量。对于成年来访者来说，他们常常会想，为什么他们小时候不知道或不理解他们现在知道的东西。
期望效应	• 这里的基本观点是，人们的期望可以影响互动。如果你认为别人会对你很不好，那就会影响你的想法、感受和行为，从而影响别人对你的反应。 • 如果你怀疑期望效应，你就要和你的来访者描绘出他们在事件发生前的想法、感受和行为。
观察者和评估者偏差	• 这可能与期望效应类似，但重点是期望对感知的影响。
趋中回归（regression to the mean）	• 平均而言，生活是不好不坏的。虽然有时事情可能非常好或非常坏，但一般来说，随着时间的推移，更极端的事件往往会变得不那么极端。 • 我们可以在两个地方看到这一点。一方面，把绝对糟糕的时刻视为常态是一个灾难化或夸大的过程。另一方面，有时来访者可能倾向于过早地认为问题已经解决，这通常可以在家庭暴力的受害者身上或药物依赖康复过程的早期观察到。

"脱线"策略

律师有一种他们可以称之为"脱线"策略（loose thread strategy）的东西（Trachtman，2013）。其中心思想是，证据中可能存在漏洞，就像针织毛衣的脱线一样，当我们继续拉这些松散的线时，相关的论据或结论可能会瓦解。这个过程中的一个关键问题是"你怎么知道？"，并且它必须与真正的同理心和好奇心相结合。有时，来访者会有非常充分的理由，知道这一点很好。在其他时候，你可以找到一些有用的东西来评估。

当逻辑出现飞跃或一个想法被用作另一个想法的证据时，这是一种有用的策略。考虑下面的例子：托尼认为他不值得被爱，主要是因为他认为母亲从来没有爱过他。临床上，治疗师将针对托尼如何知道母亲从未爱过他而展开工作。

治疗师：托尼，我们正在寻找你认为自己不值得被爱的证据，你说你认为自己不值得被爱的主要原因之一是妈妈从来没有爱过你。

来访者：是的，我的意思是，如果她都不爱我，别人又怎么会爱我？

治疗师：这是一个非常重要的证据，它与你承受的许多痛苦有关。如果我们仔细看看这条证据，你觉得可以吗？

来访者：喔，好的，如果你觉得那样会对我有帮助的话。

治疗师：我很好奇，你怎么知道妈妈不爱你？

来访者：她没有真的在我身边，她总是出去嗑药，而不是陪我一起在家。

治疗师：那时你还很小，这对你来说真的不容易。

来访者：是的，我不明白她为什么总是不在，我想知道我是否做了什么让她生气的事情。

治疗师：在某种程度上，你认为她在外面嗑药而不在家是你的错。你现在还这么认为吗？

来访者：不，我知道她是个瘾君子，她从来没有真正关心过我。

治疗师：我很高兴你不再自责，但我不确定我是否完全理解"她从未爱过你"这部分。

来访者：啊？

治疗师：所以，她从来没有爱过你的证据是，她经常外出，在你需要她的时候总不在你身边，而且她确实存在一些成瘾问题。那如何说明她不爱你？

来访者：她对嗑药和对她自己的爱远远多过对我的爱。

治疗师：这真是让人痛苦的想法——"她对嗑药和对她自己的爱远远多过对我的爱"。或者至少感觉上是这样的。

来访者：是的。

治疗师：所以，感觉就像她爱毒品胜过爱你，不知何故，这让你认为她从来没有爱过你。就我个人而言，我不认识她，所以我不能谈论她对你的感情。我只是想了解这如何等于她从没爱过你。

来访者：我想……也许，她爱过我……

治疗师：但是？

来访者：她从来不在我身边！

治疗师：这是真的，你经常独自一人，不知道发生了什么，感到悲伤和害怕，想知道这是不是你的错。我不想忽视你经历的现实。而且，我只是不确定我们是否已经确认她从未爱过你。

来访者：我想也许她爱过我，以她自己的方式，只是不足以让她留在我身边。我不足以留住她。

治疗师：所以，这个谜题实际上有两个不同的部分。一是妈妈是否爱你的问题，二是你内在的可爱是否足以让有化学依赖的人远离他们的毒瘾。对于你正在说的事情，我理解得对吗？

来访者：是的，听起来很对。

治疗师：所以，先讨论第一个问题。当你说你认为妈妈以她自己的方式爱你时，你相信吗？

来访者：我相信，而且我确实记得有些事情并不总是很糟糕，有时她看到我很兴奋。但是……

治疗师：停在第二个想法那里，我们一会儿讨论。所以，是的，你妈妈确实爱你。让我把它写下来。在我写下来的时候，我想让你告诉我妈妈爱你，就像你相信的那样。

来访者：妈妈是爱我的。

治疗师：你能闭上眼睛想象她的脸，想象她告诉你她爱你吗？

来访者：[停顿，啜泣]

治疗师：你刚刚那样做了吗？

来访者：是的。

治疗师：你相信吗？

来访者：我相信，有时候我会忽略这一点，但是她确实是爱我的，我知道。

治疗师：考虑到所有伤害发生时的情况，我认为你有时会忽略这一点是可以理解的。现在，想想你的这个想法——"她对你的爱应该足以阻止她吸毒"。

来访者：这是很重要的一部分。

治疗师：我知道这对你来说是一个历史的薄弱点。你对毒瘾或毒瘾康复的科学了解多少？

来访者：嗯，看着我妈妈被毒瘾毁掉人生，我对毒瘾有了很多了解。

治疗师：我很抱歉你不得不经历那些。一直以来，她有没有尝试过戒毒？

来访者：尝试过几十次。最后，在她失去对我的监护权后，她总是告诉我她要戒毒，但她就是戒不掉。

治疗师：所以，戒毒真的很难。

来访者：是的。

治疗师：我们在大脑化学反应层面看到了这一点。尽管生活中出现了灾难性的问题，但人们仍在继续吸毒。

来访者：她的生活里肯定有灾难性的问题了。

治疗师：我知道，我们谈过她是如何去世的。你脑海中出现的想法似乎是，如果她真的爱你，她就会戒毒。

来访者：这些年来我一直这样想。

治疗师：是的，但是你怎么知道如果她足够爱你，她就会戒毒？

来访者：我认识那些为孩子做出巨大改变的人。

治疗师：如果你有孩子，你会为你的孩子做任何事吗？

来访者：绝对会。

治疗师：那么，她的瘾有多强才能盖过这一点？

来访者：我想，我从未想到那些。

治疗师：当时你只是个孩子，所以你以自己的方式看待事情是有道理的。你现在怎么看待这些？

来访者：我确实相信她爱我，我希望她对我的爱足以让她戒毒，但也许事情比这更复杂，也许阿片成瘾盖过了她对我的爱。

治疗师：发生在她身上的事情以及这对你的影响，真是一场悲剧。当你看到你所说的关于她爱你和她对毒品上瘾的所有事情时，这意味着什么——关于你整体上有多值得被爱？

松解证据

在之前的一章中，我们回顾了本杰明的案例。他认为自己是一个坏人，他在会谈开始时分享了当天早些时候让兽医对他的狗进行安乐死的感觉有多糟糕。对这位来访者来说，这进一步证明了他是多么恶劣；然而，他遗漏了很多背景信息。与他讨论情况时，治疗师了解到这只狗是一只救援犬，而这位来访者喜欢收留救援犬，而且通常是其他人不会收留的狗。这只狗患有神经退行性疾病，这使它变得非常凶和不可预测。来访者已经用尽了所有的医疗手段，再也无法安全地在家中养狗。他联系了各种犬类救援机构，想看看有没有人会带走这只狗，但没有成功。让狗安乐死的决定是他最后的选择，也是兽医强烈推荐的。对于客观的观察者来说，这个例子并不能说明来访者是个十足的坏人，那么为什么他认为这种情况却更加证明了他是一个坏人？因为，他有选择地只关注与他以前的信念一致的故事元素，并且他正在歪曲信息以符合他的假设。下面展示的是治疗师如何在会谈中松解这个证据。

治疗师：本杰明，我们一直在针对"你是一个坏人"的信念进行工作，而你认为自己是坏人的理由之一是你最近让你的狗安乐死。如果我们仔细讨论一下这件事，你觉得可以吗？

来访者：我想可以。

治疗师：我不确定我是否以你的方式看待这件事。对你来说，这件事证明你是个坏人，但对我来说感觉更复杂。我想分解故事并将不同的部分插入我们称为"假设 A/ 假设 B"的策略中。这基本上意味着，我将抽出两列，我们将把不同的部分分类为你是坏人的证据，也就是我们的假设 A，或者你是一个富有同情心的人的证据，也就是我们的假设 B。你觉得怎么样？

来访者：我希望看看会发生什么。

治疗师：好的，让我把它画在黑板上。我们有两列表格，可以将条目分类为你是坏人的证据或你富有同情心的证据。

［见图 7.3，假设 A/ 假设 B］

目前为止有什么问题吗？

来访者：没有，看起来很合理。

治疗师：那我们从头说起，所以这只狗是一只救援犬，对吧？我们应该把这放在哪一列？

来访者：我的意思是，我不为救它而感到难过，我为让它安乐死而难过。

治疗师：我们会谈到那个问题，但首先要把它从收容所里救出来，这要放在哪一列？

来访者：嗯，跟"坏"比起来这个行为更富有同情心，我知道有的人总是谈论他们的救援犬，但我救它只是因为它需要一个家，而不是为了去谈论它。我很乐意尽我所能。

治疗师：我记得你说过在你收留这只狗之前，他们很难安置它。

来访者：是的，它有各种各样的健康问题，而且有点野，没有人愿意收留它。

治疗师：所以，你收留了别人不会收留的狗。这应该在哪一列？

来访者：我猜是"同情"。它是一只好狗，我可以看出它有很多爱，它只是需要一个机会。

治疗师：它确实有一些非常严重的健康问题。

来访者：是的，我们不得不带它去看各种兽医专家。

治疗师：我们应该把这一点放在哪一列？

来访者：放在"很昂贵"一列。

治疗师：我敢肯定那是非常昂贵的，你愿意带它去看那些专家并为此付费，这更多地证明了你是坏人还是你富有同情心？

来访者：大概是同情心。

治疗师：然后，它的状况在恶化，对吗？

来访者：是的，它变得很凶，兽医说这种大脑问题只会变得更糟。

治疗师：它是一只大狗，我敢肯定那很吓人。你是怎么处理的？

来访者：嗯，起初，我试图将它与其他狗分开，因为我担心它会伤害其中的一只。它追过它们几次。

治疗师：所以，你试图保护你的其他狗。这是一个坏人还是一个富有同情心的人的标志？

来访者：我猜是后者。

治疗师：之后你做了什么？

来访者：我尝试寻找其他人收留它。

治疗师：比如谁？

来访者：我试着打电话给当时的救援机构，但他们不愿意带走它。我试着打电话给其他收容所或狗救援队，但没有人同意收留它。

治疗师：所以，你其实给几个地方打了电话。

来访者：是的，我就是找不到任何人，我对此感到很糟糕。

治疗师：你为什么打电话给这么多地方？

来访者：我只是想让这只可怜的狗得到照顾。整件事让我心碎。

治疗师：你真的希望这只狗有个好结果。这应该放在哪一列？

来访者：我猜也是"同情心"。

治疗师：接下来发生了什么？

来访者：我找不到任何人来收留它，而且它的情况越来越糟。我的兽医一直告诉我，我需要让它安乐死。

治疗师：噢，兽医建议让狗安乐死？

来访者：是的，他说基本上我们不能为它做任何事情了，最人道的做法就是让它安乐死。

治疗师：那听起来一定很难受，尤其在你为它做了那么多之后。

来访者：是的，这件事伤了我的心。我真的希望我能找到解决这个问题的方法。

治疗师：接下来发生了什么？

来访者：我让兽医过来了。我们让狗放松下来，然后给它进行了安乐死。这是一种解脱，但也很可怕。

治疗师：我能理解这如何既是一种解脱又感觉很可怕。所以，你说你是坏人的证据是你让狗安乐死，但这个证据遗漏了一些相关的背景信息。如果我们遵循兽医的医疗建议并让你的狗安乐死，那属于哪个类别？

来访者：我感觉我像个坏人。

治疗师：我理解，我能体会你在情绪上感觉很糟糕，并认为自己是一个坏人。但对于你做出的决定，它属于坏人的一列还是富有同情心的一列？

来访者：富有同情心的……我想这是一件富有同情心的事情。
治疗师：还有，你对发生的事情感到非常难过。你似乎在告诉自己，因为你太坏了所以你感觉很糟糕，但我想也许你感觉糟糕是因为你是一个富有同情心的人，你真的关心这只狗。因此我认为，如果有另一个可行的选择，你会选择它——你感觉如此糟糕，这对我来说就是一种证据。你觉得这听起来如何？
来访者：我想，听起来是正确的，我觉得一个坏人不会因为让自己的狗安乐死而感到糟糕。
治疗师：千真万确。你对于狗的同情心是你作为一个富有同情心的人的证据。所以，让我们看看黑板上的这两列，你看到了什么？
来访者：我想，当我们将具体情况进行分解时，我认为支持我是坏人的证据实际上是相反的证据。

松解证据的一个有用策略是将其分解成不同成分，然后对每个要素进行评定——符合目标认知或作为替代解释。在上面的例子中，治疗师将来访者让狗安乐死的事件分解成各个组成部分，然后与来访者一起将这些组成部分分类为来访者是坏人的证据或来访者是富有同情心的人的证据（一种合适的替代信念）。这种方法与一种治疗健康焦虑的流行方法一致，被称为假设 A/假设 B（Salkovskis & Bass，1997；见图 7.3）。

基于证据支持的假设将证据进行分类

假设 A
- 我们评估的信念是什么？
- 支持假设 A 的证据
- 假设 A 证据总结
- 总体总结

假设 B
- 有什么替代信念是我们可以考虑的？
- 支持假设 B 的证据
- 假设 B 证据总结

图 7.3　假设 A/假设 B

许多重要的问题和讨论的方向通常可以通过评估框架里"现象学理解"步骤中的元素找到。人们倾向于扭曲信息以适应他们预先存在的假设和信念。因此，我们希望帮助他们从当时的状况中抽离出来，同时审视背景和全局。我们问自己："如果这个想法不是真的，那么相应的标志是什么？我们可以寻找相关的证据吗？"

来看看另一个例子。帕姆是一位年轻的母亲，有多次流产史。可以理解的是，帕姆对这种情况感到非常心烦意乱，并且已经看过无数医生，试图了解为什么会发生这种情况以及她做错了什么。她认为这种情况是她的错，因为她还没有能够处理好它；然而，这是歪曲的证据，因为她忽略了她一直在努力和不知疲倦地试图解决问题这一事实。为了松解证据，我们将首先确认她的情绪，然后努力帮助她看到，她为处理这种情况所做的不懈努力，实际上恰好证明这不是她的错。此外，还可以借机将她的情绪用作证据。如果我们能证明她的感受有多糟糕与她解决问题有多努力之间存在联系，我们就可以推断，如果她本来可以做任何其他事情，那么她就会去做；这可以有效地缓解她希望可以做得更多而感到的不安。要做到这一点，我们需要坚持这样一种观念，即人们通常会利用他们现有的资源尽最大努力解决问题。

结论的时间导向和持久性

在评估来访者的信念论据时，看看他们是否仅根据他们当前的情况而对整个余生进行类推可能会有所帮助。通常，来访者在生活的低谷期或此后不久开始接受治疗，因而他们很难看到事情会好转。有时一个想法可能是真实的（或在当时存在争议），但它不一定一直是真实的。想想一个被抛弃的情人的例子——一个突然被伴侣抛弃的人，他继续得出结论，即因为他们的爱人不再爱他们，所以没有人会爱他们。他们没有认识到，正如他们曾经拥有吸引潜在伴侣的特质，他们未来也很可能能够再次吸引新的伴侣。治疗师要问自己的关键问题是"一直都是这样吗？"和"它一定总是这样吗？"。

将证据置于背景中分析

有时，一个有用的策略是将支持来访者信念的证据置于背景中。在之前的一章中，我们讨论了菲奥娜，她在成长过程中坚信拥有情绪或表现出情绪是不可接受的。她的证据是她父亲直接告诉了她这件事。我们能够补充的背景是，她的父亲患有创伤后应激障碍，他对情绪的规则实际上更多是基于他对情绪感到的不适。这个背景的增加帮助菲奥娜重新解读她的过去并重新评估她对情绪的态度。

治疗师可能想问自己的问题是："这种信念形成的环境与整个大背景有多匹配？"如果存在差异，你可以探索背景如何影响信念的发展。

歪曲和非理性信念

使用苏格拉底式策略时，有两种不同的方法可以处理认知歪曲和非理性信念。第一个方法是，如果某个认知代表了你的歪曲清单上的一种思维方式，那么我们把它定义为歪曲的认知。另一个方法是了解各种歪曲是什么，并评估信念的要素。值得注意的是，有争议的认知重建方法可能会导致来访者的负面反应（Kazantzis et al., 2014）。基于治疗师指出认知歪曲的想法评估与基于治疗师和来访者的合作式经验主义的想法评估之间存在明显区别（见 Tee & Kazantzis, 2011）。目前有许多不同的认知歪曲清单，但没有一个达成共识的清单——可能是由于版权原因。常见的认知歪曲类型见表 7.3。建议你对歪曲的认知保持觉察并评估这些要素。如果一个想法真的被歪曲了，那么它就会在评估中表现出来。如果随着时间的推移，你看到来访者的想法"转向"歪曲，你可能会与他们讨论这种特定的认知歪曲，但通常建议采用更具归纳性的方法，因为这不意味着你在没有与来访者评估想法的情况下忽视来访者的观点。

表 7.3　歪曲和非理性信念的共性

思维过程	描述
错误预测	例如：灾难化，算命或影响偏差
	描述：对未知结果或不可能的负效价的错误预测。或者，这可以表现为认为潜在事件对一个人的生活或处境有不现实的巨大影响（例如，把某件事看作解决你所有问题的办法或者把某件事看作可能发生的最糟糕的事情）。
以偏概全	例如："全或无"的想法，以偏概全或夸大（最小化）
	描述：创建错误的二分法，没有注意到评估的维度（连续体）元素。这也可能是一种关于永久性的错误，即某些东西被视为永久的或不可改变的，而实际上并非如此。
感知错误	例如：选择性抽象化，消极过滤，读心术，情绪推理和个人化
	描述：注意力过滤错误，即人们倾向于强调或只关注与他们预期一致的信息。
控制错觉	例如：魔法式思维，控制错觉和后见之明偏误
	描述：一个人认为自己对自己无法控制的事情有控制权，认为自己知道自己不可能知道的事情，或者有其他迷信的想法。
核心的非理性信念	绝对化要求：绝对必须；对所有事情和其他人的要求。
	糟糕至极：把某件事判断为绝对糟糕或比糟糕更糟。
	低挫折耐受：拒绝忍受痛苦，视自己为无法忍受痛苦的人。
	个人评价：以绝对化的方式评价或给自己/别人贴标签。

有效地理解理性情绪行为疗法（REBT）中的非理性信念可能对我们的工作有所帮助，因为它可以在你需要时提供可替代的策略。中心思想是，我们可以在几个不同的层次上进行干预。我们可以评估信念的内容，还可以评估与这种信念相关的潜在要求和低挫折耐受。温迪·德莱顿（Windy Dryden）的"哑剧马"策略（pantomime horse strategy）（Dryden, 2013; Waltman & Palermo, 2019）是将 REBT 策略引入苏格拉底策略中的好方法。哑剧马的策略让人回想起更简单的娱乐时代。一个讲故事的人可能有一个牵线木马，它被分成前半部分和后半部分，以模拟马的运动。哑剧马的认知策略可以在被认为"糟糕至极"的情况下用于证明，可能会发生一些不好的事情，但它可能并不可怕。这

个策略可以得到扩展：我们考虑马的前半部分是信念真实性的评估，马的后半部分则是评估是否有任何潜在的非理性信念/假设——两者都是潜在的干预点。

我们遗漏了什么？

虽然这在功能上是属于找证据的过程，但好奇心是这个过程的关键。在开创性的数理逻辑书《怎样解题》中，波利亚（1973）描述道，解决问题的关键步骤是确定未知数。我们问自己："他们忽视了什么？"从功能上讲，盲点有两种：你看不到的和你不知道的。我们需要弄清楚来访者由于注意过滤器而没有注意什么，以及由于他们的回避模式而产生的经验缺失。

不支持信念的证据

这一步相当直截了当，但很重要。在我们坦诚地理解为什么来访者如此看待事情之后，来访通常更愿意查看不支持他们信念的证据。我们想直接询问能够证明目标信念不正确的证据。我们还想询问可能支持替代合理结论的证据。有时，你的来访者会直接知道这些证据，而在其他时候，你需要帮助他们记住他们之前说过的话，或者在我们认为有可能的地方挖掘不支持信念的证据。

"有没有证据表明这种信念可能是错误的？"

通常，来访者已经知道一些证据表明我们审视的信念是不正确的。如果他们不确定，那么你可以委婉提问："是否有任何证据表明这种信念可能不正确？"你还可以评估他们对该信念相信程度的变化，并针对变化中的低点："有没有哪些时候你会更相信这个想法？""和平常比，当你不太相信这一点时，你有什么理由少相信它一些？"对于以偏概全的信念，寻找例外是极好的策略，这将在下面进行介绍。

"我记得你说过……"

正如我们之前回顾的那样，情绪可以决定你能记住什么，因此感到生气或沮丧的来访者很难记住他们没有生气或沮丧时发生的事情。在这种情况下，我们可以提醒来访者他们之前提到但目前没有注意到的例外事件或证据。这个策略没有技巧——你只需要对他们的认知概念化有很好的理解并在与他们交谈时保持关注。不过，在发生意外情况时，或当他们讨论与消极核心信念不一致的事情时，在这里或那里记下一些笔记，可能会有所帮助。

"我想知道……"

这种方法可能有点冒险。其中心思想是，你想象你所针对的信念是不真实的，并问自己有什么证据可以支持这一点。然后你询问来访者这种情况是否可能存在。例如，假设你正在接待一位有社交焦虑的来访者，并且正在评估这样一种想法，即"如果人们真正了解我，他们将不会喜欢我"。你知道你的来访者有一些朋友，并且过去有过亲密的朋友。你可以对来访者说，你想知道她的朋友（可能比大多数人更了解她）是否喜欢她，或者她过去的密友是否喜欢她。这可能会让你的来访者承认，虽然她的朋友圈很小，但她的朋友们似乎确实喜欢她这个人。这将有助于产生认知变化。或者，她可能会说她的朋友实际上对她很刻薄，并且经常告诉她她有问题。我们当然希望对这种情况进行工作，这可能有助于我们更好地了解来访者的整体情况；然而，这不会成为目标信念不正确的直接证据。

例外情况

当我们的来访者做出整体性和普遍性的声明时，我们可以寻找例外情况证明，尽管他们将某些事情视为永远正确的，但在某些情况下却有所不同。我们可以问以下问题。

"有没有什么时候那种结果没发生？"

"有没有什么时候发生了不同的事情？"

"你是否因预期的事情没发生而惊讶？"

人们很容易将这些例外视为侥幸或运气。我们希望使用想象策略来突显这些例外。我们想让来访者详细描述发生了什么。你可以考虑让他们在脑海中想象并带你了解所发生的事情。这可能是一种诱发不同情绪的方法，会让你更容易获得其他不支持信念的证据。

信念的影响

信念评价的指导原则是："它是真的吗？它有帮助吗？"评价信念的影响是评估思维有用性的一种方式。我们可以问以下问题。

"相信这个想法会让你有什么感觉？"
"这会让你做什么？"
"相信这个想法会让你更容易实现目标吗？"
"相信这个想法的短期和长期后果是什么？"

信念评价的基本思想是，你要问来访者，什么信念可以帮助他们得到他们想要的反应结果。考虑一下"前因（Antecedent）–信念（Belief）–结果（Consequence）"的 A–B–C 模型。最初的事件已经确定，我们可以问来访者这些问题："你想要什么样的情绪和行为结果？""而且，你需要什么可信的信念来帮助你实现这些？"

来访者基于信念的行为是否塑造了使信念看起来更真实的环境？

一个类似但略有不同的策略是，帮助来访者描绘出如下恶性循环：他们的信念影响他们的想法和行为，继而影响发生的事情，并可能会强化他们的信念。如果你的来访者持有"如果我寻求帮助，没有人会关心或帮助我"的信念，那么他们的行为将是从不寻求帮助。所以，当你尝试评估人们愿意提供帮助的证据时，将不会有很多他们从其他人那里得到帮助的实例。这不一定是支持他们信念的证据，而是他们的行为证据。同样，对于认为自己无能并因此避免艰巨的任务，且常在出现失败迹象时就放弃的来访者，他们将没有太多的成就证据来对抗关于无能的想法。这不是因为来访者无能，而是因为他们害怕自己无能。尝试绘制来访者的恶性循环，有助于将他们拥有的证据或证据的缺失置于背景中。这也可以为他们通过行为实验收集新证据提供理由。

不知道的证据

如前所述，盲点有两种：人们看不到的和人们不知道的。走出去收集新证据是苏格拉底式策略和合作式经验主义的重要组成部分。行为实验可用于收集新证据或检验新假设。后面的章节（第十章）将更详细地介绍行为实验。如果你识别了一个重要的未知数，它可能会削弱你正在评估的信念论据或加强可替代信念的论据，那么你要强调这一点，并可以建议来访者通过收集新证据了解全部真相。

> 我们一直在评估这个想法，即你无法忍受在全班同学面前发言带来的焦虑。当我们更多地谈论这一点时，你解释说你经常在应该做展示的日子请病假，所以你实际上已经有很长一段时间没有做展示了。因此，我们实际上并不知道你是否无法忍受它。我们确实知道你认为自己无法忍受它并因此经常避免去做这件事，但我们没有充分的证据表明这件事对你来说是无法承受的。听起来我们需要测试你对引起焦虑的情况的忍受能力。你可能比你想象的更有能力。

替代解释和间接证据

间接证据的概念是，有时证明某件事的最好方法是证明它的反面是假的；一个类似的例子是通过证明其对立面来否定某件事（Polya, 1973）。我们想要问自己："是否存在另一种合理的解释？"以及"如果那个替代解释是真的，我们怎么知道这一点？"你可以以将这个策略插入假设 A/假设 B 策略中，并对可用的证据进行分类，以确定另一种解释是否可能是更好的解释。

反证法

反证法（reductio ad absurdum）是一个类似的概念；但在临床上，它可能难以实现，因为它涉及将陈述扩展到极端，使其听起来很荒谬（Polya，1973）。这是一般咨询技巧的更极端版本，即放大反思（amplified reflection）：你用表述更强烈的方式反映来访者所说的话。一个反证法的例子是，如果你的来访者在朋友没有回复他们的短信时感到沮丧，你可能会问他们，是否每个人都必须始终立即回复他们的信息。或者，如果你的来访者担心在任务中犯错，那么你可能会问他们，犯一个错误是否会使他们彻底失败。当干预进入承载更多情绪的内容时，这种策略是有风险的，通常不被推荐为一线策略，因为它有巨大的情感否定（invalidation）风险（Linehan，1997），特别是如果你没有首先向来访者进行确认。这种策略的问题在于，你实际上并没有评估目标信念，而是在歪曲想法，然后证明歪曲的想法是歪曲的。这种策略经常在政治辩论中用作过度简化问题的一种方式。我们很难从这种策略中实现持久的改变或建立深刻的信念。

问题列表

治疗师可以问自己一些问题来指导这个合作式好奇的过程，如下所述。

- 我们能否在支持信念的证据中添加背景信息以弱化其影响或产生新结论？
- 如果我们处于那种情境，我们预期会发生什么？
- 是否有我们可以帮助来访者记住的例外或差异？
- 事实是什么？
- 他们会告诉朋友什么？

- 朋友会告诉他们什么？
- 一直都是这样吗？
- 相信这种想法如何影响他们的行为和可利用的证据？
- 我们可以去收集新的证据吗？

扩展示例

以下是框架中"合作式好奇"阶段的扩展示例。上一章中介绍的妮科尔案例在这里继续。如果你是按顺序阅读这本书，你可以停下来思考你如何理解妮科尔的案例。提醒一下，她是一位年轻的母亲，正从物质滥用和创伤后应激障碍中康复。她有很多与她认为自己是一个坏母亲有关的羞耻感。她认为自己是一个坏母亲的主要原因是，她由于吸毒而失去了对孩子的监护权。她在治疗方面取得了一些进展，但她的羞耻感是淹没性的。此外，治疗师知道，对于有物质依赖的康复者来说，羞耻感可能是复发的预测因素（参见 Luoma，Kohlenberg，Hayes & Fletcher，2012）。治疗师已经开始进行现象学的理解，以从妮科尔的角度更好地理解情况。下面将使用与合作式经验主义的贝克原理相一致的合作式好奇心，以扩展这一观点。

治疗师：妮科尔，让我根据我们收集到的证据和我在跟你谈话时做的笔记，再次谈谈我对你为什么认为自己是一个坏妈妈的理解。你坚信自己是一个坏妈妈，这让你感到非常羞耻。你是一个坏妈妈的一些主要证据是，你在法律上被宣告为不称职的母亲，并且你的脑海中出现了孩子在寄养机构受苦的画面。你有一种观点是"他们不快乐，这是你的错"。另外，有些人告诉你，你搞砸了。我这样理解对吗？

来访者：是的，听起来没错。

治疗师：有没有什么我漏掉的内容？

来访者：嗯，我的意思是，我的孩子被带走是有原因的。因为我吸毒，我对他们疏忽了，我没有陪在他们身边。

治疗师：让我把这点加入列表。之前你吸毒的时候，吸毒的后果是你对孩子疏忽了，并且不在孩子的身边。我们的总结现在完整了吗？

来访者：是的，大部分就是这样。[叹气]

治疗师：这看起来是一件很沉重的事情，你和我一起了解这一切，你做得很好。既然我们已经很好地了解了为什么"你是一个坏妈妈"的想法可能有道理，我想和你一起看看硬币的另一面。我们可以看看为什么这个想法可能没有道理吗？

来访者：我想可以的，我希望我不像我现在感觉的那么坏。

治疗师：在我的脑海里，有你刚刚分享的孩子在寄养机构哭泣的画面。这是你现在在想的事情吗？

来访者：是的，我一直想到那些。

治疗师：这是一个痛苦的画面，我想看看我们是否无法找到或形成更平衡的画面。首先，让我们休息一下，只是呼吸。

[停顿]

首先，我想评估一些关于你是一个坏妈妈的证据。通常我们的大脑会将一个不清楚的情况进行歪曲，使它看起来像我们预期的那样。因此，如果你认为自己是一个坏妈妈，那么你可能会歪曲某些证据，使它变得比实际情况更糟。这样说你觉得有道理吗？

来访者：我想是的。

治疗师：我们倾向于看到我们期望看到的东西，所以如果我们一起看，我们或许能够帮助对方更客观地看待事物。所以，让我们来看看这个列表。一个主要的证据是法官宣布你不称职，这是一个客观事实。我们的下一条是你的孩子在寄养机构中非常不开心，而这是你的错。我们可以看看这一条吗？

来访者：当然。

治疗师：在你脑海中有这个痛苦的画面，但是你怎么知道这个画面是真的？

来访者：嗯，它感觉是真的，我对此感到很痛苦。

治疗师：我知道你对此感到非常难过。你真的不希望你的孩子因为你所做的事情而受苦。但我们能够确定他们很悲惨吗？有没有人告诉你他们非常悲惨？

来访者：没有，没人告诉我那些。我只是担心他们，而且我觉得这对他们来说很艰难。

治疗师：我敢肯定这对他们来说很难，但我不知道你脑海中的这个画面是不是完全真实的。

来访者：我想，我不知道他们是不是非常悲惨或者没人在身边陪伴。我只是想念他们，不希望这件事发生在他们身上。我不希望他们因为我的所作所为而受到惩罚。

治疗师：他们会因为你的所作所为受到惩罚，这感觉不公平。他们对现在的情况不满意，而这不是他们的错。这些想法有一些道理。我们在这里偶然发现了另一个证据。当我了解了你的感觉有多糟糕以及你多么不希望他们受苦时，我感到震惊。

来访者：我当然不希望他们受苦。他们是我的孩子，我希望他们快乐，我不希望他们受苦。

治疗师：那么，真正关心你的孩子并希望他有好的生活而不希望他们遇到坏事，这是你是一个坏妈妈的证据还是其他证据？

来访者：爱自己的孩子是父母应该做的事情，问题是我过去并不总是爱他们，或者我并不总是像我应该做的那样把他们放在第一位。

治疗师：我们会谈到那部分，但首先，你对孩子的爱是否证明你是一个坏妈妈？

来访者：不，这是作为好妈妈的证据。或者至少是个像样的妈妈。

治疗师：让我写下来。我们有一些证据反驳"你是一个坏妈妈"的观点。接下来，让我们考虑一下这一点——你的孩子不快乐，这是你的错。

来访者：我说的就是这个，这是我的错。

治疗师：我认为可能有一些我们遗漏的背景。这是你故意对他们做的吗？你有没有打算让他们不开心？

来访者：没有，显然没有。

治疗师：是的，我写下了你说的话，你说了一些关于你处于困惑中并试图处理你的PTSD的事情。

来访者：是的，我的确有段时间很糟糕。

治疗师：然后，是你选择患上PTSD的吗？那是你自找的吗？

来访者：不，那是他们的父亲一遍又一遍地对我做的事情。我现在对它有了更多的看法。PTSD不是我的错，但转向吸毒是我的错。在我的生活崩溃之前，我就应该来到这里并处理所有这些问题。

治疗师：那么，你当时为什么没有来就诊？

来访者：好吧，我从未接受过治疗，我也不知道我需要治疗或治疗是什么样的，甚至不知道这是一种选择。从小到大，我们就是倾向于从不谈论事情。

治疗师：所以，这就是背景。你对你应对这个创伤性事件的方式不满意，但了解到你当时知道的信息以及你的成长背景，我很难看到事情的结果会有什么不同。

来访者：我不想说这都不是我的错，我是受害者。我做了一些选择，这些选择让我来到了这里。

治疗师：在"这一切都是你的错"和"不是你的错"之间是否有一个

空间，让你有更多的灵活性，但又不会觉得自己侥幸逃脱？

来访者：我想这件事的发生是我的错，但不全是我的错，而且我不是故意搞成这样。

治疗师：这样想能否改变你的情感体验？

来访者：我感觉没那么沉重了。

治疗师：但是你相信那个陈述吗？

来访者：我相信，至少部分是我的错，但就像你说的那样，存在某些背景，这并不全是我的错。

治疗师：所以，接下来我们要看的一个证据是，有些人告诉你，你搞砸了。我们可以谈谈这一点吗？

来访者：是的，我们可以谈这个。

治疗师：你觉得他们告诉你那些事情是出于什么目的？

来访者：[疑惑不解]

治疗师：他们的目的是让你感觉不好吗？还是说他们的目标是激励你扭转局面？

来访者：啊，我想我从没想过这个问题。

治疗师：所以，你现在怎么看呢？

来访者：那听起来并不刻薄。

治疗师：你前夫的话听起来有些恶意，但惩教人员或个案工作者并非如此？

来访者：对，他们和我讨论了我需要如何调整自己并把事情做好，这样我就可以把我的孩子接回来，而不仅仅变成一个数据。

治疗师：如果他们告诉你"你搞砸了"，但他们希望你改变你的生活，这意味着什么？

来访者：我想，可能他们还没有放弃我。

治疗师：是什么让别人不放弃你？

来访者：我想，他们相信我能回到正轨。

治疗师：你相信那是真的吗？

来访者：我希望是真的。

治疗师：你放弃对自己的希望了吗？

来访者：没有，还没有。

治疗师：为什么？

来访者：［哭泣］

因为我必须得把我的孩子接回来，让生活变好。

治疗师：我想我们发现了一个新的画面。你能花点时间想象一下，当你把你的孩子接回来时会是什么样子吗？

［停顿］

来访者：［流泪，但露出了笑容］

治疗师：［停顿］

你能跟我形容一下吗？

来访者：［流泪］

我看到我的孩子们，我跑过去把他们抱起来，紧紧地拥抱他们。他们也抱紧我。感觉我又能呼吸了。

治疗师：［流泪］

这是一个有力量的画面。里面的那个你，那个为了让孩子们回来而付出了所有努力的你，她是一个坏妈妈吗？

来访者：［大哭］

不，她是一个非常好的妈妈，至少她尝试去做一个好妈妈。

治疗师：让我们暂时停留在这个画面和感觉上。

［停顿］

这个将来的妈妈不是你吗？

来访者：她是，或者她将来会是，只是现在不是。

治疗师：你必须努力才能到达那里，但你还没有放弃希望。

来访者：对。

治疗师：还有什么是我们漏掉的吗？还有没有其他证明你是个好妈妈的证据？

来访者：我不知道，想那些比较难。

治疗师：你在我的办公室里做着一些非常艰辛的工作，为了帮助你把孩子接回来，这是否证明你是一个好妈妈？

来访者：是的，我从没想到我会来这里，但是我必须努力，不惜一切代价。

治疗师：所以，你致力于让你的孩子回来，这听起来更像是关于一个好妈妈的证据。

来访者：是的。

治疗师：在这一切发生之前，是否有过去的事情表明你是一个好妈妈？

来访者：当我状态更好时，我常常给他们读故事并与他们共度时光。当前夫虐待我时，情况变糟了，因为我主要都在努力让他远离孩子们，我不希望他们也受到伤害。

治疗师：这听起来很严重。所以，你试图保护你的孩子，让他们免受你前夫的虐待？

来访者：是的，他也会为此生气。我只知道这是我永远不会接受的一件事。如果他尝试做什么，我会杀了他。

治疗师：当你试图保护孩子，让他们免受他的伤害时，他生气了？

来访者：是的，当我让孩子们远离他时，他会对我尖叫并打我，但我只会让他更远离孩子们。

治疗师：听起来是个很恐怖的场景。

来访者：很长的一段时间里都很糟糕。

治疗师：试图让你的孩子免受你前夫的虐待，与你是一个坏妈妈的想法有什么关联？

来访者：我想这不是一件坏妈妈干的事，但也许我应该早点离开他。

治疗师：等等，让我们不要为此自责。我会做一个记录，如果你一直关心这个问题，我们可以稍后进行评估。

本质上，情况对你来说变得更糟，因为你试图让孩子过得好一些。这是一个坏妈妈会做的事吗？

来访者：不，我差点忘记了这些年来我为我的孩子做了多少努力。

治疗师：所以，你曾经为你的孩子而战并试图保护他们，甚至因此受到伤害。

来访者：是的，生活并不总是那么简单。

治疗师：生活对你来说并不容易，但你没有放弃。看看这个故事——有人在家庭暴力中幸存下来，并在这个过程中以某种方式保护了她的孩子，只是随后因为受到虐待而患上PTSD，并由于与PTSD有关的成瘾问题而被剥夺了孩子的监护权。如果这是别人，你会怎么看这种情况？

来访者：我想我会对这个女人更有同情心，因为我知道她所经历的一切。

治疗师：你会认为她是个坏妈妈吗？

来访者：不会，我的意思是她需要把孩子接回来并且不能放弃，但当我看到这个故事时，我觉得她是一个幸存者，她真的很关心她的孩子。

治疗师：你是个幸存者吗？你是否关心你的孩子？

来访者：肯定的。

治疗师：我还想看看这种关于自己是坏妈妈的信念有多大帮助。我们心中有这个目标，还记得当你的孩子回来，你跑向他们并紧紧抱住他们，他们也拥抱你，而你终于可以呼吸的画面吗？

来访者：［抽泣］

我记得。

治疗师：自己是一个坏妈妈的信念会让你更容易还是更难实现你的

目标?

来访者:更难。当我想到自己是一个坏妈妈,我会感到气馁,想要放弃。

治疗师:所以,总结一下,其他人还没有放弃你,你也没有放弃。你为你的孩子忍受了很长一段时间的苦难,你真的很关心他们。你的一些行为确实导致了你的孩子被带走,但是关于家庭暴力和 PTSD 的一些重要背景使情况不像我们最初想象的那样清晰。你认为这种情况部分是你的错,但并非完全是你的错。你心里有一个你想成为的母亲的形象,我们将一起努力帮助你实现这个目标。这听起来对吗?

来访者:[叹气,抽泣]
是的,我想我有时会忘记这一切。

复盘(debrief)

现在,治疗师已经准备好帮助来访者总结和整合这些信息,并进入下一阶段的治疗。在开始识别不支持信念的证据之前,治疗师首先试图评估支持想法的证据信息。例如,妮科尔被认定为不称职的母亲,这是明确的证据;然而,治疗师能够从该过程中提取一些有助于减轻支持信念的证据的重要背景信息。治疗师使用"脱线"策略测试妮科尔如何知道她的孩子们非常悲惨,以帮助她软化她心中的画面。由于妮科尔似乎对孩子受苦的痛苦画面反应强烈,因此重新形成一种更具适应性的画面有助于促进她的动机和行动。治疗师对这些动机提出了不同的解释,并将"成为母亲"的概念放在时间的维度中,以帮助她专注于康复和把孩子接回来的目标。治疗师关注她的情绪反应,并将其作为目标想法完全真实的否定证据,最终获得新的证据,以进一步减轻支持歪曲信念的证据并增强不支持信念的证据。

毫无疑问,治疗师全面了解来访者为什么认为最初的信念是正确的,并关注最令人痛苦的因素,这使得整个过程得到了加强。从这里开始,治疗师可能会尝试进一步发展新形成的积极画面。在下一步治疗中，治疗师将致力于以合理、平衡的方式总结和整合信息，以创造一个新的可信的想法，减少来访者的羞耻感并促进其达到目标。

小　　结

虽然这一步的干预属于否定证据的步骤，但在此之前需要有很多的准备工作才能保证干预有效。首先，在聚焦阶段选择一个理想的治疗目标，会使干预效果大有不同。全面了解背景以及为什么来访者会有那样的想法，能够让你更好地理解如何帮助来访者关注可能被遗漏的信息。如果你首先专注于从来访者的角度看待事物，通常会更容易扩展来访者的观点。我们可以通过以下方式扩展他们的观点：（1）评估先前提出的证据，看看是否有任何歪曲、扭曲或夸大的内容；（2）留意不支持信念的证据；（3）通过行为实验寻找新的证据。以上策略可以通过总结和整合得到增强与巩固，这将在下一章中讨论。

参考文献

Beck, A. T. (1979). *Cognitive therapy and the emotional disorders*. New York: Meridian.

Beck, J. S. (2011). *Cognitive behavior therapy: Basics and beyond* (2nd ed.). New York: Guilford Press.

Codd III, R. T. (Ed.). (2018). *Practice-based research: A guide for clinicians*. New York: Routledge.

Dryden, W. (2013). On rational beliefs in rational emotive behavior therapy: A theoretical perspective. *Journal of Rational-Emotive and Cognitive-Behavior Therapy, 31*(1), 39–48.

Garber, J., Frankel, S. A., & Herrington, C. G. (2016). Developmental demands of cognitive behavioral therapy for depression in children and adolescents: Cognitive, social, and emotional processes. *Annual Review of Clinical Psychology, 12*(1), 181–216.

Hintikka, J. (2007). *Socratic epistemology: Explorations of knowledge-seeking by questioning*. New York: Cambridge University Press.

Kazantzis, N., Beck, J. S., Clark, D. A., Dobson, K. S., Hofmann, S. G., Leahy, R. L., & Wong, C. W. (2018). Socratic dialogue and guided discovery in cognitive behavioral therapy: A modified Delphi panel. *International Journal of Cognitive Therapy, 11*(2), 140–157.

Kazantzis, N., Fairburn, C. G., Padesky, C. A., Reinecke, M., & Teesson, M. (2014). Unresolved issues regarding the research and practice of cognitive behavior therapy: The case of guided discovery using Socratic questioning. *Behaviour Change, 31*(01), 1–17.

Kuhn, D. (2002). What is scientific thinking, and how does it develop? In U. Goswami (Ed.), *Blackwell handbook of childhood cognitive development* (pp. 371–393). Malden, MA: Blackwell.

Linehan, M. M. (1997). Validation and psychotherapy. Empathy reconsidered: New directions in psychotherapy. In A. C. Bohart & L. S. Greenberg (Eds.), *Empathy reconsidered: New directions in psychotherapy* (pp. 353–392). Washington, DC: American Psychological Association.

Luoma, J. B., Kohlenberg, B. S., Hayes, S. C., & Fletcher, L. (2012). Slow and steady wins the race: A randomized clinical trial of acceptance and commitment therapy targeting shame in substance use disorders. *Journal of Consulting and Clinical Psychology, 80*(1), 43–53.

Overholser, J. C. (1994). Elements of the Socratic method: III. Universal definitions. *Psychotherapy: Theory, Research, Practice, Training, 31*(2), 286.

Overholser, J. C. (2010). Psychotherapy according to the Socratic method: Integrating ancient philosophy with contemporary cognitive therapy. *Journal of Cognitive Psychotherapy, 24*(4), 354–363.

Overholser, J. C. (2011). Collaborative empiricism, guided discovery, and the Socratic method: Core processes for effective cognitive therapy. *Clinical Psychology: Science and Practice, 18*(1), 62–66.

Overholser, J. C. (2018). *The Socratic Method of Psychotherapy*. New York: Columbia University Press.

Polya, G. (1973). *How to solve it* (2nd ed.). Princeton, NJ: Princeton University Press.

Salkovskis, P. M., & Bass, C. (1997). Hypochondria-sis. In D. M. Clark & C. G. Fairburn (Eds.), *Science and practice of cognitive behaviour therapy* (pp. 313–340). Oxford: Oxford University Press.

Sandberg, E. H., & McCullough, M. B. (2010). The development of reasoning skills. In E. H. Sandberg & B. L. Spritz (Eds.), *A clinician's guide to normal cognitive development in childhood* (pp. 179–198). New York: Routledge/Taylor & Francis.

Schein, E. H. (2013). *Humble inquiry: The gentle art of asking instead of telling*. San

Francisco, CA: Berrett-Koehler.

Tee, J., & Kazantzis, N. (2011). Collaborative empiricism in cognitive therapy: A definition and theory for the relationship construct. *Clinical Psychology: Science and Practice, 18*(1), 47–61.

Trachtman, J. P. (2013). *The tools of argument: How the best lawyers think, argue, and win.* Lexington, KY: Trachtman.

Waltman, S. H., & Palermo, A. (2019). Theoretical overlap and distinction between rational emotive behavior therapy's awfulizing and cognitive therapy's catastrophizing. *Mental Health Review Journal, 24*(1), 44–50.

第八章

总结和整合

斯科特·H.沃尔特曼

框架的最后一步是帮助来访者对探询过程进行总结和整合。正如帕德斯基（1993）指出的那样，这是两个独立的步骤。总结和整合的行为很简单，但它们是这个过程中的关键步骤。

总结和整合的合理性

有时，治疗师会犯这样的错误：在找到了目标信念可能不正确的一些原因后，过早地得出结论。这是不幸的，因为治疗师做了这么多的工作才到达那里，却在还没有真正得到最大的好处之前离开了。这就像花了所有的时间和精力攀登顶峰，然后在到达顶峰之前掉头，或者到达顶峰后没有好好地环顾四周就转身离开。别忘了花时间充分欣赏你辛辛苦苦换来的美景。

总结和整合之所以是这个过程中的重要步骤有很多原因。下面将简要回顾其中的一些。这些主要的原因包括：对整合过程中的情绪压力进行解释、抵消注意过滤器的作用、验证理解、记忆的再巩固、图式顺应、指出行为的影响和强化技能使用。

对整合过程中的情绪压力进行解释

如果我们的工作做得对，我们已经让来访者在情感上参与评估对他们有深刻意义的认知。这可能涉及回顾各种痛苦的记忆、困难的情境以及对未来的担忧。我们也一直在指导我们的来访者，让他们在我们评估情境的事实时，与自己的情感体验待在一起。虽然这个过程可能会以情感宣泄结束，但如果我们不帮助他们暂停并反思练习，我们的来访者就很难完全专注于讨论的内容。反思性观察是科尔布（1984）的体验式学习模型的核心步骤。他们一开始可能会意识到在谈论事情之后他们会感觉更好，而我们想要帮助他们反思，以促进更深层的学习巩固。

抵消注意过滤器的作用

要记住的是，当我们在评估非适应性信念时，注意过滤器可能仍然对信念的发展和维持起部分作用（Beck & Haigh，2014）。此外，你的注意过滤器可能与你的来访者不同，因此你会看到他们看不到的东西。这意味着你将更容易看出目标信念是不正确的，并且你将更容易从这个新信念出发进行类推。这就是我们进行总结和整合阶段工作的原因，我们需要让新的学习变得清晰（Beck，2011）。

验证理解

与认知治疗师在会谈结束时寻求来访者理解的反馈类似，我们希望在心理治疗干预结束时寻求有关来访者的理解的反馈（Young & Beck，1980）。我们想要检查并确保我们的理解是一致的。一个理想的方法是让来访者提供一份关于证据的总结，并将该总结与原始陈述和他们的整体信念系统结合起来。

记忆的再巩固

记忆的再巩固是指我们的记忆会根据回忆和重新编码的方式而改变

（Alberini & LeDoux，2013；Schiller，Monfils，Raio，Johnson，LeDoux & Phelps，2010；Schiller & Phelps，2011）。记忆再巩固的科学仍在研究中，有很多伪科学需要警惕。然而，人类大脑的功能不同于计算机硬盘，记忆会随着时间的推移而改变（取决于记忆被提取和重新编码的方式），这一发现已经得到了证实（Randall，2007）。治疗师可以使用许多策略来促进矫正性学习或巩固学习，这与记忆再巩固的原则是一致的。这个过程中的一个关键因素是，我们需要激活痛苦的负面要素，并整合矫正性信息，以促成记忆的再巩固（Alberini & LeDoux，2013；Schiller et al.，2010；Schiller & Phelps，2011）。这与情绪聚焦的治疗理念相似，为了带来情绪上的改变，我们首先需要激活痛苦的情绪，然后引出新的情绪，以促成改变（见 Greenberg，2004）。全面的总结和整合是实现这种改变的理想方式。

图式顺应

皮亚杰（Piaget，1976）解释了图式顺应的基本原理。图式是一种认知结构。当一个人遇到一条新的信息时，这条信息可能与他的图式一致，也可能与他的图式不一致。如果该信息与这个人的基础信念结构一致，则该信息将被纳入他的图式中。如果信息不一致，他会修改图式以适应新的信息（即顺应）。朱迪·贝克（2011）用她的信息处理模型解释道，这并不是那么简单，因为一个人可以歪曲、扭曲或丢弃与图式不兼容的信息。因此，为了促进有效的图式顺应，我们需要帮助来访者以一种不歪曲、扭曲或丢弃证据的方式注意这些新信息。帮助来访者总结证据并将其与他们的图式结合起来，就可以完成这项任务。

指出行为的影响

如果我们能从来访者那里获得一种承诺，让他们尝试与新视角兼容的行为，我们就可以从苏格拉底式对话中获得更大的影响。这将有助于塑造来访者的环境，以巩固新的信念。此外，这将帮助他们获得新的经验和新的证据，从而进一步用额外的苏格拉底式策略来支持信念。

强化技能使用

我们试图在某些层面上促进新的学习。我们通过对来访者的信念进行好奇和共情性的评估，直接促进认知修正。我们还会进行技能训练，因为我们希望来访者通过学习成为自己的治疗师（Beck，2011）。

如何做

我们已经回顾了为什么这是一个重要的过程。现在，我们将回顾这个过程是如何运作的。有几个问题可以指导这个过程。当然，治疗师不需要问所有（或任何）这些问题。这些问题是为了说明这个过程。

以下是一些你可以问的问题。

- "那么，这一切是如何整合在一起的呢？"
- "你能为我总结一下所有的事实吗？"
- "什么样的总结声明能两方面兼顾？"
- "你有多相信这一点？"
  （"我们是否需要调整它，使它更可信？"）
- "你如何让我们的新陈述与我们正在评估的想法相协调？"
  （"或者与我们聚焦的核心信念相协调？"）
- "我们看待这种情况的新方法是什么？"
- "我们该如何将我们的新陈述应用到你即将到来的一周？""我们如何检验这一点？"
- "从这个练习中，我们对你的思维过程有了什么了解？"

我们将使用前两章中妮科尔的案例来演示这个过程。治疗师对证据的总结可以在前面一章的会谈摘录中找到。

治疗师：妮科尔，让我根据我们收集到的证据和我在跟你谈话时做的笔记，再次谈谈我对你为什么认为自己是一个坏妈妈的理解。你坚信自己是一个坏妈妈，这让你感到非常羞耻。你是一个坏妈妈的一些主要证据是，你在法律上被宣告为不称职的母亲，并且你的脑海中出现了孩子在寄养机构受苦的画面。你有一种观点是"他们不快乐，这是你的错"。另外，有些人告诉你，你搞砸了。我这样理解对吗？

来访者：对，听起来没错。

治疗师：有没有什么我漏掉的内容？

来访者：嗯，我的意思是，我的孩子被带走是有原因的。因为我吸毒，我对他们疏忽了。我没有陪在他们身边。

……［由合作式好奇的步骤构成的对话］

治疗师：所以，总结一下，其他人还没有放弃你，你也没有放弃。你为你的孩子忍受了很长一段时间的苦难，你真的很关心他们。你的一些行为确实导致了你的孩子被带走，但是关于家庭暴力和PTSD的一些重要背景使情况不像我们最初想象的那样清晰。你认为这种情况部分是你的错，但并非完全是你的错。你心里有一个你想成为的母亲的形象，我们将一起努力帮助你实现这个目标。这听起来对吗？

总　　结

为了建立一种平衡和持久的新信念，我们要对我们检查过的证据进行总结。理想情况下，我们会让来访者进行总结，尽管他们可能需要一些帮助。一些治疗师会选择纯粹积极的替代性想法，这是一个错误，因为它不符合来访者的现实生活。例如，如果妮科尔带着另一种想法离开这个过程，认为她实际上是一个非常好的母亲，那么当她被提醒她的孩子由于自己疏忽和吸毒而被带走时，她将面临这种信念破灭的风险。从与纯粹积极的情绪相关的高涨情绪中跌落，以及与这种信念的潜在破灭相关的崩溃，也可能会增加她复发或消沉的风险。一种更持久的替代信念应该可以反映整体情况，这就是为什么我们首先会对整体情况做一个平衡的总结。

那么，这一切是如何整合在一起的呢？

询问你的来访者这一切如何整合在一起是有效提问的开始。可能的问题包括："那么这一切是如何整合在一起的？""你能给我总结一下所有的事实吗？""什么样的总结声明能两方面兼顾？"

一开始，来访者可能会告诉你，他们不确定或不知道如何将一切整合在一起。这会让你产生替他们整合的冲动。请抵抗住这种冲动，因为如果我们能帮助他们自己实现目标，他们将从中收获更多。你可以先帮助他们总结支持性的证据，然后是否定性的证据，最后帮助他们把全部内容整合在一起。

治疗师：妮科尔，我们刚刚讨论了为什么你是一个坏妈妈的信念可能是真的，然后我们谈了谈为什么它可能不是真的。我们谈了很多事。你能给我们做一个兼顾两方面的总结吗？

来访者：我不确定，有很多内容。

治疗师：是的，而且你能够很好地带着好奇和我一起审视每一件事。我们先来总结一下关于你是个坏妈妈的证据。

来访者：嗯，因为我的所作所为，因为我吸毒，我的孩子被带走了，现在正在接受寄养。

治疗师：好的，现在让我们总结一些证据或减罪因素，它们表明你不是一个坏妈妈。

来访者：这要困难一些。

治疗师：嗯，我们谈了什么？

来访者：我们讨论了我有多爱我的孩子，以及我有多努力想把他们接回来。

治疗师：是的，太棒了！还有什么？

来访者：我们谈到了我过去是如何努力保护他们的。

治疗师：很好，还有别的吗？

来访者：我不确定。

治疗师：我们还谈到了导致你患上PTSD和成瘾的背景，这些背景导致目前的情况不完全是你的错。

来访者：是的，没错。

治疗师：那么，我们该如何总结？

来访者：嗯，我曾经是个好妈妈。我偏离了轨道，把事情搞砸了。我的孩子们因此遭受了痛苦，但我会尽最大的努力把他们接回来。我必须纠正错误。

你有多相信这一点？我们是否需要调整它，使它更可信？

这里很适合提醒自己，来访者说了什么并不意味着他们相信它。你要意识到这里有一个很大的陷阱：来访者可能会告诉你他们认为的正确答案，或者他们认为你想听的内容。在这里，我们想确认来访者是否相信他们刚刚告诉我们的内容，并且我们可能需要帮助他们以更可信的方式重述这些内容。根据我们对信念有多坚定的评估，我们可能聚焦于信念强度上所发生的渐进的改变。

治疗师：那么，你在多大程度上相信你说的这些话？

来访者：我有点相信，我不知道，它听起来是对的。我只是不确定它是不是真的。

治疗师：你或多或少相信的部分是什么？

来访者：嗯，我认为绝对是我搞砸了。

治疗师：那你相信你说的话吗？你曾经是一个好妈妈？

来访者：是的，我的意思是，我不是一直都是好妈妈，但大多数的时候是。

治疗师：那么，关于把你的孩子接回来那部分呢？

来访者：我需要，而且必须把他们接回来，但是，我害怕我做不到。

治疗师：我们不知道会发生什么，但是你有动力吗？你愿意付出把他们接回来相应的代价吗？

来访者：100%。

治疗师：那么，我们怎样才能调整你说的话，让你觉得更可信呢？

来访者：也许，我曾经是一个好妈妈，后来又当了一段时间的坏妈妈，但我决心再次成为一个好妈妈。

治疗师：你相信这种说法吗？

来访者：是的，我更相信这种说法。

治疗师：你有多相信？

来访者：90%。

治疗师：这个我们可以接受。让我写下来。

在这个时候，治疗师已经帮助来访者为整个对话做了一个有用的总结。这可能需要一些工作来实现，但它很有用，它能够帮助来访者巩固对话的内容。接下来，我们需要帮助来访者将这个新的陈述与他们之前的信念整合起来。

整 合

分析是分解事物的过程，整合是创造新事物的过程。苏格拉底式对话包含了这两个部分：我们分解一个情境以更好地理解它，然后我们进行整合以建立一个新的视角。我们可以进一步将这个新的视角与整体图式结合起来。通常，更重要的方面包括帮助来访者整合不一致的陈述或发现。可以将之前的信念和新的结论放在一起以帮助来访者整合一个新的整体信念，从而完成这一步。

你如何让我们的新陈述与我们正在评估的想法相协调？（或者与我们聚焦的核心信念相协调？）

这一步基本上包括询问来访者如何将两个看似矛盾的想法整合在一起。你可以用它瞄准你最初评估的认知或更核心的信念。最初，你的来访者可能不知道如何回应。取决于之前的进展情况，来访者通常会做出这样的回答：也许最初的想法并不像他们认为的那样真实。基于整合的图式顺应可以是一个渐进的过程，发生在几次关于单一主题或目标核心信念的苏格拉底式策略会谈之后，受到多次会谈的影响。之后的一章将讨论对核心信念的处理，而下一章将讨论如何解决这个过程中的困难。

治疗师：妮科尔，我把你说的话写下来了。你说："也许，我曾经是一个好妈妈，后来又当了一段时间的坏妈妈，但我决心再次成为一个好妈妈。"你怎么把这句话和你最初说自己是个坏妈妈的表述联系起来？

来访者：嗯，我想我还不是一个完全坏的妈妈。

治疗师：具体跟我说说。

来访者：嗯，有时候因为我犯的错误，我觉得自己绝对是最糟糕的妈妈，但这不是全部。

治疗师：如果"你是一个坏妈妈"的说法不完全正确，我们是否可以提出一个更平衡、更准确的新说法？

来访者：我不确定……

治疗师：我喜欢你说的整个故事。所以，如果你的生活是一本书，你如何描述整个故事？

来访者：我想，在某些章节里，我是一个好妈妈，但在某些地方发生了非常糟糕的事情，而我努力做个好妈妈。还有一些章节里，我把事情搞砸了。

治疗师：你现在在哪一章？

来访者：我的救赎章节。

治疗师：这很有力量，这一章的主要信息是什么？

来访者：我又在努力做一个好妈妈了。

我们看待这种情况的新方法是什么？

在这一步你要确定一个新信念或替代信念。你可能已经从总结或前面的整合步骤中确定了一些好的选项。在来访者做了一个平衡的总结并把它和自己的信念整合起来之后，讨论这个问题是很有帮助的。本质上，我们问的是：如果最初的陈述不正确，那么什么是正确的？如果你把新陈述与来访者之前的信念联系起来，你会得到一个更持久的替代信念。

治疗师：那么，妮科尔，如果"你是一个坏妈妈"的说法并不完全正确，如果你的生活就像一本书，你现在正处于你的救赎故事中，那么我们可以建立什么样的平衡且可信的替代信念呢？

来访者：我想，作为一个母亲，我犯了严重的错误，但我的错误并不能定义我和我的未来。

治疗师：你相信这一点吗？

来访者：我相信。

治疗师：这是一个强有力的陈述，让我花点时间把它写下来。

如果来访者不相信替代性观点，你可以循环进行以上步骤来完善它，或者使用行为实验收集证据，以验证它是否正确。

我们该如何将我们的新陈述应用到你即将到来的一周？我们如何检验这一点？

我们正在努力改变认知，但我们不希望只增加洞察力而不改变相应的行为。理想情况下，我们希望将新的认知与行动计划联系起来，让来访者在接下来的一周做一些不同的事情，使行为符合他们的新观点，帮助他们尝试目标导向的行为，或收集证据检验新的信念。

治疗师：妮科尔，你说："我想，作为一个母亲，我犯了严重的错误，但我的错误并不能决定我和我的未来。"我喜欢这个想法，我想花点时间和你谈谈我们可以如何将这个新想法应用到你下周的生活中。

来访者：好的，有道理。

治疗师：那么，如果你的想法是正确的，你的错误不能定义你或你的未来，这周你需要做出什么行为呢？

来访者：我需要朝着把孩子接回来的目标继续努力，我需要参加会谈，也需要寻找就业机会。

治疗师：听起来不错，你的这部分错误并没有定义你。这一周你是否经常告诉自己你的错误定义了你或者你的未来？

来访者：我想是的，通常在晚上，安静的时候，我会想我是怎么搞砸的，我会觉得很糟糕，不停地想我做错了什么。

治疗师：听起来我们可能需要把这些时刻定为目标。

来访者：那很好，那是我最容易陷入沉思的时候。

治疗师：似乎这里的核心问题是你在担心你的未来，我在想我们之前讨论过的那个画面在晚上的时候是否对你有所帮助。你觉得在晚上用一些意象策略来想象我们之前构建的那个画面怎么样？我把它写下来了。你说："我看到我的孩子，我跑过去把他们抱起来，紧紧地拥抱他们。他们也抱紧我。感觉我又能呼吸了。"除了在白天参加会谈和找工作，你能在晚上使用这个意象来专注于你努力实现的目标吗？

来访者：可以。

治疗师：我甚至可以把这个画面进一步发展成一幅画、一个故事或者一句口头禅，帮助你记住它。

现在，理想的行动计划将取决于来访者和他们的情况。你要问问自己这个新视角是否有用。如果有用，那么你要问问自己，来访者可以如何将其付诸实践。

从这个练习中，我们对你的思维过程有了什么了解？

在巩固与来访者的信念内容相关的学习之后，我们希望巩固与我们所教授的技能或对问题的共享（shared）概念化有关的学习。

治疗师：妮科尔，我们对你的"坏妈妈"想法进行了评估，并得出了"过去的错误不能定义你和你的未来"的结论。从这个练习中，你对自己和自己的思维过程有了什么了解？

来访者：我想，我的情况太糟糕了，我很难看清整体，也很难记住这只是我的故事的一部分。

治疗师：所以，当事情变得糟糕的时候，你很难记住和思考事情并不糟糕的时候？

来访者：是的。

治疗师：了解自己的这一点很重要。
让我把它写下来，也许在以后的会谈中，当你有类似想法的时候回顾一下会很有用。这个分解情况并评估你的想法的练习怎么样？你从这个过程中学到了什么？

来访者：我想，有时候有些事情看起来是真的，但如果我仔细分析，
　　　　可能会发现事情比我一开始想象的要复杂得多。
治疗师：你以后还想做更多这样的练习吗？
来访者：是的，你帮我进行情境分解的练习很有帮助。
治疗师：我不是魔术师，我可以教你做我正在做的事情。

[拿出思维记录表]

在这个步骤，治疗师可以收集一些有用的陈述，在以后的会谈中可以与来访者一起引用。例如，这位治疗师可能会在稍后的会谈中说："好吧，这似乎是一个非常糟糕的情况，但记住你之前说过的话。你说过，当事情变得糟糕的时候，你很难回忆起事情没有那么糟糕的时候，也很难看到将来事情不一定会很糟糕。"这可以让我们更容易与来访者评估未来的想法，因为我们将在过去成功的基础上再接再厉。

意　　象

在这个过程中加入意象是很有帮助的。有很多方法可以做到这一点。你可以让来访者把新想法想象成真实的。你可以让他们想象一个他们信任的人告诉他们这个想法。你还可以让他们想象自己是技巧娴熟或成功的。意象是强大的，因为它是激发强烈情感反应的好方法。约瑟夫维兹（Josefowitz，2017）曾发表了一篇优秀的指南，主题是将意象融入苏格拉底式策略和思维记录。

小　　结

苏格拉底式提问框架的最后一步是总结和整合。在这里，我们帮助来访者对新旧信念进行总结，并将这个总结与他们先前存在的信念和图式进行整合。这个过程并不复杂，但它是巩固学习和帮助来访者采取行动改变他们生活的重

要一步。下一章将讨论如何解决此过程中出现的问题。

参考文献

Alberini, C. M., & LeDoux, J. E. (2013). Memory reconsolidation. *Current Biology, 23*(17), R746–R750.

Beck, A. T., & Haigh, E. A. P. (2014). Advances in cognitive theory and therapy: The Generic Cognitive Model. *Annual Review of Clinical Psychology, 10,* 1–24.

Beck, J. S. (2011). *Cognitive behavior therapy: Basics and beyond* (2nd ed.). New York: Guilford Press.

Greenberg, L. S. (2004). Emotion-focused therapy. *Clinical Psychology and Psychotherapy: An International Journal of Theory and Practice, 11*(1), 3–16.

Josefowitz, N. (2017). Incorporating imagery into thought records: Increasing engagement in balanced thoughts. *Cognitive and Behavioral Practice, 24*(1), 90–100.

Kolb, D. A. (1984). *Experiential learning: Experience as the source of learning and development.* Englewood Cliffs: Prentice-Hall.

Padesky, C. A. (1993). Socratic questioning: Changing minds or guiding discovery. Paper presented at the A keynote address delivered at the European Congress of Behavioural and Cognitive Therapies, London.

Piaget, J. (1976). Piaget's theory. In B. Inhelder, H. H. Chipman, & C. Zwingmann (Eds.), *Piaget and his school* (pp. 11–23). Berlin: Springer.

Randall, W. L. (2007). From computer to compost: Rethinking our metaphors for memory. *Theory and Psychology, 17*(5), 611–633.

Schiller, D., Monfils, M. H., Raio, C. M., Johnson, D. C., LeDoux, J. E., & Phelps, E. A. (2010). Preventing the return of fear in humans using reconsolidation update mechanisms. *Nature, 463*(7277), 49.

Schiller, D., & Phelps, E. A. (2011). Does reconsolidation occur in humans? *Frontiers in Behavioral Neuroscience, 5,* 24.

Young, J. E., & Beck, A. T. (1980). *Cognitive Therapy Scale: Rating manual.* Unpublished manuscript, Center for Cognitive Therapy, University of Pennsylvania, Philadelphia, PA.

第九章

苏格拉底式策略的障碍排除

R. 特伦特·科德

苏格拉底式临床会谈是复杂的，也是临床工作者最难掌握的技能之一。一项定性研究调查了参与大量培训项目的资深 CBT 培训师，询问学员在学习 CBT 时面临的挑战。被调查的培训师一致认为，引导发现对许多学员来说是一个重要的问题领域；即使是在经验丰富的临床工作者中，一些学员也认为这是最难掌握的技能（Waltman，Hall，McFarr，Beck & Creed，2017）。这一发现与我们及负责培训的同事在对数百名临床工作者进行培训和督导时的感受产生了共鸣。在心理治疗中解决苏格拉底式提问过程里出现的问题时，首先要考虑的是你的来访者是否准备好要进行认知重建。这方面的基本前提是，你是否已经建立了工作联盟，是否让来访者熟悉了认知模型，以及他们是否接受他们的想法正在影响自己的行为和感受。这些步骤在本书第三章"入门指南"中有所介绍。在本章中，我们描述了七个常见的陷阱，并逐一提供了解决方案。我们还提供了一个有助于排除障碍的清单，临床工作者可以在会谈时使用（见图 9.1）。

陷阱 1：未聚焦于核心认知内容
在选择目标之前，我们是否花了时间了解和评估情况？
建议：回顾关于聚焦的章节；尝试使用"聚焦工作表"

陷阱 2：进行"提供发现"，而不是引导发现
我关注的是一个关于何为正确答案的先入之见吗？
建议：回顾关于现象学理解和合作式好奇的章节

陷阱 3：基于积极的思维模式而非现实的思维模式运作
我是否专注于试图让病人更积极地看待事情？
建议：回顾关于现象学理解以及总结和整合的章节

陷阱 4：过早进行总结和整合
这看起来太容易了吗？
建议：重新评估目标信念；回顾关于现象学理解和合作式好奇的章节

陷阱 5：对背景的浅层探索
我们是否花了时间了解情况和证据的背景？
建议：回顾有关合作式好奇的章节

陷阱 6：没有进行总结
我们是否花了时间把整个对话整理成一个连贯的总结？还是说，我只关注了支持我的论据的评估要素？
建议：回顾关于总结和整合的章节

陷阱 7：对会谈后的策略关注不足
我们是否在评估的基础上形成了有意义的结论信息和行动计划？
建议：回顾关于核心信念的章节

我们有好的工作联盟吗？来访者能够识别想法、感觉和行为吗？他们看到这三者之间的联系吗？
建议：回顾关于入门指南的章节

从概念上说，是什么行为、经验和注意过滤器强化了我们关注的目标信念？
关于为什么苏格拉底式对话没有（或还没有）带来改变，我的假设是什么？
行动计划是什么？
基于这一信念的短期和长期策略是什么？

图 9.1 苏格拉底式方法障碍排除清单

陷阱1：未聚焦于核心认知内容

认知内容的重要性有所不同。例如，相较于其他认知内容，有些与情绪困扰有更大联系的认知，其相信程度更高，在问题领域的代表性更大。因为来访者经常报告一系列与问题情境相关的想法，这些想法表面上看起来可能是歪曲的，或者需要检验，许多临床工作者会不加判断地假定一个想法很重要，并进行干预。一个更有技巧的方法是，在进行评估之前，花点时间确定哪些想法是最核心的。从本质上说，每一次会谈的时间都有限，我们的时间只够用来真正充分地评估一个（或许是两个）想法；因此，我们希望真正探索我们的选择，以确保我们明智地利用了有限的时间。开发这种来访者策略方法会使检查目标认知更可能导致有意义的改变，并且总体上治疗将更有效。

借用一个比喻可能会有帮助。想象一下，有一堵巨大的实心混凝土墙。此外，你已经被告知，你的任务是击倒这堵墙，并且在这个任务里你得到了一把锤子和一个凿子。你被告知这堵墙上有一个弱点，用凿子击打它会让墙迅速倒塌，但没有人告诉你那个弱点在哪里。你通过在许多不同的位置进行凿击来完成任务。在换到下一个点之前，你只在每个地方凿击几下，因为当你凿击时，你会用余光捕捉一个看起来可能是薄弱点的地方。每次你重新定位时，都认为你已经发现了薄弱点，但事实并非如此，因为墙仍一动不动。你继续使用这种方法一段时间，但墙没有显示出任何倒塌的迹象，并且所有的锤击让你十分疲倦。最终你会意识到，把锤子和凿子放下，花时间系统地检查墙上的薄弱区域可能会更好。你采用这种方法，并最终找到薄弱点。然后你在这个最佳位置锤了凿子两次，墙立刻就塌了。虽然干预核心认知并不总是会使现有信念系统迅速崩溃，但它更有可能促成重要的认知变化。知道在哪里进行锤击很重要。

因此，避开这个陷阱的办法是避免追赶来访者所展示的每一个显眼的认知目标，并允许自己花足够的时间识别重要的认知[1]。即使核心认知被识别出来，保持聚焦也是很必要的。即使临床工作者付出了艰苦的努力，来访者有时也会继续呈现出分散注意力的认知目标。避免这种问题的方法涉及初始目标选择以及保持聚焦。

陷阱2：进行"提供发现"，而不是引导发现

正如本书第七章"合作式好奇"中所详细描述的，苏格拉底式方法的熟练实施需要治疗师与来访者形成治疗联盟，共同发现信息。一个捕捉到理想姿态的可视化隐喻是临床工作者和来访者坐在一起，肩并肩，面朝相同的方向，而不是面对面地坐在一起。从这个方向出发，他们可以作为一个团队，从相似的角度更有效地探索信息。

然而，许多临床工作者掉进了一个陷阱，即做那些可以被贴上"提供发现"标签的事情。这可以以多种形式出现，包括说教、提供建议、争论、告诉来访者他们应该怎么想，或者试图说服来访者采取不同的观点。不幸的是，通过查阅那些建议治疗师"挑战"来访者想法的旧的认知行为治疗文章和表格，这个问题可能会变得更糟。对大多数人来说，"挑战"这个词的功能与引导发现的精神不一致，我们建议你从你的临床词汇中删除这种语言形式。

某些提供发现的形式不那么明显，临床工作者很难识别，比如当临床工作者以问题的形式提供陈述时，它不是真正作为问题发挥作用，而是一次说服的尝试。例如，一个临床工作者问来访者："你不认为你夸大了吗？"他确实在提出一个问题，但这无法激发好奇心和反思，而可能在向来访者传递一个建议的观点。

我们的经验表明，临床工作者落入这种陷阱至少有两个原因。第一个原因与苏格拉底式提问技能的不足有关。对于这一点，我们希望我们的四步模式有助于补救。第二个原因，也可能是不那么明显的原因，与自我施加的快速产生认知变化的压力有关。当后一个因素存在时，临床工作者可以对自身相关的自动思维进行检查，这会很有用，因为教学不太可能带来足够的帮助。我们遇到过的一些学员的认知例子如下。

- "如果我不帮助来访者迅速改变他们歪曲的想法，他们就会退出治疗。"
- "如果我不能修正来访者的非适应性信念，我就不是一个称职的认知行为治疗师。"
- "如果我不迅速尝试评估来访者的想法，我就无法在《认知治疗评定量表》（Cognitive Therapy Rating Scale，CTRS）中获得及格的分数。"
- "如果我不向来访者展示他们的想法可以改变，我就会失去来访者对认知模型的认可。"

陷阱 3：基于积极的思维模式而非现实的思维模式运作

关于认知行为治疗的一个流行的谬见是，治疗目标是产生积极的思维。积极思考作为情绪问题的解决办法这一概念在社会上很流行，也许源于诺曼·文森特·皮尔（Norman Vincent Peale）的著名著作《积极思考的力量》（The Power of Positive Thinking）的出版。该书首次出版于1952年。积极的思考并不管用。如果它管用，就很少有人会有情绪困扰，因为这个想法被广泛传播，大多数人会自然地（即，在没有明确指导的情况下）把它作为一个潜在的解决方案。研究表明，我们可以教人们变得更加乐观，但这并不会让他们的抑郁减轻（Miranda，Weierich，Khait，Jurska & Andersen，2017）。过度积极的思维（即，有毒的积极思维）可能和消极歪曲的思维一样功能失调，因为它同样模糊了现实。它也可能降低心理弹性，因为它本质上与压力免疫训练（stress inoculation training）相反。为了有效地解决生活中的问题，人们需要对问题情况有清晰准确的认识。此外，积极的思维可能表明来访者对自己撒谎，因此可能无法被深信——这可以产生一种阻抗效应，即相应的消极信念通过反驳不切实际的积极信念而得到强化。

认知行为治疗的目标是现实的思考或观察情况原本的样子。很多时候，当来访者体验到负面情感时，他们会感受到以某种方式被歪曲的想法。然而，情况并非总是如此。事实上，他们可能准确地看到了令人痛苦的情况。考虑到与痛苦情绪相一致的歪曲思维普遍存在，以及修正这种思维可带来的积极情绪影响，从检查评价的准确性开始干预是有帮助的。如果苏格拉底式过程揭示了准确的认知，那么来访者就会更有信心，相信他们能够在信息清晰的基础上进行问题解决活动。

有两种主要的方法可以避开这种陷阱。首先是确保来访者理解治疗目标是准确的思维，并且他们可以将其与积极的思维区分开。向来访者介绍认知模型时，首先完成这一步是很有帮助的。许多来访者会理解思维-情绪关系的重要性，但考虑到积极的思维策略在社会中的普遍存在，他们会认为这就是建议的方法。除了来访者误解模型所造成的问题之外，临床工作者可能还会失去与来访者的融洽关系，因为他们之前很可能尝试过积极思维但未能成功。事实上，这可能是他们提出的接受治疗的主要原因之一（即，他们不能通过试图积极思考而解决自己的问题）。我们的建议是早在第一次治疗就明确关于认知改变的目标。即使很早就做了澄清，来访者也很可能会"复发"，认为积极思考是一次或多次会谈的目标，因此可能需要重新回顾这一点。对这一陷阱的第二个补救办法是临床工作者在心中牢记现实思维的目标；否则，他们可能会无意中将来访者引向肤浅和潜在有害的观点。

陷阱 4：过早进行总结和整合

另一个陷阱，可能与许多新手临床工作者报告的紧迫感有关：要么太快进入我们四步过程的最后一步，要么根本没有做这一步。从本质上说，这种重构的策略是从框架的开始跳到结束；临床工作者提供了一个准确性未知的解决方案，并且这个方案没有被共同发现是可信的。在总结和整合（这个步骤应该总是存在）之前，一个在苏格拉底式策略方面有经验的临床工作者可能想要对自己说："好吧，我认为我们已经充分探索了这一点，来访者有足够的信息来得出结论。"虽然经验是知道什么时候能准确地对自己说这些的一个重要因素，但我们可以推荐一些问题来辅助治疗师做出这个决定。

- 一般人能根据现有的信息得出结论吗？
- 我能识别我们尚未探索的、可能有价值的领域吗？
- 进入这最后一步，我是否有紧迫感？如果是，我脑海里有哪些与这种紧迫感有关的想法呢？
- 关于所期望的探索深度，我向来访者发出了什么信号？他们会认为达到这种期望应该需要耐心、好奇心，还是更快速、更表层的治疗节奏？

陷阱5：对背景的浅层探索

未能深层探索背景是另一个陷阱，可以难住苏格拉底导向的临床工作者。许多来访者在治疗最初试图迅速解决他们的情绪问题。这可能是由于他们没有认识到解决问题往往需要时间和坚持。我们的一个目标是教会来访者，所有问题都不能迅速解决，并且快速的解决方案即使在短期内有效，也未必在较长时间内奏效。当临床工作者开始快速而肤浅的苏格拉底式对话时，他们有可能强化来访者现有的非适应性的问题解决态度，而这实际上可能是让来访者陷入困境的部分原因。相比之下，连贯的苏格拉底式对话有恰当的节奏，涉及在足够的深度上进行探索，这为来访者示范了探索时常常需要的活力和范围。有时，在苏格拉底式的交流中发生的学习并不是外显的。

背景会影响事件的含义。因此，为了让来访者对事件做出准确的解读，临床工作者必须帮助他们充分探索自己的认知背景。正如我们已经讨论过的其他陷阱一样，当临床工作者感到自己应该比现在更快地进行对话时，这种错误可能会出现，而且补救方法是相同的。临床工作者应该带着好奇心探究自己与压力感受相关的自动思维。

陷阱 6：没有进行总结

在苏格拉底式的交流中发现的信息量可能很大。由于短期记忆的容量有限，来访者（和临床工作者）可能会因为可用记忆容量不足而失去对重要数据的追踪。此外，对来访者来说最突出的信息可能不是最重要或最有用的信息。总结是一种方法，用于从探索过程中呈现出来的大量信息中进行选择，并将信息的关键部分整合在一起，以便使它们在整合过程中突出和可用。总结也是临床工作者检查他们对与来访者对话的理解程度的一种机制[2]。

陷阱 7：对会谈后的策略关注不足

苏格拉底式策略在产生重要的认知变化方面是有效的，其影响经常在一次会谈中被感受到。如果这些变化要持续下去，对于许多想法，特别是那些被来访者长期持有并深信的想法，临床工作者可能需要进行后续干预。许多临床工作者错误地认为，由于他们观察到一个治疗中的变化，那么这个变化将在一段时间内和其他环境中持续存在。因此，关注会谈后的策略是很有必要的，临床工作者必须将其作为一个常规事项完成。这里的关键考虑是与来访者共同决定如何在成功的基础上，创造实现持久变化的动力。例如，临床工作者应与来访者一起，问自己以下问题。

- 我们可以设计另一个行为实验以进一步学习吗？
- 我们可以设计哪些家庭作业练习来增强来访者学习的泛化？
- 来访者如何继续探索这个想法？
- 我们能否预测在治疗以外何时会出现令人苦恼的认知，并计划进一步的练习活动？
- 在接下来的一周里，来访者是否应该继续监控这个想法的频率和可信程度？

两种高明的实操策略

实际上,如果你发现自己在治疗中陷入了困境,你可以尝试一些策略。这些策略在你发现自己怀疑消极信念是否正确的情况下最适用。

这是真的吗?它有用吗?

认知可以在准确性和有用性的基础上进行检验(见图 9.2)。如果苏格拉底式对话揭示出一个令人痛苦的评价是有依据的或可能有依据的,那么将对话转移到对这个想法的有用性的评价上往往是有帮助的。以下类型的问题有助于促进这种探索。

- "对自己说这些有帮助吗?"
- "你持有这种观点(情绪上和行为上)的结果是什么?"
- "这个想法会妨碍你实现任何重要的目标吗?"
- "你继续持这种信念的利弊是什么?"

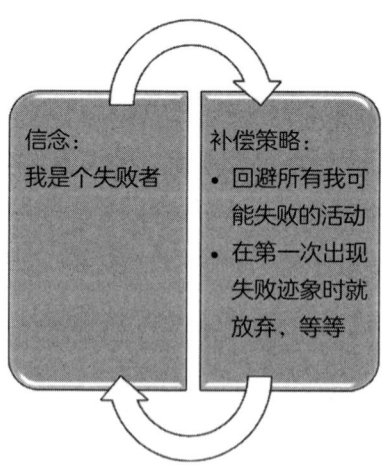

图 9.2 这是真的吗?它有用吗?

即使苏格拉底式提问的结果可能揭示出一个消极的信念是有依据的，但在将焦点转移到讨论信念的有用性之前，强化来访者在检查信念方面的努力是很重要的。如果不这样做，可能会导致一些来访者为探索所做的努力因为其结果而受到打击，因此他们未来就不太可能再努力探索了。因为探询的结果不能提前知道，而且当痛苦存在时，信念歪曲的可能性很高，因此来访者应该始终以一个想法的准确性为基础开始他们的检查。

我们用苏格拉底式对话得出新结论的标准是，我们希望共同发现真实的想法和有益的想法。这一观念在第七章"合作式好奇"中讨论过。当你有一个无效的消极信念，但基于证据这个信念可能正确时，这也是一种策略。当然，这些通常都是以歪曲信息集合为基础的负面想法。在陷阱 5 中，我们讨论了将证据和消极想法置于背景中。另一种策略是少关注想法的真实性，而多关注想法的影响。这里的基本思路是，你问来访者什么信念会帮助他们获得他们想要的反应。如果你考虑一下"前因 – 信念 – 结果"的 A–B–C 模型，这种情况的前因已经确定了，那么我们会问来访者："你想要什么类型的情绪和行为结果？""还有，你需要什么看似合理的信念来帮助你做到这些呢？"当然，这里的关键是，替代信念需要是现实的和可信的。建议使用第七章"合作式好奇"中的假设 A/假设 B 策略，以评估新的、更有用的想法。如果情况看起来更像是"两者兼有"的情况，那么可以使用第十二章"苏格拉底式辩证法"中提到的更辩证的策略。

处理真实性有争议的想法

还有另一种策略可以用于那些看起来错误但有争议的想法（见图 9.3）。这是从格雷格·布朗（Greg Brown）那里学到的（尽管可能有除了他以外的起源）。基本策略很简单。如果你有一个真实性有争议的消极想法，你可以避开争议，把这个想法作为一个潜在的情况，并聚焦于想法的情绪意义。看看这个例子：你有一个来访者没有被邀请参加家庭宴会，并确定其家人讨厌自己。这可能很难评估，因为我们不能根据经验推测来访者家人的想法和感受，而且有时人们是会讨厌别人的。所以，治疗师并不是聚焦于评估来访者的家人是否讨厌他，而是可以关注"家人可能讨厌他"的情绪意义。在这种情况下，聚焦于"我会永远孤独"的潜在脆弱性，使我们得以评估我们可以处理的、可能有效果的内容。

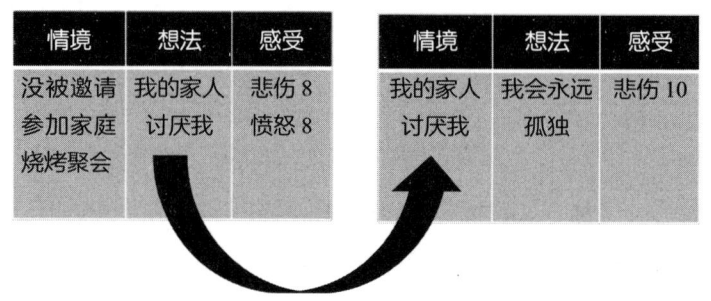

图 9.3　处理真实性有争议的想法

对于机智的苏格拉底式治疗师来说，还有另一种策略。认知大致可以分为两类，即推理类和评价类。顾名思义，推理认知（inferential cognition）涉及来访者对事件的推断。假设有一个来访者，他报告说自己走在街上，看到一个他认识但很久没见过的人走在街的另一边，向相反的方向走。当他们互相靠近时，来访者说："你好，杰克！"杰克没有回应，继续走他的路。如果来访者报告说他的想法是"他没有回任何话，因为他不喜欢我"，那么他是在推断为什么杰克没有回应他的问候。检查这个推论可能需要考虑是否存在对杰克行为的其他解释（例如，他当时很匆忙）。在贝克的方法中，推理认知通常更被强调。

如果临床工作者和来访者发现，也许杰克是因为不喜欢来访者而继续走路并且不说话，那么他们可能会发现引出和检查可评价认知（evaluative cognition）是一个有用的策略。可评价认知通常在理性情绪行为疗法中更受重视，它主要分为四类：绝对化要求、价值评价、糟糕至极和对挫折的不耐受（Dryden, 2013; Ellis & Harper, 1961）。

当一个人坚持认为世界与它现在的模样不同时，需求就会发生。在关于杰克的案例中，这一点可能涉及以下想法："人们应该总是礼貌待人并回应问候！"价值评价包括对自我或他人的非黑即白的评价，例如，"我是一个不值得被爱的人，因为杰克忽视了我"和"杰克真的是一个不周到的人！"。当来访者往坏处想时，他们会将不理想的事件提升到灾难的程度。例如，如果我们的来访者认为，"杰克忽视我真是太可怕了！"，就好像他们失去了一部分肢体，那么他们会产生糟糕至极的想法。对挫折不耐受包括对痛苦的极端评价，而这些痛苦按客观标准衡量是中等程度的。认为"我无法忍受人们不尊重我！"是这类认知的一个例子。尽管杰克可能不喜欢我们的来访者，但从来访者的绝对化要求、价值评价、糟糕至极和低挫折耐受方面帮助他们，可能会减少他们的痛苦，并对他们的问题解决能力产生积极的影响。

小　结

在本章中，我们描述了临床工作者在学习苏格拉底式策略时常遇到的七个陷阱。解决方案一般分为两类：（1）本章和本书其他部分所描述的苏格拉底式技能改进；（2）认知重建策略在苏格拉底式认知干预策略中的个体化应用。最后，虽然我们有一个整体的框架，但重要的是记住，这最终是一个苏格拉底式对话和引导发现的过程。当你聚焦于关键内容，认真地努力理解来访者和来访者的视角，共同应用好奇心和合作式经验主义以扩大这个视角，并把一切总结和整合到一起以推动有意义的改变，你会发现苏格拉底式策略既是一种思维方式，也是一种生活方式。真正的合作和真正的好奇心将让你在这个实践中走得更远。

注　释

1. 具体的策略在第五章"聚焦关键内容"中有详细介绍。
2. 这一步的机制在第八章"总结和整合"中有详细介绍。

参考文献

Dryden, W. (2013). On rational beliefs in rational emotive behavior therapy: A theoretical perspective. *Journal of Rational-Emotive and Cognitive-Behavior Therapy, 31*(1), 39–48.

Ellis, A., & Harper, R. A. (1961). *A guide to rational living*. Englewood Cliffs, NJ: Prentice-Hall.

Miranda, R., Weierich, M., Khait, V., Jurska, J., & Andersen, S. M. (2017). Induced optimism as mental rehearsal to decrease depressive predictive certainty. *Behaviour Research and Therapy, 90,* 1–8.

Peale, V. N. (1952). *The Power of Positive Thinking*. New York: Fawcett Crest.

Waltman, S. H., Hall, B. C., McFarr, L. M., Beck, A. T., & Creed, T. A. (2017). In-session stuck points and pitfalls of community clinicians learning CBT: Qualitative investigation. *Cognitive and Behavioral Practice, 24,* 256–267.

Webster, P., Stacey, D., Jones, D. (Producers), & Harris, T. (Director). (1991). *Rubin and Ed*. [Motion Picture]. United States: Working Title Films.

第十章

思维记录、行为实验和苏格拉底式提问

R.特伦特·科德和斯科特·H.沃尔特曼

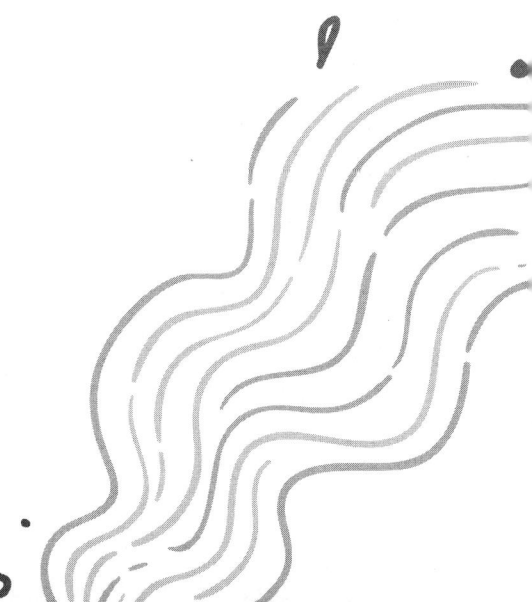

认知行为治疗（CBT）中苏格拉底式策略的目标是通过合作式经验主义促成认知、行为和情绪的改变（Kazantzis et al., 2018）。如前几章所述，合作式经验主义涉及与他人合作发现真相。这一引导发现的过程是由治疗技能训练辅助的（Beck, 2011）；为了加强合作，治疗师向来访者传授认知矫正的核心技能。在这一章中，我们讨论了苏格拉底式方法对认知干预的两个关键途径的强化：思维记录（Beck, Rush, Shaw & Emery, 1979）和行为实验（Bennet-Levy et al., 2004）。我们首先会简单介绍这些干预措施（包括它们的核心要素），然后提供实施这些干预的临床说明，从而实现这一点。

首先，更好地理解思维记录和行为实验如何通过协同工作而实现图式变化，会给我们带来帮助。对第十一章的回顾是额外的资源，这一章讨论了对核心信念的处理，让我们更好地理解会谈内和跨会谈策略如何共同促成信念和行为上的重大变化，并最终带来情绪功能上的重大变化。对这一过程是否充分理解是折中治疗师（eclectic therapist）与战略治疗师（strategic therapist）的区别。如果你看看图4.1，你会发现我们试图培养的新信念是建立在平衡的证据基础上的。在认知方面，我们可以使用思维记录表来评估来访者已经拥有（并意识到）的证据；在行为方面，我们可以使用行为实验来收集新的证据基础，以抵消由于回避而导致的经验缺乏的影响。

在第二章"为什么矫正性学习不能自动发生？"中，我们回顾了人们的行为反应如何受到预期的限制，以及这如何反过来限制他们在判断自己的想法是否正确时所借鉴的经验。想想看，一个人害怕在恋爱中被拒绝（因为他认为自己不讨人喜欢），所以他从不对一段关系做出完全的承诺。这种行为可能导致关系破裂，而他可能会将其解释为自己不讨人喜欢的进一步证据。将信念、预测、行为、结果和对结果的解释概念化，可以帮助你和来访者了解最佳干预点在哪里。

了解思维记录和行为实验如何协同工作以实现跨会谈的改变，也会有所帮助。一个成功完成的思维记录将使视角发生逐步的改变。这种新的视角可以作为尝试新行为反应的理由，以检验新的视角或收集更多的证据来进一步评估这种视角。新的行为可以带来新的经验，而新的经验可以用来更全面地评估关键的认知目标（即核心信念）。通过逐步改变想法和行为，我们可以建立一个新的图式系统，而这一系统将更好地为来访者服务（见图10.1）。

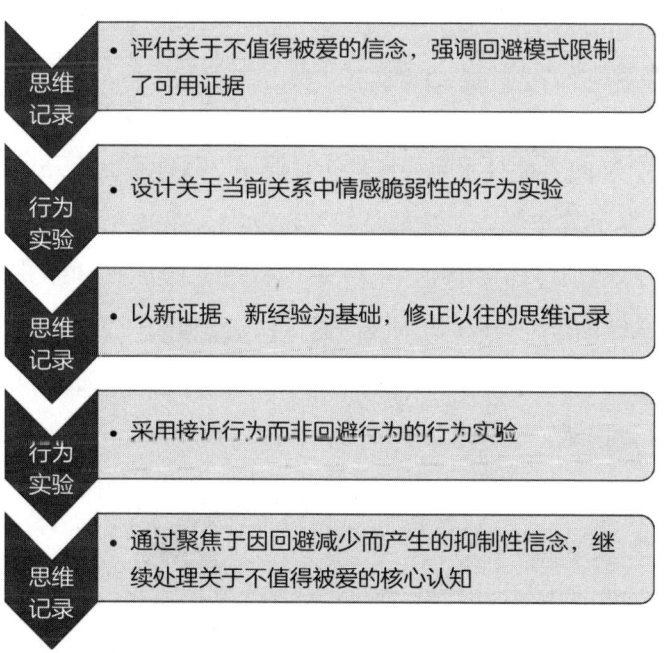

图10.1 分层思维记录和行为实验示例

思维记录

思维记录（Beck et al., 1979）代表了 CBT 中的一种核心干预策略，主要用于教授认知模型以及促进认知改变。思维记录的格式、组成部分和复杂性自出现以来发生了很大的变化，产生了许多已出版和未出版的版本。例如，沃尔特曼、弗兰克尔（Frankel）、霍尔（Hall）、威利斯顿（Williston）和雅格–海曼（Jager-Hyman）（2019）找到了 110 条不同的思维记录，并将其编码成 55 个独特的要素组合。他们的思维记录编码系统的基本类别与思维记录的基本功能以及该功能是如何实现的有关。思维记录可以在治疗的早期使用，通过三栏思维记录表来演示和教授认知模型，而之后的认知改变可以通过使用其他版本的思维记录表来实现，例如五栏思维记录表、七栏思维记录表或 A–B–C 工作表（参见 Waltman et al., 2019）；下面将对此进行详细说明。

思维记录的名称也因版本和时间的不同而有所不同。很多名称中都包含"功能失调"这个词，比如在"功能失调思维记录表"或者"功能失调思维的日常记录"中。大多数情况下，从临床的角度来看，对来访者使用的名称无关紧要，只要所选的名称对于同一位来访者使用一致即可。但是，我们建议将"功能失调"从标题中删除，特别是如果它包含在提供给来访者的工作表中。我们提出这个建议有两个原因。第一个原因是，这个词的存在假定询问的结果将是对功能失调的思维的识别。从这一假设出发，违背了苏格拉底式对话的核心姿态：对新信息以及询问引导的方向保持开放态度（即苏格拉底式的不知情）。第二个原因是，一些来访者可能会认为这种语言是情感否定性的（参见本书第十二章关于将苏格拉底式策略纳入辩证行为治疗的使用的内容）。在本章中，我们将简单地把这些工具称为思维记录。

思维记录是有用的，因为它外化了认知重建的过程。也就是说，思维记录提供了一份书面路线图，其中包括对序列中每个步骤的提示，以及未来回顾学习要点的方法。帕德斯基认为，使用思维记录可以帮助来访者学习如何参与苏格拉底式的过程（参见 Kazantzis，Fairburn，Padesky，Reinecke & Teesson，2014）。通过使用框架帮助来访者学习主要步骤也促进了这一点。随着时间的推移，他们对框架的完成可以变得更加灵活，但遵循常规程序可以帮助他们学习这项技能。把这项技能记在他们随身携带的工作表上，有助于他们将这项技能从会谈转移到"现实生活"中。思维记录表还提供了一种与思维保持距离的具象方式，并要求来访者积极练习这种技能（例如，写下来而不是"在自己的头脑中"进行）。我们通过这种方式教来访者成为他们自己的治疗师（Beck，2011）。

思维记录：教授认知模型

思维记录的一个核心用途是向来访者教授认知模型。如果你在改变认知方面遇到困难，你可能首先想知道来访者对认知模型的理解和接受程度。本书的另一章主要讨论障碍排除策略。要记住的第一件事是，当来访者看到他们的信念如何影响他们的行为和思考方式时，他们会更多地采用苏格拉底式策略。所以，我们首先解释认知模型，然后用三栏表或类似的思维记录表为来访者进行演示。本书的第三章"入门指南"详细展示了如何给来访者介绍认知模型，以及如何从他们的生活中提取例子来演示模型。本章中讨论的"聚焦工作表"是为了完成三栏思维记录表的任务而创建的（见工作表 5.1）。第五章"聚焦关键内容"中详细讨论了如何使用"聚焦工作表"。本章将重点关注更普遍的三栏思维记录表的使用。

有几种方法可以用来教授认知模型。一些治疗师画出一个三角形，在角上标注"想法""情绪"和"行为"。有一种专门为这项任务开发的思维记录表，被称为三栏思维记录表。这项任务的核心元素是三栏，分别表示情绪困扰发生时的情境、与情绪相关的想法以及情绪反应的性质。三栏思维记录表有不同的版本，通常这些栏分别标有"情境""自动思维"和"情绪"——顺序有时会不同。然而，如果目标之一是帮助来访者发现他们的自动思维和生理反应或行为反应之间的关系，也可以在表中增加专门讨论生理和行为反应的内容。思维记录的实施包含苏格拉底式对话和将关键项目写在思维记录表上这两者间的相互作用。

情境,简单地说,就是引起痛苦的背景。运用想象或表演情境有助于提高情境中重要元素的突出程度,从而在以后产生与想法和情绪相关的更丰富的记忆。用于评估情境的问题如下。

- 什么事情似乎引发了你的痛苦?
- 当你注意到你的痛苦发生变化时,周围发生了什么?

情境并不总是完全在人的外部,它可能包括一些内部变量。这些内部变量是令人苦恼的自动思维的前因。在这些情况下,以下提问可能是有用的。

- 你内在有没有体验到任何似乎会引起你的痛苦的东西呢(例如,身体感觉、想法、意象)?

根据你使用的表单,"自动思维"可能是接下来的一栏。如果是这种情况,那么跳到"情绪"一栏可能会有所帮助,因为这可以突出情绪,而情绪反过来又可以作为检索重要想法的有用线索。如果你遵循这一策略,你可以说:"接下来我们将暂时跳过'自动思维',先关注'情绪'这一栏。我们稍后会讨论原因。"评估情绪的有用问题如下。

- 你经历了什么样的痛苦情绪?
- 哪种情绪标签最能反映你在这种情况下的感受?
- 你当时情绪如何?
- 按 0—100 打分评估,你感觉有多[沮丧/焦虑/愤怒/等等]?

在评估及记录情绪反应后,我们返回"自动思维"一栏,评估并记录来访者的思维。以下是一些示例问题。

- 在你注意到［抑郁/焦虑/愤怒/等等］的变化之前，你对自己说了什么？
- 当时你脑子里在想什么？
- 你有没有想到什么画面或意象？
- 你还有过其他什么想法或意象吗？
- 如果我能在那种情况下观察到你头上的思维气泡框，我会在那些气泡框中看到什么？
- 那一刻你有什么想法？

当这三个要素（即情境、自动思维和情绪）被理顺并记录在思维记录表中后，下一步就是帮助来访者理解它们之间的关系，以及打破这三个要素的自动性并将其彼此分离所带来的好处。以下是一些关键问题。

- 这些（指着思维记录表上的文字）看起来是如何联系在一起的？
- 当你看到我们拆开的这些部分时，你有什么想法？
- 你能从这个练习中学到什么吗？
- 我想知道你的想法和情绪之间是否有某种联系？
- 情境与想法（想法与情绪）之间有什么不同？
- 你通常是分别体验情境、想法和情绪，还是同时体验它们？把它们分开可能会有什么好处？
- 你觉得把这些写下来有用吗？如果我们只是在脑子里想要这么做，你觉得会怎么样？
- 在这些情况下，你通常会意识到自己的想法，还是更能意识到自己的痛苦情绪？你知道提高对想法的觉察可能会有什么帮助吗？

思维记录：促进认知改变

根据对现有思维记录和沃尔特曼及其同事（2019）开发的编码系统的分析，思维记录可以通过三种不同的方式促进认知改变。第一种方法叫理性反应（Beck et al., 1979; Layden, Newman, Freeman & Morse, 1993），包括直接要求来访者选择一个看起来更合理的替代想法。第一个五栏思维记录表就是这种风格的（Beck et al., 1979）。思维记录可以用来促进认知改变的第二种方法是，专注于理解原始思维被扭曲的原因，例如通过识别认知歪曲。伯恩斯（Burns, 1989）是第一个将聚焦认知歪曲与思维记录相结合的人。帕德斯基开发并开创了第三种类型的思维记录，以她的七栏思维记录表为代表（Greenberger & Padesky, 2015; Padesky, 1983）。七栏思维记录表开发的契机是，她发现会谈中来访者在她的指导下能够很好地使用思维记录，但他们很难自己做到。她检查了治疗师和来访者在治疗过程中一起做了什么，以及来访者自己完成时没有做什么，然后发现缺失的部分是检查证据（见 Waltman et al., 2019）。因此，她开发了七栏思维记录表，上面有一个区域专门用来评估存疑的想法的证据，以帮助来访者独立完成她和他们在会谈中共同完成的任务。

"苏格拉底式思维记录表"（见工作表 4.1）是为了推动我们的苏格拉底式对话的四步框架而开发的。框架的四个步骤中的每个步骤在本书中都有一个专门章节，另外还有一个章节将整个过程联系在一起。临床工作者可以自由使用他们喜欢的任何思维记录表。目前，科学研究的现状是，我们不知道不同思维记录表的临床结果是否有差异。很少有研究对不同的思维记录表进行直接比较（Waltman et al., 2019）——尽管有一些早期迹象表明可能存在差异，或者不同的人群对不同的思维记录表可能有不同反应（见 Waltman et al., 2019）。从功能上说，要求来访者以不同的方式看待情境，询问他们的观点是否被歪曲，以及要求他们评估情境以得出一个更加平衡和准确的想法，这两者之间是有区别的。后一种策略更符合合作式经验主义，也是更"苏格拉底式"的策略。

临床工作者使用思维记录的最终目标是改变认知，从而改善情绪反应。来访者成功使用思维记录的其余要素的一个重要前提是充分理解认知模型（刚刚描述的思维记录表的前三栏）。一些来访者很快就掌握了模型，而另一些来访者需要进行多次实践试验才能发展这项必备技能。重要的是，在理智上理解认知模型并不足够。来访者必须能够辨别他们体验到的情感变化，并将其作为搜索重要认知内容的线索。此外，他们必须能够成功地识别自己的自动思维。

如果你使用的是五栏或七栏的思维记录表，那么一旦完成了前三栏，你就必须与来访者合作，为苏格拉底式对话的开展确定重点。这个过程在本书的第五章"聚焦关键内容"中有详细阐述。而在本章中，"聚焦工作表"（工作表 5.1）用于强调如何将情境分解以确定最令人痛苦的因素，如何识别与最痛苦部分相关的各种想法，以及如何专注于最痛苦的想法或者其情感意义。成功和有效的认知干预依赖于成功的聚焦策略。仅仅因为一个想法听起来扭曲或痛苦就选择它，这是一场可能不会成功的赌博，而花时间了解情况并权衡你的选择，可以帮助你在合作中为思维记录选择最佳目标。此外，与来访者一起做这些可以帮助他们学习如何专注于关键想法。以下是一些有助于完成这项任务的问题。

- 问题的不同部分是什么？
- 哪一个部分最让你苦恼？
- 你认为这种情况意味着什么？
- 你在告诉自己什么？
- 如果今天我们改变一个想法，而那会让你的世界变得大不一样，你会改变哪个想法？
- 哪个想法最让你心烦？

这个过程的下一步将取决于你正在使用的思维记录表。理想情况下，你希望你在会谈中遵循的步骤与你正在使用的思维记录表中的流程或提示保持一致，以便来访者可以自己学习这些步骤。如果你正在使用我们的"苏格拉底式思维记录表"，你将首先努力更好地理解这个想法。以下是你可以问来访者的一些问题，这些问题与"苏格拉底式思维记录表"中的提示一致。

- 这一想法基于什么经验？
- 有什么事实支持这种想法？
- 如果这是真的，你认为支持它的最有力证据是什么？
- 这是过去有人直接对你说的吗？
- 相信这种想法是什么感觉？
- 你相信这一点多久了？
- 什么时候你会更相信和更不相信这一点？
- 当这样的想法出现时，你通常会做什么？

在你对你的目标想法有了很好的理解之后，你将努力通过合作式（共同的）好奇心扩大这种理解。以下是你可能会问来访者的一些问题，它们与"苏格拉底式思维记录表"中的提示是一致的。

- 上述陈述中是否遗漏了重要的背景？
- 你以前的行为是否影响了你的体验？
- 我们不知道的是什么？
- 有哪些事实告诉你这可能不是真的？
- 有没有我们忘记的例外情况？
- 你会告诉朋友什么？
- 朋友会告诉你什么？
- 一直都是这样吗？
- 相信这种想法对你的行为和现有证据有什么影响？
- 我们能去收集新的证据吗？

苏格拉底提问的经典步骤是分析和整合——将其分解，再重新结合在一起。一场以思维记录为工具的苏格拉底对话，没有总结和整合的步骤是不完整的。在这个步骤中，我们帮助来访者以一种能产生持久和平衡的信念的方式将一切整合起来，而这种信念可以带来持久和有意义的变化。我们可以把总结看作将我们在思维记录的评估部分中涵盖的不同元素整合在一起。整合部分则是将总结与更大的图景结合在一起。这就是我们让新的学习变得明确的地方。这里有一些有用的问题，它们与"苏格拉底式思维记录表"中的提示是一致的。

- 那么这一切是如何整合在一起的呢？
- 你能为我总结一下所有的事实吗？
- 什么样的总结声明能两方面兼顾？
- 你如何将我们的新陈述与我们正在评估的想法相协调？（或者如何与我们关注的核心信念相协调？）

最后一步是评估询问的影响。检验是否降低了目标想法的可信度？情绪困扰的程度是否变得与事件更相称了？最后，我们想问来访者"你如何在接下来的一周里应用这个新视角？"，从而将新视角与计划中的行为改变联系起来。这为行为实验奠定了良好的基础，它可以通过直接检验或收集新的证据为未来的思维记录提供信息，从而强化新的视角。

行为实验

行为实验是 CBT 中常用的一种有效的认知改变策略（Clark，1989；Greenberger & Padesky，2015；Wells，1997）。行为实验起源于行为疗法，（经过改进后）现在被广泛用于各种认知和行为疗法（参见 Bennett-Levy et al.，2004；Greenberger & Padesky，2015；Waltman，2020）。CBT 的一个核心组成部分是引发认知改变，而行为实验允许使用行为手段以促成认知改变（即通过改变行为而改变思维；参见 Beck et al.，1979）。贝克的苏格拉底式过程的核心是合作式经验主义，而行为实验以合作的方式进行设计和实施，是这一过程的典型。此外，还有一些传统的认知策略可以用来加强行为实验，下文将对此进行讨论。

在贝克（1979）关于认知疗法理论方面的开创性文章中，他描述了如何运用科学方法对来访者的信念进行实验。本质上，这就是行为实验，将科学探究和好奇心应用于预测。贝克继续解释说，个人对情境的感知受限于他对现实的感知，而他对现实的参与也受到其世界观的限制。从概念上来说，我们可以把这些结合起来理解：一个人持有的信念基于他对现实的体验；这种信念可以塑造他的现实，并创造一个反馈循环来强化这种信念。例如，一个人的预测和行为通常基于他的信念系统，因此限制了他在形成世界观时可以借鉴的经验——回避阻碍了个人获得矫正性学习的机会（Beck，1979）。

虽然没有经验证明这一点，但人们认为，行为实验比思维记录更有影响力。有人认为：

> 形成替代性解释（洞察）通常不足以产生巨大的情绪转变。因此，治疗中一个关键但有时被忽视的步骤是，在行为实验中检验患者的认知评价。这会产生针对患者的威胁性解释的经验性新证据。
>
> （Ehlers & Wild，2015，p.166）

研究者们研究了行为实验和思维记录的差异效应。本内特-莱维（Bennett-Levy，2003）进行了一项开创性的混合方法研究，比较了行为实验和思维记录（作为治疗师和在训治疗师的体验性CBT培训项目的一部分）。他发现，治疗师们认为在他们自身的实践中，行为实验比思维记录更强大、更有说服力。麦克马纳斯等人（McManus et al.，2012）扩展了这一研究路线，并在针对亚临床强迫障碍相关思维的单次干预中，比较了思维记录和行为实验的效果。参与者发现这两种方法都是有益的，并报告了行为实验比思维记录略有优势的证据——表现在目标思维变化得更快，以及对新学习的知识有更大程度的泛化。

值得注意的是，这两项研究都是在非临床人群中进行的，因此需要对该主题做进一步的研究。临床上，我们建议同时使用这两种策略，因为它们能够以互补的方式使用，正如本章开头所展示的那样。

行为实验（Bennet-Levy et al., 2004；Waltman, 2020）是一种常用的认知重建的方法。它教来访者使用科学过程系统地检验他们的信念。就像思维记录一样，行为实验多年来已经有了不同版本，尽管变化小得多。广义上，我们可以将行为实验分为三类。

- **检验一个特定的预测**。检验特定的预测是最常见的行为实验类型。这可以用来检验通过思维记录或理性反应形成的替代思维是否真的正确。实际上，你不需要通过思维记录就能找到一个要验证的预测，尽管这是一个在成功的思维记录上建立和加强动力的好方法。总体的想法是，我们试图聚焦那些阻止更加灵活的行为的预测，以培养更具适应性和更准确的预测。
- **收集新证据**。收集新证据属于行为实验的范畴，尽管它可能不是一个真正的实验。如果由于回避或缺少接触而缺乏否定信念的证据，这是一种理想的策略。这些操作可以在会谈中进行，也可以在会谈之外完成。
- **做一些不同的事情**。这实际上不是一个行为实验。有时治疗师可能会说："为什么我们不试一试，看看会发生什么？"或者让来访者不要做不熟练的行为。这些有时可能是有用的建议，但它们是力量不足的干预。如果让它们变成真正的行为实验，可能会更好。我们感兴趣的不仅仅是让来访者在他们的生活中做一些不同的事情；我们想要更机智，让他们为成功做好准备。

行为实验是科学方法在思维和行为上的应用。克劳福德和斯图基（Crawford & Stucki, 1990）将科学方法概括如下：（1）定义问题；（2）收集信息和资源；（3）形成解释性假设；（4）以可复制的方式进行实验和收集数据，从而检验假设；（5）分析数据；（6）解释数据并得出结论，作为新假设的起点；（7）公布结果；（8）重新检验。我们之前扩展了该模型，以解决在现实世界基于实践的环境中进行研究的一些常见问题和陷阱（见 Codd，2018）。

步骤 1：提出问题

步骤 2：咨询文献/主题专家

步骤 3：确定研究问题

步骤 4：设计研究

步骤 5：寻求咨询反馈

步骤 6：预试验/概念验证

步骤 7：评估和完善

步骤 8：正式实施研究

步骤 9：数据清洗并分析结果

步骤 10：根据现有文献解释结果

步骤 11：传播研究发现

在本章中，我们修改了基于实践的研究方法（见 Codd，2018），并将其与现有的行为实验框架进行整合（Bennett-Levy et al., 2004; Ehlers & Wild, 2015; Leahy, 2017），以创建一个行为实验框架。该框架强调临床效用，增强了合作和经验主义。

步骤 1：找出阻碍你的预测

步骤 2：确定替代预测

步骤 3：确定行为实验问题

步骤 4：设计实验

步骤 5：列出任何阻碍实验成功进行的障碍或可能出错的情况（注意克服障碍的策略）

步骤 6：进行实验

步骤 7：分析实验结果

步骤 8：注意从实验中可以得出什么结论

步骤 9：重新评估对目标信念和替代信念的相信程度

步骤 10：根据研究结论制订行动计划

行为实验模型将在下面详细说明和演示（见图 10.2 和图 10.3）。

行为实验计划

- 是什么样的恐惧或负面预测让我无法过上我想要的生活？
- 具体来说，那种恐惧让我觉得可能会发生什么？我多大程度上相信这会发生（1%～100%）？
- 对于可能会发生的事情，是否有合理的替代预测？我多大程度上相信这会发生（1%～100%）？
- 具体来说，我要验证什么？这能被证明吗？
- 计划是什么？谁，做什么，何时，何地，以及如何验证我的预测？
- 我怎么知道这是不是真的？
- 可能会出现什么问题？我该怎么做才能成功？
- 我按计划进行实验了吗？我需要重新制订计划吗？
- 实际发生了什么？
- 实验结果对我的预测和替代预测意味着什么？
- 我遗漏了什么吗？
- 我对自己的预测的信念发生了怎样的变化？我会给每个信念打多少分（1%～100%）？
- 我学到了什么？
- 在接下来的一周里，我如何才能在这个新的学习的基础上再接再厉呢？

图 10.2　行为实验表

行为实验计划

- 是什么样的恐惧或负面预测让我无法过上我想要的生活？
  没人喜欢我。

- 具体来说，这种恐惧让我觉得可能会发生什么？我多大程度上相信这会发生（1%～100%）？
  预测——没有人会回应"你好"或其他问候，也不会和我进行任何程度的交谈（95%）。

- 对于可能会发生的事情，是否有合理的替代预测？我多大程度上相信这会发生（1%～100%）？
  我表达社交信号的方式会影响其他人对我的回应。如果我能更有效地表达社交信号，我就能积极地影响社交互动。这不是我的问题，而是我的社交技巧的问题（45%）。

- 具体来说，我要验证什么？这能被证明吗？
  我是否会得到不同的社交反应取决于我的行为。熟练的互动会产生与不熟练的互动不同的结果吗？是的，如果我的行为有影响，我可以追踪我做了什么以及它有什么影响。

- 计划是什么？谁，做什么，何时，何地，以及如何验证我的预测？
  在接下来的一周里，当我与同事相遇时，我会注意我的社交信号。具体来说，在下一周的一半时间里，我会特别注意看着经过的每一位同事，同时微笑、动动眉毛、缓缓呼吸。在另一半时间里，我会面无表情地看着路过的每位同事。我的脸上不会有表情，没有微笑、不会动眉毛，也没有呼吸节奏的改变。

- 我怎么知道这是不是真的？
  每次互动后，我会根据他们是否回复我的问候、是否试图与我交谈或说了任何赞美的话，给我认为的互动的积极程度评分（按0—10分打分）。我会记下哪些日子与更积极的互动相关。

- 可能会出现什么问题？我该怎么做才能成功？
  潜在的障碍包括：（1）在一周的工作中，我可能遇到的人不够多，无法得出任何结论。如果发生这种情况，我将继续实验一周。（2）同事可能因为赶时间或担心一些与我无关的事情而不与我交谈。如果这发生了，我会提醒自己这些替代的可能性。

- 我按计划进行实验了吗？我需要重新制订计划吗？
  实验进行了一周。

图 10.3　行为实验表示例

- 实际发生了什么？
  在面无表情日的 15 次互动中，3 位同事向我打招呼，2 位微笑（我给这 3 位同事打了 8 分或更高分）。其余互动的特点是他人没有或很少与我互动，我对所有这些互动的评分都低于 5 分……在亲社会信号日，我有 12 次互动，其中 9 个人与我积极互动（我给这些互动打了 8 分或更高分）。

- 实验结果对我的预测和替代预测意味着什么？
  我向别人表达社交信号的方式会对他们对我的回应产生积极影响，这会让我感觉自己更受欢迎。这可能是我断定没人喜欢我的一个原因。我将继续这样做一个星期，以获得更多的信心。

- 我遗漏了什么吗？
  可能是过去我糟糕的社交信号影响了人们对我的看法，也许随着时间的推移，这种情况会变好。

- 我对自己的预测的信念发生了怎样的变化？我会给每个信念打多少分（1% ~ 100%）？
  没人喜欢我 = 60%；我的社交信号会影响他人与我的关系 = 75%

- 我学到了什么？
  我明白到，我发送给别人的社交信号会影响他们对我的回应。

- 在接下来的一周里，我如何才能在这个新的学习的基础上再接再厉呢？
  我想继续练习我的技能并追踪反馈，以收集更多的数据并获得更多的练习。

图 10.3 （续）

步骤 1：找出阻碍你的预测

与其他苏格拉底式策略类似，我们希望行为实验的目标具有策略性。请记住，行为实验的目标是通过改变行为而改变想法。因此，我们想要验证那些有利于我们想鼓励的新行为的预测，或者是那些阻碍更熟练行为的负面预测。我们教来访者问自己的问题如下："是什么样的恐惧或负面预测让我无法过上我想要的生活？""具体来说，这种恐惧让我觉得可能会发生什么？""我多大程度上相信这会发生（1% ~ 100%）？"

请参阅上面的行为实验示例。流程中的每一步都有一些关键的注意事项。关于第一步，确定要验证的认知，重要的是将认知明确为可证伪的形式（因为你无法证明那些否定的判断）。这通常可以通过问问自己从所陈述的信念中能得出什么预测来实现。任何特定的信念都可能有一种或几种含义。在已完成的行为实验表提供的例子中，"没有人喜欢我"这一信念很难检验。然而，从这个想法得出的一个预测是，没有人会回应简单愉快的问候，也不会与来访者闲聊或进行更深入的对话。安排一个实验来验证"我的社交信号会影响某人是否回应我的问候"这一想法，难度要小得多。

步骤2：确定替代预测

我们教来访者问自己的问题如下："对于可能会发生的事情，是否有合理的替代预测？""我多大程度上相信这会发生（1% ~ 100%）？"

可能的替代性观点的第二个组成部分至少涉及两个考虑因素。首先，重要的是确定来访者需要学习什么才能解决他们的问题。这部分问题的答案指向一种类型的信念，而实验有助于明确和验证这类信念。在上面提供的示例中，我们确定来访者需要了解的一件事是，她可以在一定程度上控制人们与她的关系，因此，她的"可爱度"并不是导致这些令人不安的互动的固定品质。其次，考虑到来访者核心信念的偏差效应，确定他们可能难以参与的实验情境的各个方面是有用的。明确指出另一种信念，有助于引导来访者将注意力转向他们原本可能没有注意到（因而干扰了重要的学习）的情境特征。

步骤3：确定行为实验问题

我们教来访者问自己的问题如下："具体来说，我要验证什么？""这能被证明吗？"

这部分的功能是进行检查并确保每个人达成共识，并讨论验证信念的可行性。在每个人都达成共识的情况下，这似乎是多余的，但它能保障安全和充实目标预测，这样你才能成功。

步骤 4：设计实验

我们教来访者问自己的问题如下："计划是什么？""谁，做什么，何时，何地，以及如何验证我的预测？""我怎么知道这是不是真的？"

下一步是设计一个实验。除了确保练习有可能产生与被验证的认知相关的新知识之外，详细描述实验非常重要。例如，实验将持续多长时间？结果将如何衡量？来访者会说什么/做什么？在整个实验过程中，来访者将执行该程序多少次？

我们还想明确定义我们正在验证什么，否则人们会扭曲所发生的事情以使之符合他们的期望。例如，焦虑的人可能完成了一项困难的任务，然后错误地认为这是一次失败，因为他们在任务中变得焦虑。这就是为什么明确界定成功的标准是重要的。在这个焦虑的例子中，我们可以清楚地讨论来访者如何因为正在做一些自己害怕做的事情而感到焦虑，但我们正在检验他们是否在感到焦虑时依然可以做事情。值得注意的是，你可能需要在复盘时再次回顾这一点。

步骤 5：列出任何阻碍实验成功进行的障碍或可能出错的情况（注意克服障碍的策略）

我们教来访者问自己的问题是："可能会出现什么问题？我该怎么做才能成功？"

接下来是一个经常被忽视的重要部分：预测可能出现的障碍和问题。这是至关重要的一步，因为通常情况下，当你第一次做某事时，它不会像你希望的那样顺利。临床工作者应该问问自己，来访者是否有进行实验所必需的技能。在上面提供的示例中，来访者使用的是全然开放的辩证行为治疗（Radically Open Dialectical Behavior Therapy；Lynch，2018）中的一种名为"大 3+1（Big 3+1）"的基本技能。首先，来访者必须接受该技能的培训，直到他们能够熟练使用该技能。可以想象，如果一个来访者皱眉微笑，这种行为会令人反感而不是受欢迎。如果来访者没有现有的技能，那么临床工作者应该提出不同的实验，或者在进行实验之前训练技能。此外，重要的是确定哪些方面可能出现问题，或者哪些问题可能在可预见的程度上出现。例如，如果有一个会谈外暴露型的实验，其他人可能会注意到来访者的行为。这可能吗？如果是这样，会不会有问题？如果临床工作者陪来访者走出办公室，可能会有人走近来访者和临床工作者，询问他们在做什么吗？作为临床工作者，为了不侵犯来访者的隐私，你会说什么呢？

我们正在排除与实际实验实施以及治疗依从性相关的阻碍。是否存在阻碍来访者完成实验的障碍？他们容易忘记吗？我们安排好他们进行实验的时间了吗？我们需要提醒他们吗？我们需要制作应对卡片来说明为什么这样做吗？我们是否计划了进行实验的最佳时间？

步骤6：进行实验

我们教来访者问自己的问题如下："我按计划进行实验了吗？""我需要重新制订计划吗？"

这一步很简单。我们希望来访者追踪自己是否按计划进行了实验。还有一个问题是，是否需要修改计划。这是因为有时会出现意想不到的障碍。我们希望将重点放在是否需要重新制订计划上，而不是让来访者把这当作一次失败的经历。所有的数据都是有价值的。如果我们发现了一个新的、意料之外的障碍，我们可能需要和来访者在会谈中一起重新思考这项实验。

步骤7：分析实验结果

我们教来访者问自己的问题是："实际发生了什么？"

进行实验后，让来访者记录所有相关数据是很重要的。如果来访者追踪当天发生的事情，而不是在你办公室的等候室填写表单，你将获得最准确的数据。这一步最重要的考虑是来访者只列出事实，而不是他们对这些事实的解释。解释将在下一步进行。请注意，在本章前面的行为实验示例中，客观地列出数据和解释这些数据是两个不同的步骤。

步骤8：注意从实验中可以得出什么结论

我们教来访者问自己的问题如下："实验结果对我的预测和替代预测意味着什么？""我遗漏了什么吗？"

这一步的目标是从实验中得出明确的结论。在治疗的早期，这是你要和来访者一起做的事情。记住，来访者的结论将会被他们的期望所过滤，所以这是一个机会，让你帮助他们理清看法，并得出更有建设性的观点。讨论他们是否遗漏了什么，可以用于处理实验中发生的负性事件。他们可能会遗漏有助于缓和负性调查结果的重要背景。

步骤9：重新评估对目标信念和替代信念的相信程度

我们教来访者问自己的问题如下："我对自己的预测的信念发生了怎样的变化？""我会给每个信念打多少分（1% ~ 100%）？"

行为实验的一个重要组成部分是通过重新评价对两个被验证的想法（即目标认知和替代认知）的相信程度来评估和记录实验的影响。

步骤10：根据研究结论制订行动计划

我们教来访者问自己的问题如下："我学到了什么？""在接下来的一周里，我如何才能在这个新的学习的基础上再接再厉呢？"

我们方法的一个指导原则是将认知和行为策略交织在一起促成改变。在这里我们看到了在行为实验之后，认知策略是如何被用于得出新结论的。接下来，我们想在这一结论的基础上，制订计划，并采取行动。这将继续培养新的经验，为我们的认知策略提供更广泛的经验基础。

小 结

思维记录和行为实验是认知重建的两种主要干预措施。为了优化这些治疗程序的有效执行，临床工作者应辅之以有效的苏格拉底式策略。此外，带来改变的认知和行为手段可以层层叠加，以增强临床效果。所有这些都可以共同为来访者的生活带来动力和改变。

参考文献

Beck, A. T. (1979). *Cognitive therapy and the emotional disorders*. New York: Meridian.

Beck, A. T., Rush, A. J., Shaw, B. F., & Emery, G. (1979). *Cognitive therapy of depression*. New York: Guilford Press.

Beck, J. S. (2011). *Cognitive behavior therapy: Basics and beyond* (2nd ed.). New York: Guilford Press.

Bennett-Levy, J. (2003). Mechanisms of change in cognitive therapy: The case of automatic thought records and behavioural experiments. *Behavioural and Cognitive Psychotherapy, 31*(3), 261–277.

Bennett-Levy, J. E., Butler, G. E., Fennell, M. E., Hackman, A. E., Mueller, M. E., & Westbrook, D. E. (2004). *Oxford guide to behavioural experiments in cognitive therapy*. New York: Oxford University Press.

Burns, D. D. (1989). *The feeling good handbook*. New York: William Morrow.

Clark, D. M. (1989). Anxiety states: panic and general anxiety. In K. Hawton, P. M. Salkovskis, J. Kirk, & D. M. Clark (Eds.), *Cognitive behaviour therapy for psychiatric problems* (pp. 52–96). Oxford: Oxford Medical Publications.

Codd III, R. T. (Ed.). (2018). *Practice-based research: A guide for clinicians*. New York: Routledge.

Crawford, S., & Stucki, L. (1990). Peer review and the changing research record. *Journal of the American Society for Information Science, 41*, 223–228.

Ehlers, A., & Wild, J. (2015). Cognitive therapy for PTSD: Updating memories and meanings of trauma. In U. Schnyder and M. Cloitre (Eds.), *Evidence based treatments for trauma-related psychological disorders* (pp.161–187). Cham, Switzerland: Springer.

Greenberger, D., & Padesky, C. A. (2015). *Mind over mood: Change how you feel by changing the way you think*. Guilford Press.

Kazantzis, N., Beck, J. S., Clark, D. A., Dobson, K. S., Hofmann, S. G., Leahy, R. L., & Wong, C. W. (2018). Socratic dialogue and guided discovery in cognitive behavioral therapy: A modified Delphi panel. *International Journal of Cognitive Therapy, 11*(2), 140–157.

Kazantzis, N., Fairburn, C. G., Padesky, C. A., Reinecke, M., & Teesson, M. (2014). Unresolved issues regarding the research and practice of cognitive behavior therapy: The case of guided discovery using Socratic questioning. *Behaviour Change, 31*(01), 1–17.

Layden, M. A., Newman, C. F., Freeman, A., & Morse, S. B. (1993). *Cognitive therapy of borderline personality disorder.*Needham Heights, MA: Allyn & Bacon.

Leahy, R. L. (2017). *Cognitive therapy techniques: A practitioner's guide.* New York: Guilford Press.

Lynch, T. R. (2018). *Radically open dialectical behavior therapy: Theory and practice for treating disorders of overcontrol.*Oakland, CA: Harbinger Publications.

McManus, F., Doorn, K. V., & Yiend, J. (2012). Examining the effects of thought records and behavioral experiments in instigating belief change. *Journal of Behavior Therapy and Experimental Psychiatry, 43*(1), 540–547.

Padesky C. A. (1983). *Seven column thought record.* Huntington Beach, CA: Center for Cognitive Therapy.

Waltman, S. H. (2020). Targeting trauma-related beliefs in PTSD with behavioral experiments: Illustrative case study. *Journal of Rational-Emotive and Cognitive-Behavior Therapy, 38,* 209–224.

Waltman, S. H., Frankel, S. A., Hall, B. C., Williston, M. A., Jager-Hyman, S. (2019). Review and analysis of thought records: Creating a coding system. *Current Psychiatry Research and Reviews, 15,* 11–19.

Wells, A. (1997). *Cognitive therapy of anxiety disorders.* Chichester, UK: Wiley.

第十一章

针对核心信念和图式进行工作

斯科特·H.沃尔特曼

概　　述

有些认知比其他认知更难改变。阿伦·贝克（1979）解释说，核心信念是僵化的绝对主义信念。在临床上，当你遇到一个核心信念时，你会发现它根深蒂固，你的来访者会间歇性地认为它是完全正确的，或者"感觉"完全正确。由于缺乏关于如何处理核心信念的培训，处理核心信念变得复杂（James & Barton, 2004）。心理治疗的受训人员通常接受许多关于如何开始治疗的临床培训，还有一些是关于治疗中期阶段的培训，很少接受关于治疗结束阶段的培训，而这一事实可能会加剧上述情况（Waltman, Rex & Williams, 2011；Waltman, Williams & Christiansen, 2013）。核心信念工作具有挑战性，但也很有意义。如果你先阅读并实践前面的章节，你将会从本章中获得最大的收获；这类似于我们通常不是从处理核心信念开始，而是逐渐迈向这一步（这样我们就可以利用之前教给来访者的技能）。

回顾核心信念和图式

在本书的前几章中，你可以找到对认知行为模型更全面的回顾。以下是对关键点的回顾（见 Beck，1979；Beck & Haigh，2014；Padesky，1994；Padesky & Mooney，2012；Young，1999；Waltman & Sokol，2017）。

- 核心信念是最深层的信念。
- "图式"一词用于表示一种信念、信念结构或思维方式，可用于指代核心信念、中间信念、假设、态度等。
- 这些信念影响我们的思维方式、感受方式和行为方式。
- 人们既有积极的核心信念，也有消极的核心信念。
- 核心信念在被情境或环境压力源触发或激活之前可能是不活跃的。
- 一种更具适应性的核心信念可能已经存在，它可能只是在当前情况和突发事件中处于休眠状态。
- 当核心信念被激活时，它会导致整体的模式激活（modal activation），这将在下文详细阐述。

模式激活

一般认知模型（参见 Beck & Haigh，2014）的主要更新之一是包含了模式。这一概念诞生于针对人格障碍的 CBT 和图式治疗的发展。模式代表一种信念、一种感觉、一种行为反应和一种注意方式的共同激活（Waltman & Sokol，2017）。不同研究者已经定义了多种具有诊断特异性的模式，例如扬（Young，1999），他是图式治疗的创立者。

或者，当你的来访者的核心信念被激活时，你可以尝试识别他们特异性的（个体化的）模式反应。这种方法的优点是基于格式塔心理学的理解。在这种情况下，整体大于其部分的总和；也就是，模式的不同组成部分共同作用，以加强其他要素。例如，典型的模式行为可以是图式一致的、图式回避的或过度补偿的（Young，1999）；这些反应中的每一种都会导致对驱动图式的信念的维持。因此，为了充分聚焦核心信念，你可能需要聚焦整个模式反应，或者创建一个针对该模式每个组成部分的个性化治疗计划。（见图11.1）

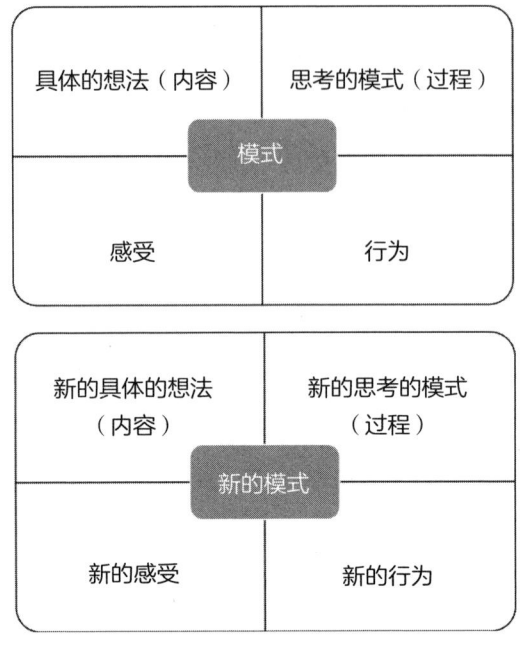

图 11.1　模式的改变

何时聚焦核心信念和图式

通常，治疗师会首先专注于创造条件，使其更容易成功地聚焦核心信念和图式。这包括以下内容。

- 成功建立信任关系
- 建立对概念化的共同理解
- 教授来访者技能，帮助他们忍受处理核心问题的痛苦
- 教授来访者认知重建的技能
- 合作运用这些技能，为来访者的生活带来一些改变或减少他们的痛苦
- 基于新的信念培养新的行为模式

并不是每个来访者都想要或需要处理他们的核心信念或图式。许多来访者

发现他们对上述步骤非常满意，而你可能会转向终止治疗。重要的是注意到，核心信念的作用往往在情绪上更深刻，它通常涉及克服过去一直回避的情况，可能需要相对较长的治疗过程。

典型的变化轨迹

通常，对核心信念的处理代表一个临界点（或两个状态之间的临界点）。当一个人朝着一个目标努力时，他的注意力会从已经取得的成果转移到仍然需要努力取得的成果上（Bonezzi，Brendl & Angelis，2011）。这一点是一个令人沮丧的风险，因为有时前方的旅程似乎比人们认为自己能走的要更远（Bonezzi et al.，2011）。在处理核心信念的早期阶段，来访者将以新的方式行事，理智上知道目标核心信念可能不像他们一直看待的那样真实，但他们仍然经常十分警惕。

通常，行为模式和思维模式需要产生变化，然后情绪变化才会出现。来访者可能会因为你要求他们做的事情在情绪上有困难而感到忧虑。这一过程包括要求我们的来访者承担情绪风险，这可能会带来恐惧和兴奋。恐惧往往更加突出，而我们希望帮助来访者学会识别和把握这两种情绪体验。在这个过程中，你的来访者可能会说："在某种程度上，这很可怕，但我感觉好多了。"在考虑这项情绪上困难的工作时，记住唯一的出路是通过（through），是很有帮助的。正如罗伯特·弗罗斯特（Robert Frost，1915）所写："最好的出路总是通过。我同意这一点，或者说，就目前而言，除了坚持到底，我别无选择。"告诉你的来访者，如果有更简单的方法，你们早就试过了。这会有所帮助。

会谈内策略和跨会谈策略

为了改变根深蒂固的信念，你可以在与来访者的单次会谈中使用一些策略（即会谈内策略）。我们还可以在不同的会谈中使用一些干预措施或策略以带来改变（跨会谈策略）。这些策略将在下文讨论。我们还将使用一个必要的案例示例，以说明这一过程。

案例示例：艾登

艾登（化名）是一名三十多岁的推销员。他长得英俊潇洒，但他经常感到空虚和不受欢迎。他最初是在一次自杀危机后接受治疗的，当时他的未婚妻对婚礼计划表达了一些不满，他将其解释为未婚妻想放弃与他结婚。经过一些认知行为技能训练后，他的情况稳定了下来，尽管他的核心信念仍然是他临床表现的一个明显部分。当他"感觉"自己在丢面子的时候，他的情绪最为激动。在这种情况下，他会很快感知到拒绝，并感到恐慌，疯狂地努力维护自己的形象。尽管他有一个潜在的核心信念——自己毫无价值，但通过观察与这个信念相关的模式激活，我们可以更清楚地理解他的问题。他会冲动行事，做出太大而无法兑现的承诺，或者通过复杂而激烈的寻求保证的行为纠缠他的伴侣。他会变得过分专注于别人对他的看法。他会感到极度的焦虑和恐慌。所有这一切，使他的生活和功能发生了突然的变化。

合作设定认知目标

你需要做的第一件事是共同确定一个核心信念，作为你和来访者将在多次会谈中努力的目标。前几章已经确定了如何分解一个情境，确定热点思维，然后使用箭头向下策略来找到热点思维的情感含义。通过评估热点思维的情感含义，你会对来访者潜在的核心信念有一个很好的了解。

你也可以使用主题分析来确定潜在的核心信念，可以询问来访者什么样的情境对他们来说比较困难。然后讨论在这些情况下会发生什么：他们是怎么想的？他们感觉如何？他们（在精神上和行为上）做了什么？如果你能分析出来访者的模式，你就可以把它作为治疗的目标。

通常，你会想要从最突出的元素开始，因为它是最容易识别的。例如，在艾登身上，最突出的因素是他的恐慌感。在这里，治疗师可以说："让我们研究一下这些感觉是从哪里来的。"然后你可以谈论这些情境。你可以通过问来访者以下问题直接询问他的想法的情感含义:"在这些情况下,你觉得发生了什么?""你担心会发生什么事?"或者"为什么这种情况让你如此心烦意乱?"你可能需要使用箭头向下策略:"如果这真的发生了,为什么对你来说这么糟糕?"或者"如果这是真的,那么在情感上对你意味着什么?"这将让我们对核心信念或与核心信念相近的内容有很好的了解。

你需要引出由此产生的情绪和行为。然后你可以把来访者模式化的反应组合在一起。最后,你需要创建一个非病态化的共享标签,这样你就可以用一种不会让来访者感到羞耻的方式聚焦和谈论这种模式:"那么,我们应该把你有时会进入的这种模式叫作什么呢?"以艾登为例:"当你感到恐慌,认为自己的价值在下降,冲动而疯狂地行动,并专注于其他人对你的看法时,我们应该怎么称呼这种模式呢?"在我们为这种模式创建了一个标签之后,我们可以讨论将其作为治疗的总体目标。

会谈内策略

传统苏格拉底式策略

我们的贝克-苏格拉底式对话的四步框架(即,聚焦关键认知、现象学理解、合作式好奇、总结和整合)可用于直接评估核心信念。单次的会谈讨论不太可能完全重建一个多年(如果不是几十年)来已经根深蒂固的、充满情感的信念。最初,治疗师会尝试评估整体信念。会谈的目的是培养"核心信念并非100%正确"的矛盾心理,并确定导致人们相信该信念的各种因素。随后,治疗师将针对证据中较小的部分进行工作。治疗师将重点评估来访者主观上持有的证据和经验,这些证据和经验是信念的最有力证据。治疗师还将追踪当前模式激活正在发生的情况,以帮助促进新的、与预期不符的体验和感知。

画出连续体

连续体技术(参见 James & Barton,2004)是一种降低核心信念僵化和极端化程度的策略。我们通常会看到核心信念中有"全或无"的思维，它是情绪反应如此强烈的部分原因。这也是强化信念的机制的一部分；几乎没有什么是纯粹好的，所以部分不好的东西被解释为完全不好，强化了消极的核心信念。

在艾登的案例中，他认为自己毫无价值的绝对信念导致他投入了不可持续的努力来证明自己的价值。这种过度追求最终会失败，而他会把这一点解释为：这证明了自己真的毫无价值。画出一个价值的连续体，而不是把人看成是有价值的或没有价值的，这帮助艾登认识到，即使有些人看不到他的价值，也不意味着他没有价值。这些贝克式策略辅以理性情绪行为治疗策略，非常适合评估思维的极端性。埃利斯关于人的固有价值的观点（Ellis & Harper，1961）也有助于动摇个体错误地将价值二分为"有"和"无"的思维。

意象

并不是所有的来访者都对意象工作反应良好。从认知行为的角度讨论我们为什么使用意象工作可能会有所帮助。意象策略之所以强大，是因为它们可以引起情感的变化。我们想用它们来对抗模式激活过程。创建一个与来访者的目标或你们正在建立的另一种信念相一致的画面或意象，可以帮助来访者改变他们的模式激活，使他们更容易以有效的方式行事，并创造更多不同的体验。

在艾登的案例中，我们想找出一些能抵消他焦急恐惧的感觉的意象。当我们深入了解这种感觉时，我们提出了一种想法——感觉他可能会消失。所以我们选择了一种永恒的意象。他对山的恒久不变的意象反应良好。他从基于正念的治疗方案（见 Bowen，Chawla & Marlatt，2011）中学习了高山冥想，并获得了一段音频来练习这个意象。他对这种意象反应较好，并采取了一种自我指导策略（见 Meichenbaum & Goodman，1971），即每当他感到自己的恐慌模式被激活时，他都可以提醒自己要像山一样，这在调节他由此产生的行为方面非常有效。

减少恶性循环

在前一章中，我们回顾了信念如何影响你的期望、你的行为，以及你如何看待你的行为的结果；所有这些都会造成一个恶性循环。在这个循环中，信念会自我延续。我们希望帮助来访者创造一种新的生活方式，以强化我们正在建立的新信念。我们既要增加与我们所建立的新信念相容的行为，也要减少与新信念不相容的行为。如果你正在培养一种新的模式，你会想要定义与新的模式反应一致的行为，想要讨论一般情况下需要练习的行为。当练习新行为出现问题时，这是一个很好的机会，可以使用认知策略识别和评估阻止该行为的抑制性认知。所有的学习都是有价值的。

此外，你要教来访者如何识别旧的模式反应何时被触发，这样他们才能采取新的行为，从而培养新的模式反应。在艾登的案例中，这涉及发展一种行为反应，这种行为反应比他过度或疯狂地寻求安慰的行为更加平衡。这需要他培养一套技能，这套技能不会强化他关于"自己的价值取决于他感觉其他人如何对待他"的范式。我们列举了认为自身价值不取决于其他人是否喜欢自己的个体的行为，并使用行为策略增加这些行为。随着艾登变得更从容不迫，更多地关注他为自己而做的行为，他的情绪和人际关系都得到了改善。

处理痛苦耐受度

通常情况下，在感受跟上之前，行为和想法需要改变。核心信念工作包括面对恐惧、承担风险、耐受不适和抑制安全行为。所有这些都是困难的工作，可以通过使用各种技能辅助。我们的目标是找到促进熟练行为的技能。在认知和行为疗法的"大伞"下，有许多有用的技能可供借鉴。我们的想法是，使用任何你擅长教授的并且对来访者有效的技能。前面关于"入门指南"的章节中涵盖了技能训练的基础知识。

利与弊

研究核心信念的一个经典策略是权衡该信念的利弊（Leahy，2017；见图11.2）。这一策略可以通过几种方式实现。你可以直接评估核心信念的优势和劣势。你也可以评估对信念的相信程度（认知解离）或与信念一致的行为（依赖图式的行为）。你也可以扩展练习来权衡新的替代信念的利弊，对新的替代信念的相信程度，以及与新信念相一致的行为。

聚焦我们正在评估的坚信的信念：

- 这对我有什么帮助？
- 相信这一信念会带来额外的好处吗？
- 如果这种信念是真的，那么相应的行为是否会带来额外的好处？

- 这对我有什么伤害？
- 相信这一信念会带来额外的代价吗？
- 如果这种信念是真的，那么相应的行为是否会带来额外的代价？

考虑按照重要性（1—10，其中 10 是最重要的）或持续时间（短期和长期）对这些利弊进行评级。

- 这种信念对我生活的影响的短期和长期趋势是什么？
- 这种信念是否有助于我朝着自己的目标和理想前进？
- 相信这种信念是否会导致我的行为方式最终支持这种信念？（自我实现预言）
- 我从这个练习中学到了什么？我想对此做些什么？

考虑用你一直试图建立的新的平衡信念来完成第二张表单。

图 11.2　核心信念的利弊

双椅工作

双椅工作（two-chair work），也被称为空椅子工作，是情绪聚焦疗法或图式疗法的经典策略。它也通常用于其他治疗方法，如格式塔疗法。由于许多不同的理论取向都利用双椅工作，所以关于它的工作方式存在许多不同的想法。广义上，当聚焦核心信念时，各种解释可以在矫正性情绪体验的概念下瓦解（Yalom，1995）。也就是说，对早期图式的修改是通过经验方法进行的，这些方法非常适于增加情绪的激活和卷入（见 Padesky，1994）。

做椅子工作的方法有很多。当治疗师聚焦改变核心信念或图式时，与他们一起工作的来访者通常会比更年幼的自己对早期逆境有更多的认识和更平衡的视角（即洞察力）。椅子工作通常涉及现在的自己和更年幼的自己之间的对话，其中现在的自己向更年幼的自己解释（图式相关的）背景或要素，而这些背景或要素有助于完善过去的情境（例如，关于为什么之前他们内化为自己的错误的事情实际上并不是他们的错）。

要解决的关键问题是："你认为你当时需要但没有得到的是什么？"椅子工作的目标是在情绪上处理未得到满足的需求，然后满足这种需求；这就是矫正性情绪体验。有时，这还可以扩展为三把椅子的工作：年长的自己指导年幼的自己，使后者在困难的互动中更有成效、更熟练，或更坚定而自信；同时，也创造了一种矫正性的情绪体验。关于认知行为椅子工作的更全面指南，请参阅皮尤（Pugh，2018）。

写信

写信可以代替椅子工作。这种方式的情绪强度通常不及椅子工作（可能会减少它的影响力）。人们可以给年轻时的自己、已故的人，甚至未来的自己写信。这也用来在椅子工作开始之前收集来访者的想法。在艾登的案例中，这种策略被用来帮助他向更年幼的自己传达与健康的男子气概有关的想法，他关于成为山的意象，以及他在那个年龄没有经历过的一些无条件的爱。请牢记矫正性情绪体验的目标。我们希望唤起与早期适应不良的图式相关的情绪，激活早期图式，然后诱发和引导矫正性的经验、信息和情绪，从而带来认知和情绪的改变。因此，这不能作为一项纯粹理性的任务来完成；情绪激活和卷入是这项任务在深层次发挥作用的原因。

意象重塑

重塑策略有些争议，因为临床工作者可能认为它们与接受现实背道而驰；然而，有很好的证据表明它们是有效的（Reimer & Moscovitch，2015）。对治疗师来说，了解自己拥有的选择是很有用的。重塑策略经常被用来处理重大经历带来的痛苦或令人苦恼的记忆。区分创伤和逆境是很重要的。有很多被人们描述为"创伤"的事件，实际上并不是创伤。这些都是重塑策略的好目标。当记忆涉及真实的创伤时，你可能要首先考虑使用创伤治疗。

意象重塑（参见 Holmes，Arntz & Smucker，2007）可以包括试图改变先前的记忆以减弱记忆，或者完全创造新的意象。意象预演疗法（Imagery Rehearsal Therapy，IRT；Krakow & Zadra，2006；Waltman，Shearer & Moore，2018）模型可以作为一种有用的重塑方法。首先，让来访者写下发生了什么。然后，用一种双方都能接受的方式修改叙述。这可能涉及更大的变化，例如让来访者以更有效的方式做出反应（即，改变他们的行为），让他们在当时有更有效的解释或内部反应（即，改变他们的感受），或者将故事延伸到后来——虽然糟糕的事情发生了，但他们在整体上仍然不错（即，改变主观结局，强调事情现在已经结束，而且并没有定义他们）。在 IRT 模型中，你将两种叙事结合在一起，然后让来访者每天回顾重新编写的叙事，以帮助理解新的意象。

跨会谈策略

我们在会谈间会使用更大的跨治疗策略（across-therapy strategies）以促进图式的修正。这些策略中的大多数都是对本书之前介绍过的策略的详细阐述或扩展。

证据记录

这一策略针对的是个体的注意过滤器。我们教来访者注意那些他们遗漏的证据。如果来访者有忽视积极因素的倾向，我们会让他们追踪并记录被遗漏的东西。如果他们有把事情灾难化的倾向，我们会让他们追踪并记录自己一直担心发生但并没有发生的可怕的事情。

要持续记录的理想证据是那些支持你正在建立的新信念的证据（Padesky，1994）。通常，你首先需要教来访者注意这些元素。这一般是通过你在会谈中指出不同的或新的经验来完成的。这样做几次之后，你就可以展示出来访者通常遗漏或没有掌握的证据类型。之后，你可以让他们开始在持续进行的证据记录中追踪这些（以及类似的）元素。你可以在治疗开始时回顾记录；当你发现治疗过程中遗漏的内容时，可以建议添加一些东西。随着时间的推移，来访者收集了支持新信念的大量证据。这也可以是一个有用的工具，让来访者在"感觉"新信念不正确时回顾。证据清单上有影响力的项目可以作为上述意象策略的良好内容。

核心信念 A/ 核心信念 B

核心信念 A/ 核心信念 B 是一种与前面章节中讨论的假设 A/ 假设 B 策略类似的策略（见图 11.3）。它也类似于上面的证据记录策略。其要义是，你要把发生的事情和来访者做的事情分类为"支持以前的核心信念"或"支持新的核心信念"，并让他们坚持记录。当有混合证据（即以前的信念在一定程度上得到支持，但新的信念更好地解释了整个证据）时，这一策略是理想的。

根据证据支持的信念对证据进行分类

核心信念 A
- 我们正在评估什么信念？
- 支持核心信念 A 的证据
- 假设 A 的证据总结
- 整体总结

核心信念 B
- 我们考虑了什么替代信念？
- 支持核心信念 B 的证据
- 假设 B 的证据总结

图 11.3　核心信念 A/ 核心信念 B

强化技能使用

选择性强化策略是这一过程的重要组成部分。每次会谈你都应该口头回顾并强化来访者的技能。有时候，加强与治疗师的联结可能是我们拥有的最有力的强化因素之一。我们要教来访者自我强化，还要找出伴随技能行为的自然强化因素，帮助他们看到其中的联系。

改变环境

在治疗的前期，我们试图通过增加与我们正在建立的信念（或新的模式激活）相一致的行为来影响环境。当来访者在一些小的改变上取得成功后，他们通常会考虑更大的改变，比如离开不健康的关系、建立更牢固的人际边界、回到学校、寻求晋升、寻找新的工作，或其他生活方式的改变。环境变化有助于强化新的信念，正如俗语所说，"无论你去哪里，你都在那里（Wherever you go, there you are）"（Kabat-Zinn，2006）。这意味着环境的改变可能不是来访者所希望的完全的解决方案——人们往往倾向于高估改变对他们的感受产生的影响（即影响偏差）。因此，我们希望加强自主性，帮助来访者在做出重大决定之前仔细思考，也希望能继续我们一直在对他们进行的其他干预。

培养更具适应性的模式

在核心信念工作或图式治疗的后期阶段，我们将重点放在培养一种与我们所发展的新模式相一致的生活方式上。这包括新的信念、新的思维方式、新的行为反应，以及相应的情感。当压力源和触发因素出现时，我们教来访者从旧的模式中解脱出来，切换到新的模式反应。这通常可以通过使用意象策略很好地完成，比如专注于一个更成功的自我的形象，而这个自我已经很好地发展了反应的模式。意象也可以聚焦于新的不同体验或其他元素，这有助于诱发情绪状态并激活我们正在建立的模式。当你的来访者继续按照这种模式行事时，他们会强化这种信念和新的生活方式。

目的、目标、价值观和愿景

随着来访者增加他们的技能行为，并放弃之前的信念和假设，会有一个空间来澄清他们关于未来的目的、目标、价值观和愿景。通常，当人们开始接触一个更真实的自我，开始过一种不那么受恐惧支配的生活时，就有机会重新审视他们想要让什么在生活变得重要，以及他们想要从生活中得到什么。坚定的行动和有价值的生活（Hayes，2005）是丰富他们的生活和加强你们共同建立的新信念体系的好方法。

小　　结

核心信念工作或图式工作与其他认知工作没有本质区别；然而，这可能是一个比较漫长的过程。有效地聚焦核心信念和图式可以作为一个多干预的过程，包括认知、行为、体验和以情绪为中心的策略等。培养信念、行为、情绪和思维模式的集合（即模式反应）可以更有效地改变核心信念或图式。

参考文献

Beck, A. T. (1979). *Cognitive therapy and the emotional disorders*. New York: Meridian.

Beck, A. T., & Haigh, E. A. P. (2014). Advances in cognitive theory and therapy: The Generic Cognitive Model. *Annual Review of Clinical Psychology, 10,* 1–24.

Bonezzi, A., Brendl, C. M., & Angelis, M. D. (2011) Stuck in the middle: The psychophysics of goal pursuit. *Psychological Science 22*(5), 607–612.

Bowen, S., Chawla, N., & Marlatt, G. A. (2011). *Mindfulness-based relapse prevention for addictive behaviors: A clinician's guide*. New York: Guilford Press.

Ellis, A., & Harper, R. A. (1961). *A guide to rational living*. Englewood Cliffs, NJ: Prentice-Hall.

Frost, R. (1915). A servant to servants. *North of Boston*. New York: Henry Holt.

Hayes, S. C. (2005). *Get out of your mind and into your life: The new acceptance and commitment therapy* (2nd ed.).Oakland, CA: New Harbinger Publications.

Holmes, E. A., Arntz, A., & Smucker, M. R. (2007). Imagery rescripting in cognitive behaviour therapy: Images, treatment techniques and outcomes. *Journal of Behavior Therapy and Experimental Psychiatry, 38*(4), 297–305.

James, I. A., & Barton, S. (2004). Changing core beliefs with the continuum technique. *Behavioural and Cognitive Psychotherapy, 32*(4), 431–442.

Kabat-Zinn, J. (2006). *Mindfulness for beginners*. Louisville, CO: Sounds True.

Krakow, B., & Zadra, A. (2006). Clinical management of chronic nightmares: imagery rehearsal therapy. *Behavioral Sleep Medicine, 4*(1), 45–70.

Leahy, R. L. (2017). *Cognitive therapy techniques: A practitioner's guide*. New York: Guilford Press.

Meichenbaum, D. H., & Goodman, J. (1971). Training impulsive children to talk to themselves: A means of developing self-control. *Journal of Abnormal Psychology, 77*(2), 115.

Padesky, C. A. (1994). Schema change processes in cognitive therapy. *Clinical Psychology & Psychotherapy, 1*(5), 267–278.

Padesky, C. A., & Mooney, K. A. (2012). Strengths-based cognitive-behavioural therapy: A four-step model to build resilience. *Clinical Psychology & Psychotherapy, 19*(4), 283–290.

Pugh, M. (2018). Cognitive behavioural chairwork. *International Journal of Cognitive Therapy, 11*(1), 100–116.

Reimer, S. G., & Moscovitch, D. A. (2015). The impact of imagery rescripting on memory appraisals and core beliefs in social anxiety disorder. *Behaviour Research and Therapy, 75*, 48–59.

Waltman, S. H., Rex, K. H., & Williams, A. (2011). Naturalistic examination of a training clinic: Is there a relationship between therapist perception and client self-report of treatment outcomes? *Graduate Student Journal of Psychology, 13*, 17–24.

Waltman, S. H., Shearer, D., & Moore, B. A. (2018). Management of post-traumatic nightmares: A review of pharmacologic and nonpharmacologic treatments since 2013. *Current Psychiatry Reports, 20*(12), 108.

Waltman, S., & Sokol, L. (2017). The Generic Cognitive Model of cognitive behavioral therapy: A case conceptualization-driven approach. In S. Hofmann & G. Asmundson (Eds.), *The science of cognitive behavioral therapy* (pp.3–18). London: Academic Press.

Waltman, S. H., Williams, A., & Christiansen, L. R. (2013). Comparing student clinician and licensed psychologist clinical judgment. *Training and Education in Professional Psychology, 7*(1), 33.

Yalom, I. D. (1995). *The theory and practice of group psychotherapy*. New York: Basic Books.

Young, J. E. (1999). *Cognitive therapy for personality disorders: A schema-focused approach*. Sarasota, FL: Professional Resource Press.

第十二章

苏格拉底式辩证法

在针对边缘型人格障碍的辩证行为治疗中运用认知和苏格拉底式策略

琳恩·M. 麦克法和斯科特·H. 沃尔特曼

辩证行为治疗和认知策略的历史

尽管莱恩汉（Linehan）博士坚持认为，辩证行为治疗（DBT）是 CBT 的一种形式，但她也强调，DBT 不是一种传统的认知治疗，因为它没有聚焦于评估信念，也不是基于认知模型进行概念化的。从 DBT 的视角来看，边缘型人格障碍（borderline personality disorder，BPD）的主要问题在情绪调节系统，干预是通过行为治疗、禅修和辩证哲学的视角进行概念化的——而不是认知模型。因此，苏格拉底式提问通常不会被认为是一种关键的干预措施，部分原因是激进的行为治疗对思维的态度（即，思维只是另一种行为）。另一个原因是有人认为认知重建可能被感知为情感否定性的，而且（也许最重要的是），这个过程似乎超出了情绪失调的 BPD 患者的能力范围。

了解认知策略与 DBT 之间的历史关系是很重要的。第一本 DBT 手册以针对 BPD 的认知行为治疗的名义发表（Linehan，1993）；然而，这很可能是对有效（Effectively）技能的使用，因为在 1993 年，CBT 占主导地位，很少有人知道 DBT 是什么。这个标题（以及良好的科学性）帮助莱恩汉走进了大众视线。DBT 比 CBT 更像一种行为治疗。从激进的行为治疗的视角来看，认知被视为行为（Linehan，1993），而行为的最佳目标是解决偶发事件，这其中不包括认知重建。此外，与针对 BPD 的 DBT 模型［认为 BPD 是在生物易感性和否定的环境（invalidating environment）中发展出来的］一致，认知不被视为导致 BPD 的原因，更多是一种附带现象（例如，人们并非因为有极端的想法才有了 BPD，而是因为他们有 BPD 才有了极端的想法）——这也是历史上 DBT 缺乏对认知修正的关注的另一个原因。

DBT 的第二个核心是禅修，专注于接纳和觉察想法，而不是评估或改变想法。然而，第三个核心——辩证法，是一种哲学立场；和大多数哲学一样，是一种问题解决和辩论的方法，本质上是一种世界观。辩证法的实践类似于 CBT 中的"灰色地带思维"，但存在本质上的概念差异。在 DBT 中，这种做法被称为"走折中道路"，它聚焦于辩证法来承认两极的事实（即，黑色一极的事实和白色一极的事实）。辩证思维的重点是提出一种尊重相反事实的整合思想——一个非常认知的过程。

虽然 DBT 中最明显的辩证是接纳（禅修）和改变（行为科学）之间的平衡，但在目标认知及其在情绪失调中的作用方面，接纳（正念）和改变策略（检查事实）之间也存在一种辩证的矛盾关系。如果没有解决这个问题，认知策略的实践（这一直是 DBT 的一部分）一直是一个不稳定的存在，任何补充（除了原文中的那些）都是备受争议的。在本章中，我们将说明认知策略，特别是苏格拉底式提问的使用，如何以一种与模型相一致的方式强化和巩固 DBT。

在 DBT 中使用"C（认知）"的潜在困难

抛开哲学和理论假设不谈，有一些很好的实际原因可以解释为什么 DBT 被设计为一种彻底的行为疗法，而认知在历史上并不被认为是一种主要的干预途径。在有情绪失调问题和否定史的人群中使用认知改变策略可能具有挑战性，我们将在下文中对此进行回顾。

潜在困难：失调

范·埃尔斯特（van Elst）及其同事（2003）在一项体积磁共振成像研究中发现了边缘型人格障碍患者的额叶–边缘脑异常。这可能说明涉及冲动和攻击行为的关联。研究发现，BPD 患者存在情绪调节问题，这是由受到情绪刺激时杏仁核的过度激活引起的（Paret et al., 2016）。功能磁共振成像研究已经证明了这种实时的过度激活（Paret et al., 2016）。

新近的一项研究表明，痛苦增加的速度越快，令人厌恶的紧张的发作时间越长（Stiglmayr, Grathwol, Linehan, Ihorst, Fahrenberg & Bohus, 2005）。该研究为"BPD 患者体验到更频繁、更强烈、更持久的令人厌恶的紧张状态"这一理论提供了支持，认为对拒绝、孤独和失败的感知是导致失调的三个最常见的途径。

理解情绪失调如何影响苏格拉底式过程是很重要的。CBT 从业者通常会画出一个简单的三角形来演示想法、感受和行为之间的相互作用。其基本思想是，你的思维方式会影响你的感受，但箭头实际上是双向的，我们的感觉也会影响我们的思维方式。因此，极端的情绪失调会导致极端的思维，让人很难考虑其他可能。此外，当人们情绪泛滥时，新的学习往往不会发生。

潜在困难：否定

在这类人群中使用苏格拉底式策略时，有否定（invalidation）的风险。改变策略，就其本质而言，是对来访者当前状态的否定。由于患有 BPD 的来访者对否定非常敏感，即使是最善意的治疗师尝试苏格拉底式提问，也可能会被来访者以敌意、封闭或其他回避行为来反击。

需要记住的一个重要背景是，在一个否定的环境中成长可能造成的历史创伤。在你的来访者接受治疗之前，他们的观点与信念可能已经被其他人严厉和惩罚性地否定了。这可能会导致对被否定的敏感性增加。或者，他们可能已经内化了这种否定，当你最初开始评估一个想法时，他们可能会转向一种严厉的自我立场。他们很可能接收到了重复的沟通信息，即自己是问题所在；他们的想法、情绪或行为太过分了。因此，对信念的检查，即使是温和的，也可以通过以下方式被体验："哦，好极了，又有一个人来告诉我，错都在我，都是我自己瞎想的。"或者，他们可能会严厉地自我否定："我知道这不是真的，我是怎么了？我怎么做不到？"这导致羞耻感不断增加并可能使来访者在会谈中经历解离。

此外，当患有 BPD 的来访者对自己和环境的僵化的、评判性的信念通过苏格拉底式提问的过程被阐明时，这可能会引发显著的羞耻反应。他们可能会觉得自己被这些问题所评判，可能会评判自己，并开始自我否定。羞耻感这一初始情绪可以很快转为一种次生情绪——愤怒，而愤怒针对的是羞耻感的推动力，也就可能是作为临床工作者的你。我们可以想象，这将干扰所有临床工作者在会谈中使用苏格拉底式提问的能力。此外，这可能影响临床工作者的行为，使他们将来不太可能尝试苏格拉底式策略。

潜在的困难：问题解决的过度简化

这种实践的另一困难是一种被称为问题解决的过度简化的现象（Linehan，1987）。在 DBT 中，来访者可能采用被称为"外显能力"的行为策略。在这种策略中，他们真正相信自己对情况有掌控，能够应付干预、家庭作业和对想法的探索。然而，这项任务实际上超出了他们的能力范围，可能会导致羞耻和回避。这可能发生在苏格拉底式的过程中：来访者表达对认知内容，以及可能由此而产生的任何家庭作业的理解和领悟。但之后，他们无法产出治疗师和自己都赞同的结果，并且可能会变得愤怒和自我厌恶。

另一种在苏格拉底式提问中形成自我否定的方式是，来访者可能会进入所谓的问题解决的过度简化中。也就是说，来访者（和临床工作者）可能会想出肤浅且不太可能解决问题的解释或解决方案。这可能发生在苏格拉底式提问的过程中，临床工作者和来访者都会贸然认可他们已经"触及了真相"，然而这时他们刚刚触及表面。其他时候，新的替代想法听起来不错，但它实际上不可信，也不能反映事实。过度积极或难以置信的积极信念会导致来访者失败，因为它们与现实生活不匹配。当脆弱的信念在会谈之外崩塌时，这就会导致情绪崩溃。

莱恩汉和贝克在 ABCT 上的交流

大约在 2004 年，在行为和认知疗法协会（Association for Behavioral and Cognitive Therapies，ABCT）——后称为行为疗法促进协会（Association for the Advancement of Behavioral Therapies，AABT）的年度会议上，认知疗法的创始人阿伦·T. 贝克博士和 DBT 创始人玛莎·莱恩汉（Marsha Linehan）博士交流讨论了对有持续性情绪失调的人使用苏格拉底式提问的方法。莱恩汉直截了当地问贝克："你如何能对一个高度失调的人进行苏格拉底式提问呢？"贝克说："你不能。到那时候只能告诉他们该怎么做。"这表明了核心专家的共识，即传统的苏格拉底式策略相对于认知治疗策略并不适用于那些情绪严重失调的人。因此，不建议在这一人群中尝试使用未经改良的传统认知治疗策略。本章的目的是展示什么策略将适合这一人群，以及如何在实际中使用它们。

但是"C"不是已经在 DBT 中了吗？

当然，标准的 DBT 也包含了认知策略。在最初的 DBT 书籍（Linehan，1993）的改变步骤章节中有一个关于认知修正步骤的完整小节；然而，在核心策略章节中的认知策略是认知检验策略（Linehan，1993）。新的技能手册有一份完整的工作表和讲义，致力于检查事实，表明在 DBT 中使用认知改变策略的开放程度有提高。在 DBT 书籍的第一版中，莱恩汉承认了认知策略的使用："许多 DBT 策略需要治疗师（含蓄地，如果不是明显地）识别、挑战与面对有问题的信念、假设、理论、判断性评价以及以僵化、绝对化和两极化形式思考的倾向（即非辩证思维）"（Linehan，1993，p. 366）。

这里的关键是，重点在于随着时间的推移改变与想法的关系，从而暗中削弱信念。在 DBT 中已经发现了许多已被证实的认知元素，包括教授认知自我觉察（cognitive self-obsevation）、检查事实、聚焦对情绪的误解和辩证思维。

教授认知自我觉察

正如我们在前一章中讨论的，学习有效地使用认知苏格拉底式改变策略的第一步，是学着对你的思维过程有更多的觉察。这种自我监控过程对良好的认知工作至关重要。在 DBT 中，这种技巧蕴藏于正念技巧中，这样来访者就可以学习觉察和描述他们的想法。在 DBT 中，也有一些认知解离策略与觉察想法但不与它们纠缠的思路一致。本书的另一章将更直接地将苏格拉底式框架中解离策略的使用作为目标。

检查事实

检查事实是最明显的认知改变策略。在 DBT 中，检查事实是情绪调节模块的一部分；然而，它的使用方式与传统的认知治疗师的使用方式不同。传统的认知治疗师会说，情绪失调是极端思维的产物（例如，使用"全或无"的思维），然后认知治疗师会聚焦这种思维来带动情绪改变。在 DBT 中，检查事实是为了查看情绪体验是否符合事实情况，以便确定最佳的行为策略（相反行动或问题解决）来改善情况，并通过行为改变带动情绪调节。

对情绪的误解

DBT 包含一些以情绪相关信念为靶点的认知类型的干预。这与认知治疗师在使用情绪图式疗法等框架时可能会做的事情类似（见 Leahy，2018）。虽然在 DBT 中处理对情绪的误解的形式大多是说教式的，但它确实聚焦于关于情绪的信念。这可能会带来认知上的变化。

辩证思维

论点、对立和整合被认为是辩证哲学中的三个共同要素；然而，在哲学领域，关于使用和理解辩证法的最佳方式存在一些争议（Mueller，1958）。一种常见的评论是，故意关注看似与命题（proposition）相反的反命题以创造一个需要解决的悖论，是一个陷阱。虽然辩证法可以用来解决矛盾的情况，但它的目的是通过整合在不同的视角中发现的东西来找到真相（Mueller，1958）。

治疗师、来访者，有时还有家庭成员，他们被教导走折中道路，坚持将辩证思维作为一种世界观与解决争论和痛苦想法的手段。学习使用这些策略是一种认知改变策略，即使其中一个核心辩证法包括改变和接纳。许多人会认为，接纳本身就是一种认知改变策略。

标准 DBT 中当下的苏格拉底式策略的局限性

思维记录可能是 CBT 中最常用的认知改变策略（见 Waltman，Frankel，Hall，Williston & Jager-Hyman，2019）。在 DBT 中则是链分析（chain analysis），而非思维记录；链分析在功能上是一系列的思维记录。聚焦于评估单一自动思维的传统思维记录是链中的一个环节（link），而链分析涉及观察一连串环节。这种对于整体链分析而非独立环节的关注是有意义的，原因有很多。首先，在与 BPD 患者工作时，不先做链分析就很难知道哪些环节是值得关注的。背景在这里很重要。请记住那些生物学发现：痛苦增加的速度越快，令人厌恶的紧张发作时间越长（Stiglmayr et al.，2005）。BPD 患者体验到更频繁、更强烈、更持久的令人厌恶的紧张状态。这可能会导致较小的困难带来较大的问题，因为挥之不去并逐渐增强的令人厌恶的紧张会使思维和行为模式更加极端，这往往会导致严重的情绪或行为问题。链分析的策略是观察该过程是如何发展和达到顶峰的，其目标是学习使用从解决方案分析（solution analysis）中产生的不同行为，在链的早期进行干预。此外，对链分析而非思维记录的关注是有道理的，因为 BPD 患者在高度失调时将无法进行认知重建（见上文）。

我们在 DBT 中需要"C"吗？

那么，考虑到所有潜在的困难，为什么有人会考虑通过额外的认知干预改良 DBT 呢？特别是通过最难学的 CBT 策略？引导发现和苏格拉底式提问被发现可能是最难学习的 CBT 策略（见有关框架概述的章节以及 Waltman，Hall，McFarr，Beck & Creed，2017）。

考虑加强 DBT 中的认知策略的一个原因与自杀意念有关。DBT 已被证明在减少自杀企图等问题行为方面有效（Cristea，Gentili，Cotet，Palomba，Barbui & Cuijpers，2017）。并且，DBT 在减少自杀行为和非自杀性自伤方面优于常规治疗（Panos，Jackson，Hasan & Panos，2014）。此外，带有 DBT 技能训练的标准 DBT 似乎比没有技能训练的 DBT 导向治疗更有效（Linehan et al.，2015）。与此同时，新近的一项荟萃分析表明，虽然 DBT 对减少自杀行为有效，但尚未观察到自杀意念的相应减少（DeCou，Comtois & Landes，2019）。研究人员推测，这可能是由于 DBT 强调改变行为而不是改变想法；同样，他们指出，较少研究人员聚焦于自杀意念的报告，所以这一主题肯定还需要进一步研究（DeCou et al.，2019）。

这是考虑引入更多认知策略以应对自杀意念等慢性风险因素的一个很好的理由。如果我们有来源于其他治疗的有效干预措施（即 CBT 中的苏格拉底式提问），难道我们不应该使用这些方法来降低 BPD 来访者的自杀风险吗？CBT 对减少自杀意念很有效（例如，Alavi，Sharifi，Ghanizadeh & Dehbozorgi，2013）。考虑到患者的风险和 DBT 的任务，我们应该乐于使用任何有效的策略来加强治疗效果，只要这些策略不侵犯治疗中来访者的福祉。在评估治疗的科学基础时，人们不能轻易地改变一种经过充分研究的治疗方法，并假设所添加的成分没有任何影响。幸运的是，在 DBT 中加入苏格拉底式提问并不会违反激进行为理论基础，因为想法应该像其他任何行为一样易于评估。

其他包含认知成分的边缘型人格障碍的治疗方法

回顾其他治疗方案中的认知成分，有助于证明对有高度情绪失调的人群使用认知策略的必要性和潜在的可行性。

传统认知治疗

临床工作者已经将传统认知疗法应用于 BPD（见 Layden，Newman，Freeman & Morse，1993）；值得注意的是，BPD 认知治疗的临床试验使用了一个与 DBT 技能手册惊人相似的方案（见 Brown，Newman，Charlesworth，Crits-Christoph & Beck，2004）。BPD 认知治疗的早期材料中有一种主要的认知干预，被称为理性反应，即要求你的来访者想出一个更理性的反应，作为一种认知重建的方式。这种方法的问题在于，患有 BPD 的人通常会想到一个更合乎逻辑的反应，他们只是不相信这个反应，因为它与他们的情感体验不匹配。其他的认知治疗策略可能包括意象（用于增加理性反应的情绪显著性；Layden et al.，1993），这可能是一种有用的策略。

图式治疗

图式治疗最初是因需要更好地解释和解决问题（如 BPD 患者的问题）发展而来。图式治疗文献首次引入了模式的概念，以解释 BPD 来访者表现出的快速变化。图式治疗师指出，当这些患者变得失调时，他们就会有极端的思维模式、高情绪激活，并采取冲动行为（见 Fassbinder，Schweiger，Martius，Brand-de Wilde & Arntz，2016）。当然，当这些来访者得到调节时，他们的思维不会极端，他们的情绪不会激动，他们的行为也不会变得冲动（这些不同的表现代表不同的模式状态；参见 Fassbinder et al.，2016）。

在图式治疗中，治疗师致力于通过治疗关系提供矫正性体验，通过拉开距离策略（distancing strategy）提供认知改变（即，通过换位思考任务实现认知解离），然后聚焦于改变行为反应，从而实现情绪调节和改变（Fassbinder et al.，2016）。图式治疗师致力于帮助来访者脱离无效模式，并建立更有效的替代模式；然而，图式治疗与 DBT 对这一工作的处理方法十分不同："两种方法的核心区别是，DBT 直接将重心放在习得情绪调节技能上，而图式治疗很少直接处理情绪调节"（Fassbinder et al.，2016，p. 1）。

图式治疗师可能会使用一些与传统认知治疗师的做法相似的认知策略。此外，图式治疗师将对图式/模式的历史功能进行功能分析，描绘出不改变所带来的可能结果，并致力于建立一个更具适应性的模式反应。意象和体验式策略也可以是这项工作的重要组成部分（Jacob & Arntz，2013）。本书中有关核心信念工作的章节也将涉及其他的图式治疗策略。

模式失活治疗

另一种用于治疗有情绪调节问题的患者的认知疗法是模式失活治疗（mode deactivation therapy，MDT）。它起源于 CBT，其中包含了 DBT 的元素（即确认）。在功能上，它是一种折中的疗法（Apsche，2010）。MDT 最常用于有品行问题或卷入法律问题的年轻人。MDT 的主要干预措施是一种改良的认知重建过程，称为确认－澄清－重定向（Validation-Clarification-Redirection，VCR；Apsche，2010）。该疗法的创始人发现，他们很难将传统的认知疗法应用于情绪不稳定和行为冲动的人群。值得注意的是，他们对 CBT 的描述持一种"稻草人争论①（straw man's argument）"的观点，即 CBT 过于僵化、纯理性，并且是对抗性的——结合其模型及他们对 CBT 的描述，对这种看法的澄清也许是"坏 CBT（bad CBT）"并不适用于情绪不稳定和行为冲动的人。

VCR 方法的一般流程主要是由治疗师主导的。首先，治疗师会对被评估的陈述中可能存在的真实元素进行确认。接下来，治疗师会澄清，还有其他解释或许是正确的，并且有一种柔化或降低观念中的极端性的影响。最后，治疗师将来访者重定向至一个功能性替代信念（functional alternative belief，FAB），该信念与和治疗目标或来访者的生活目标相一致的行为反应相符。

BPD 治疗中认知策略的共同要素

虽然认知改变策略有丰富的多样性，但也有一些共同的要素增加了对这一

---

① 简单来说，稻草人争论就是自己树了假的靶子来打，将对方的观点夸张化，使其显得极端而荒谬。——译者注

人群有效使用认知策略的可能性。

- 强调确认
- 强调关系
- 利用关系促成认知改变
- 利用意象
- 关注将产生有效行为的认知转变
- 体验式技术
- 双椅工作
- 拉开距离策略和认知解离策略

我们如何改善 DBT 中的"C"？

虽然先前的研究已经证明了边缘型人格障碍患者的额叶-边缘脑异常——这与情绪失调和行为脱抑制有关（van Elst et al., 2003）。影像学研究也表明，如果我们可以教 BPD 患者下调（downregulate）他们的失调（通过 DBT 技能训练；见 Bohus & Wolf-Arehult, 2012, 引用于 Paret et al., 2016），杏仁核激活瞬间减少，并且杏仁核-外侧-前额叶皮层连接可以随时间发生变化（Paret et al., 2016）。

这对面向这一人群进行的干预的顺序很重要。传统的认知治疗师与一般精神状态（neurotypical）人群工作会使用认知重建来实现情绪调节，而传统的 DBT 治疗师会使用事实检验来确定哪种行为策略会带来情绪调节。我们为那些希望在治疗过程中聚焦于认知变化的治疗师提出第三种选择。我们面临的挑战是，我们需要在采取认知策略之前帮助来访者实现调节。因此，CBT 和 DBT 的从业者在使用这些策略时都有了新的方法。我们将研究如何使用 DBT 中已经存在的不同结构的技能，用苏格拉底式的方法带来认知变化。为了与 DBT 模型一致，认知改变需要与行为改变的最终目标相联系。

新策略：利用一个关键策略

行为链分析

功能分析，有时也称为行为分析或链分析，是一种用来理解行为的工具（Waltman，2015）；它也是在个体 DBT 会谈中使用的主要技能。链分析的目标是确定何种刺激驱动了一种行为，以及何种突发事件强化了这种行为（Ferster，1972；Lewon & Hayes，2014；Skinner，1957）。功能分析通常被认为是一种评估工具；然而，它也可以被用作一种临床干预措施（Linehan，1993）。换句话说，链分析被用来假设一种行为的功能。功能分析的结果形成了"功能诊断"（Yoman，2008，p. 331），它揭示了治疗目标——临床工作者策略性地针对问题的维持机制进行工作。

斯金纳（Skinner，1983）曾认为心理学需要进行功能分析。链分析的出现早于行为治疗（Yoman，2008），并在行为治疗中扮演着核心角色。功能分析通常被认为是一种评估工具，并已被证明在住院、门诊、家庭和学校的治疗设置中有效；然而，它也可以用作临床干预（Linehan，1993），并且人们认为每个个体 DBT 会谈（一对一）都将包括一个链分析。

这和苏格拉底式提问有什么关系呢？功能分析通常与行为有关，而苏格拉底式提问通常与想法有关。这两种方法的从业者都感兴趣的是对维持问题的突发事件有更深入的理解。链分析的过程类似于苏格拉底式的方法，因为在这两种情况下，治疗师都被鼓励采取"一无所知的观察者"的立场。也就是说，治疗师不应该认为他们理解来访者是如何从链中的一环到另一环的，就像进行引导发现的治疗师不假设想法探索的最终目的地一样。这一过程也是合作式经验主义的典型（Tee & Kazantzis，2011），因为双方正在共同探索。

认知链分析

完成认知链分析所需的技能与完成链分析所需的技能非常相似。从治疗师和来访者的角度来看，这都是一个理想的策略。

如何做：认知链分析

步骤 1：做一个常规的行为链分析

这一步在其他几篇文章中有很好的介绍，相关的假设是 DBT 治疗师将会很好地处理这一步。请参见里兹维和里切尔（Rizvi and Ritschel，2014）对如何进行链分析的更详细的回顾。

步骤 2：注意导致目标行为的想法的主题

对于这个群体，我们建议使用苏格拉底式提问来锚定一个特定的行为，而不是推断想法并把它看作一个抽象的构想。这是一种谨慎的做法，因为"跟随情感"的咒语式的方法（mantra）通常不会被建议用于这类人群。因此，我们不是要找出哪个想法与最强烈的情绪相关，而是要看看哪个想法会导致我们的目标行为（或阻止更熟练的行为）。这在一定程度上是为了使干预与目标行为相结合，这有助于将治疗的重点放在消除问题行为上。在下面的例子中，我们将看到治疗师如何将苏格拉底式策略用作链分析的一部分，以确定一个要聚焦的潜在想法，然后在该想法和问题行为之间建立联系。

治疗师：所以，当你周四对你的朋友大吼大叫时，听起来好像是她迅速挂断了你的电话。你给她回电话并大喊大叫。

来访者：是的。

治疗师：后果是什么？

来访者：她挂了电话，之后就没再和我说过话。

治疗师：好的，给我讲讲。当她迅速挂掉电话时，你脑子里在想什么？

来访者：她不想和我说话。

治疗师：如果这是真的，那意味着什么？
来访者：她不是我的朋友。
治疗师：如果这是真的，那怎么办？
来访者：我没有朋友。
治疗师：为什么会这样？
来访者：因为我不讨人喜欢。
治疗师：所以，你有很多消极的、批判性的想法。你是怎么从这些想法出发，给她回电话然后大吼大叫的？
来访者：因为在我需要她的时候，她却挂了电话，这太不公平了。
治疗师：所以，你告诉自己什么？
来访者：我得告诉她这不公平。
治疗师：如果你告诉她这是不公平的，你希望会发生什么？
来访者：我不知道，我觉得我必须这么做。
治疗师：否则会发生什么？
来访者：我会气炸的。
治疗师：因为你的情绪是？
来访者：愤怒。
治疗师：愤怒背后呢？
来访者：还很受伤。
治疗师：那么，这种行为的功能似乎是传达你的伤害和愤怒，你希望沟通能为你带来什么？
来访者：她会听到我有多受伤。
治疗师：然后怎么样了？
来访者：她没听到。她挂了电话。
治疗师：那你传达"受伤"了吗？
来访者：没有。我只是在生气。
治疗师：事情是这样的。通过传达愤怒和别人挂断你的电话，你觉得自己更讨人喜欢了吗?

来访者:哦,天哪,不觉得。

治疗师:好的。

来访者:我永远不会觉得自己讨人喜欢。

治疗师:我认为坚持这种信念肯定会对你的行为产生影响。

步骤 3:以合作的方式检验目标想法和问题行为之间是否存在联系

这里要解决的问题是,来访者是否看到了这种想法和行为之间的联系。苏格拉底式提问可以用来增进对强化或延续行为的内部因素的理解。典型链分析的标准问题和元素包括观察目标行为发生前某人的所思所想及所感。与对威胁的感知相关的想法通常包括意象或对某人认为会发生的事情的预测。以合作的方式检验目标想法和问题行为之间是否存在联系的最佳方法之一是回顾以前的链分析。如果观察到一个共同的模式,那么就可以很容易地建立一个聚焦这种想法的基本依据。

步骤 4:使用传统的苏格拉底和辩证策略评估解决方案分析中的想法

由于长期情绪失调的人往往在辩证思维上存在困难,你可以选择使用本章后面介绍的"苏格拉底式辩证法思维记录"或本书介绍的其他策略。临床工作者会希望寻找缺失的背景,并强调知识中的空白。另一章将聚焦于使用接纳承诺疗法的治疗师的苏格拉底式策略,这些策略可能有助于针对与不接纳或固执相关的认知。评估一种想法的指导原则是:"它真实吗?它有用吗?"评估一个信念的影响是评估这个想法是否有益的一种方式:"相信这个想法会让你有什么感觉?""然后你怎么办?""相信这个想法会让你更容易实现目标吗?"相信这种想法的短期和长期后果是什么?"

这里的基本思想是,你在问来访者什么样的可信信念会帮助他们做出熟练的反应。值得注意的是，这可能需要的是一种全然接纳的视角。考虑一下"前因－信念－结果"的 A–B–C 模型。情境的先决条件已经确定，所以我们会问来访者："你想要什么类型的情绪和行为结果？""还有，你需要什么看似合理的信念来帮助你达到这个目标？"使用 DBT 的苏格拉底实践者将专注于发展促进熟练行为的视角。熟练行为的增加将让来访者的生活得到改善，从而产生新的经验——这些经验可以用来加强之前的苏格拉底式评估。

步骤 5：培养与更具适应性的思维相一致的行为和技能

我们的目标是实现认知矫正，但我们不希望只增加洞察力而不改变相应的行为；DBT 是一种行为疗法。理想情况下，我们希望将新的认知与当周做一些不同的事情的行动计划联系起来，作为解决方案分析的一部分，从而：（1）将行为与来访者的新视角结合起来；（2）帮助来访者采取目标导向的行为；（3）收集证据来检验新的信念。

一个认知链分析的更详细的例子

另一个典型的围绕自杀意念的 DBT 互动是直接说"没有证据表明死去的人比活着的人过得更好"。这是一个足够合理的陈述，通常能给来访者一个新的视角。你可以在本章后面的临床案例中看到这种说法的一个变体。这个以一种"不敬的（irreverent）"方式发表的陈述在 DBT 中有两个作用：（1）使来访者受到冲击，让他们脱离当前的情绪轨道；（2）提供一种另类的、非正统的死亡观。正如你将在后面的例子中看到的，治疗师可以在这个陈述的基础上，用苏格拉底的方法直接减轻自杀意念和改变行为。

苏格拉底式提问被认为可以引起更深层次的认知改变（Beck，2011），并被发现可以预测抑郁症症状的减轻（Braun, Strunk, Sasso & Cooper, 2015）。根据经验，这里有一个问题，即使用苏格拉底式策略帮助来访者对情境采取新的观点是否会比提供"不敬的"说法更有影响力。这可能是因为，在没有引导发现或苏格拉底式过程的情况下，直接提供平衡的思维对 BPD 患者来说并不那么有效，这可能导致接受 DBT 的患者在处理自杀意念方面缺乏行动（见 DeCou et al., 2019）。

下面是一个例子，关于治疗师如何使用苏格拉底式方法和认知链分析来减轻来访者的自杀意念并增加熟练行为。在制订了基本的安全计划、确保环境安全并充分利用了 DBT 的情况下，治疗师可以使用这一策略。这种策略被推荐用于与自杀意念或自残行为相关的、不适用于标准的行为链分析的想法。

治疗师：所以，我注意到这个链条上不断出现的想法是，如果你自杀，你的痛苦就会结束。就像星期五一样。

来访者：就是这样的。

治疗师：嗯，当然我并不知道是否会这样，但是似乎当你有这个想法并相信它时，你更有可能做出自杀行为。

来访者：嗯，是的，这是一条出路。我真想重新来过。我现在的生活糟透了。

治疗师：星期五的时候，当你这样想时，发生了什么？你结束生命的冲动增加了吗？还是减少了？

来访者：增加了。

治疗师：好的。所以，当你有这种想法时，你结束生命的冲动就会增加。而你告诉我，你认为死亡能解决你的问题。它能解决什么问题？

来访者：所有问题都能解决，反正我死了。

治疗师：你怎么知道它能解决你的问题？

来访者：因为我已经死了。

治疗师：你怎么知道死了就能解决问题？

来访者：嗯，死亡是你生命的结束，所以你生命中的问题肯定是结束了。

治疗师：你怎么知道的？说真的，有什么证据吗？

来访者：嗯，科学是有道理的。

治疗师：好吧，让我们来看看科学。对于人死后会发生什么，科学有什么明确的结论吗？这些结论在期刊甚至《纽约时报》上发表过吗？

来访者：没有。

治疗师：既然你提到"重新来过"，看来你也相信有某种来生。

来访者：是的，也许我有点相信轮回。

治疗师：好的，我们假设是这样。这个想法是，如果我死了，我会转世，然后我不会有这些问题。你对转世有什么了解吗？

来访者：没有太多了解。

治疗师：好吧，这取决于你的信仰体系，你会不得不一遍又一遍地反复吸取教训。或者你会走下启蒙的阶梯脱离人道，转世成为一条蛇或者蜈蚣。

来访者：哦，我不想那样。

治疗师：而且，你不让我帮你！所以，你的自杀意念背后的想法是，你的问题会通过死亡解决，对吗？

来访者：对。

治疗师：那么，你从刚刚这段对话中了解到了什么？

来访者：我的想法建立在"死亡意味着问题的终结"这一观点上，但如果我们真的去思考，我们并不确定这是真的。

治疗师：好的，按 0 ~ 100%，你觉得你有多相信这一点？

来访者：大约 85%。

治疗师：另外 15% 呢？

来访者：也许我愿意冒险相信我们错了。

治疗师：因为你还是有点相信它会起作用？

来访者：是的。

治疗师：当你在周五表现失常时，你有多相信之前的想法？

来访者：哦，大概有 100% 吧。

治疗师：好的，我不想假装这是一个简单的解决办法。我觉得这就是问题所在。"如果我死了，我的问题就解决了"这句话背后的想法是什么？世界应该这样运作，因为……

来访者：我的问题应该是可以解决的。

治疗师：为什么？

来访者：我应该得到一个简单的解决办法。

治疗师：嗯。为什么？

来访者：因为，我是一个好人，很多糟糕的事情发生在我身上，我理应休息一下。

治疗师：好的，看到问题了吗？你不仅仅认为自杀会解决问题，你也认为你应该有一个简单的解决问题的方法。所以像自杀这样的解决方案可能会吸引人，是这样的道理吗？

来访者：是啊，我没这样想过。

治疗师：如果我有一个简单的答案，我会给你，我保证。

来访者：谢谢。

治疗师：但我不知道，你有没有遇到过难题的简单答案？

来访者：没有，这太不公平了。

治疗师：嗯，我们也要谈谈这个。但让我们回到刚刚那条链上。你会有这样的想法："这样做会解决我的问题。""我的问题应该很容易解决。""如果这些问题不容易解决，那就是不公平的。""我遇到了不好的事情，我应该休息一下。"可以这样总结吗？

来访者：可以，很好。

治疗师：当你想到这些的时候，你会被引导去做什么？

来访者：自杀。

治疗师：对的。这就是周五发生的事吗？

来访者：是的，就是这样。

治疗师：好的，那么，如果你带着这些想法，你会有多大的动力去解决你生活中非常困难的问题呢？

来访者：很显然，不会有太大动力。

治疗师：我认为这就是我们不断在这条链上陷入困境的原因，我们可以想出各种各样好的解决方案，但如果你坚持认为你不应该是解决问题的人，那么我们真的走不远。你认为谁应该为你解决这些问题？

来访者：首先是我爸爸。然后可能是凯尔。

治疗师：好吧，那么，他们同意自己负责解决你的问题吗？

[削弱积极的被动性（active passivity）]

来访者：不同意，这就是问题所在。

治疗师：他们会同意吗？

来访者：可能不会。

治疗师：看起来这可能会破坏整件事。如果你坐着等待他们同意解决你的问题，你要等多久？

来访者：永远。

治疗师：好的，那你想怎么处理？

来访者：我想我得解决这些问题，但是我不太满意。

治疗师：理解。所以，让我们回到周五。你可以怎么运用这一点呢？

来访者：如果我陷入了"这不公平，我不应该这样做"的兔子洞，我得提醒自己不要那么固执。

治疗师：是的，我可以理解怎么会变得固执。好的，你可以在那种情况下使用什么技能？[随后的技能讨论和解决方案分析]

复盘

治疗师本可以坚持直接的行为问题解决，并采取告诉来访者"死去的人没有拥有更好的生活"的方法，但在这种情况下，问题不仅如此。来访者的困难包括她认为自己的问题应该很容易解决，也应该由其他人解决。用 DBT 的术语来说，这是"积极的被动性"——来访者积极致力于让世界监管并解决他们的问题。这通常源于来访者在解决自己的问题时很少成功，他们对挫折的容忍度很低，并且相信"应该是什么样"——与过于简化的问题解决有关。

这种苏格拉底式提问和认知链分析可以被看作先前的解决方案分析中故障排除的一部分，这种分析并没有阻止来访者将自杀作为一种解决方案。在这个案例中，苏格拉底式提问被用来阐明那些阻止来访者参与并致力于积极解决问题的信念。这一点的重要性在于，解决方案分析的故障排除是 DBT 中一个被忽视的领域，并且可能在塑造行为方面取得最多的成果。如果我们理解那些干扰制定行为解决方案的信念，并以它们为目标，那么我们就可以增加解决方案分析的成功率，并改善来访者的生活。我们希望用辩证法和苏格拉底式的策略来对付这些抑制性信念，从而带来持久的认知和行为改变。不能忽视的关键步骤是将策略与明确的行动计划联系起来，作为解决方案分析的一部分。

苏格拉底式辩证法思维记录

阅读本书的前几章会让你更好地理解我们的苏格拉底式对话框架。

步骤 1：检查调适程度

这个过程的第一步是检查来访者的调适程度。在 DBT 情绪调节模块中，我们使用 0—100 分，其中 100 代表情绪最强烈，0 代表情绪缺失。任何一种极端都不会有效。如果来访者处于解离状态，你可能需要使用一些着陆（grounding）技能让他们存在于你的房间里，与你（和他们自己）在一起。如果来访者的情绪高度活跃/失调，你就需要指导他们使用一些会谈中的调节技巧。这通常包括一段时间的深呼吸；如果来访者的情绪很强烈，你可以花 15 分钟左右。需要注意的是，不要将没有快速自行消减的情绪灾难化。可以使用的最佳技能取决于来访者和你擅长什么。常见的策略包括腹式呼吸、意象、渐进式肌肉放松、着陆技术、五感舒缓，或专注地坐着感受情绪。有些来访者在策略组合上做得很好，你会希望他们在会谈之外也能实践有效的策略。

调适程度检查：在 0—100 的范围内，你目前的情绪状态有多强烈？请考虑使用你的一些调节技巧将情绪强度降低到中等水平。		
命题： （我们在评估什么想法？）		
反命题： （我们想考虑或评估的另一种观点是什么？） （可能有一些相反的主张需要考虑。）		
检查事实： 列出下面的事实，并在与事实最相符的列中打钩（√）。一个事实可以支持多个结论，所以我们想要列出所有的事实，看看哪个结论的支持度最高。	命题（√）	反命题（√）
好奇心：我们遗漏了什么？我们不知道的是什么？上述陈述是否缺少重要的上下文？有什么例外情况被我们遗忘了吗？		
总结：我们如何总结整个故事？		
整合：用"并且"连接不同的真实元素。		
要点：什么样的陈述是更有效、更可信的？ 我如何将这个陈述应用于我接下来的一周？		

图 12.1　苏格拉底式辩证法思维记录

步骤2：定义命题

下一步是确定你要评估的陈述。在辩证法中，这个术语可以被称为论点或命题（另一种观点是对立面或反命题）。选择合适的想法是很重要的，本书前面的一章详细介绍了如何识别最佳认知目标。

与这个人群一起工作时，至少有三个战略目标：（1）经常出现在你们一起进行的链分析中的想法；（2）阻止熟练行为的预测或阻止建立有价值生活所必需的行为的自我挫败式预测；以及（3）与自杀意念相关的想法（例如，来访者想结束生命的主要原因的情感意义，或与他们认为生活不能变得更好的主要原因相关的假设）。一个与自杀意念相关的常见信念是自杀会解决他们的痛苦问题。

步骤3：确定反命题

这是这个过程中重要的一步。对于治疗师而言，这不是一个"坐以待毙"的地方。我们需要考虑策略性的替代性观点。你不希望提出过于积极或纯粹积极的替代性观点，因为这些可能会被来访者当场拒绝。在这一步，你需要运用你的第四、第五和第六级确认技能，并对情境概念化，尝试看看来访者可能遗漏了什么。如果你身处该情境中，考虑你会如何看待这种情境会有所帮助。或者可以考虑他们在情绪调适度更高或逆境较少的一天中会如何看待该情境。这就是我们可以从前文提到的模式失活治疗的功能性替代信念中借鉴的地方，因为我们可以弱化这个命题。反命题不需要与命题截然相反，然而它通常指向有效行为。

有时候隐喻是有帮助的。我们提供了一份用3D[①]相机的比喻介绍命题和反命题概念的工作表。3D相机能够通过整合来自多个有利位置的图像来创建3D图像。类似地，我们可以通过整合在多个观点中发现的真相来建立对情境更

[①] 英文 Three-Dimensional 的简称，中文指三维，即长、宽和高。——译者注

"三维"的理解。

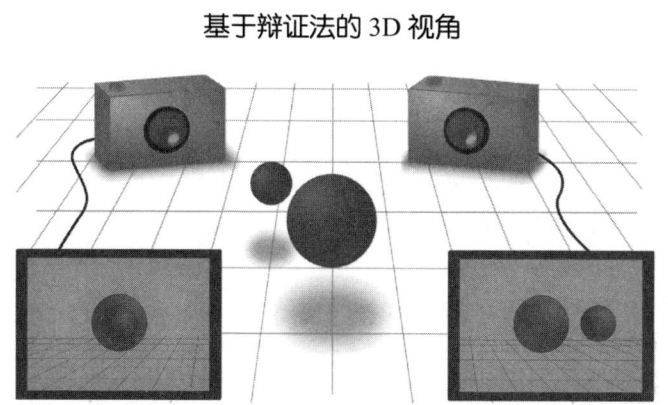

图 12.2 3D 视角和辩证法

策略性的对位视角有助于这个过程，而你可能需要运用自己的智慧帮助来访者找到它。从概念上说，你要考虑什么样的视角有助于来访者对情况有更细致、更准确的理解。或者，你可以专注于他们遗漏的可信的替代方案。有时候，这个故事可能还有更多我们不知道的事实，它可能是一个合适的反命题。其他时候，关注在这种情况下需要什么样的行为可能成为合适的反命题。

DBT 的治疗师非常灵活，专注于做任何有效的事情。在研究自杀意念时，借鉴"自杀的合作式评估与管理（Collaborative Assessment and Management of Suicidality，CAMS）"的框架是有帮助的（Jobes & Drozd，2004）。在 CAMS 框架中，临床工作者评估来访者的求生欲和求死欲，然后评估他们想活下去的主要原因和想结束生命的主要原因。临床工作者还会考虑如何改善这种情况。你可以将来访者想要活下去的主要原因和这种情况发生的可能性作为两个潜在的反命题。或者，你也可以将情况改善的可能性作为反命题。更进一步，你可以评估练习接纳是否会改善来访者的体验。

如果你的来访者特别缺乏希望，你可能需要用意象培养一个好的反命题。如果你能帮助来访者在头脑中形成一种"人生值得过"的意象，那么我们就能有一些很好的潜在的反命题。如果你这样做了，那么以"这是否值得为之奋斗"作为反命题，可以避开最初的预测，即它永远不会发生。或者，如果来访者"确定"这是他们做不到的事情，你可以使用意象策略让他们想象一个已经学会并发展了 DBT 技能的未来版本的自己，并评估那个版本的自己是否可以拥有他们想要建立的生活。这里有许多好的反命题可以考虑。

步骤 4：检查事实

检查事实有不同的方法。关于 DBT 的手册中目前的方法聚焦于检查来访者的思维是否扭曲（例如，是感知到威胁还是将事情灾难化）。检查事实的其他方法包括权衡证据或使用更具归纳性的方法。对思维记录的系统回顾发现，治疗师倾向于以三种不同的方式尝试认知改变：（1）直接提出不同的想法；（2）通过展示想法如何被扭曲来证明对不同想法的需要；（3）通过评估情况和证据发展新的想法（Waltman et al., 2019）。目前的 DBT 技能手册更侧重于第二种方法，而我们将更侧重于第三种方法；这与对合作式经验主义的关注是一致的。

表明一个人的想法受到扭曲是一回事，帮助他找到一个更平衡和可信的想法是另一回事。这两种方法都有价值，你可以把它想象成一种链分析和一种解决方案分析——一种侧重于评估问题是如何发生的，而另一种则侧重于如何防止问题再次发生。

为了检查事实，你首先需要列出事实。如果你想讨论证实信念和否定信念的证据，你应该考虑使用本书中的标准思维记录，这在前面的章节中有详细的描述。我们发现这往往是一个困难的过程。相反，我们建议采取一种策略，将检查事实的技巧和中道技巧（middle-path skill）结合起来。正如你在我们的"苏格拉底式辩证法思维记录"中所看到的，我们正在使用一种与治疗健康焦虑的流行方法一致的方法，这种方法被称为假设 A/ 假设 B（Salkovskis & Bass，1997）。整合这些要素会产生一个过程。在这个过程中，我们列出我们正在评估的命题和反命题，列出关于情况的事实，然后检查哪个事实支持哪个陈述。同一个事实可以支持多种结论，这给了治疗师一个机会来进行一些确认，强调"好吧，我知道你为什么会这样想了"。

要小心的是被用作事实的其他想法、解释、判断以及情感。事实上，来访者有那样的想法，也有那样的感受，而我们关注的是对事实更严格的定义。我们的事实应该是任何一个结论（命题或反命题）为真的证据。

步骤 5：好奇

这一步的主要目标是试图说明外部因素或拼图中缺失的部分。我们了解的信息中有遗漏的内容吗？有我们不知道的事情吗？有没有重要的背景可以解释支持这个命题的证据？在这个过程中还有其他相关的因素吗？

如果检查事实的步骤是确认证据的步骤，那么这也是不确认证据的步骤。这包括对命题不成立的任何迹象感到好奇。如果我们在支持反命题方面做得很好，我们可能不需要直接寻求证据来证明这个命题不是真的；相反，我们可以专注于加强对反命题的支持。本书的第七章"合作式好奇"中有很多策略可以帮助你完成这一步。

步骤6：总结

对于我们的来访者来说，这通常是一个需要耗费情绪的过程，所以我们想花一些时间帮助他们把一切结合在一起。总结和整合的步骤很重要，而新手治疗师很容易跳过这一步。这就是我们努力使新学习变得明确的地方。因为我们通常没有与来访者相同的模式和信念结构，所以我们通常比来访者更容易看到新的视角。治疗师也可能会想要选择一个纯粹积极的想法，因为这样来访者可能会感觉更好。不切实际和盲目的积极想法与全然接纳是不相符的。

此外，幻想可能是一种解离的方式，它阻止人们在生活中做出艰难的决定和迈出艰难的步伐。因此，我们正在寻找平衡和具有适应性的新想法。这一过程包括总结辩证张力的不同方面和当前观察到的对不同组成部分的支持："我们如何将我们发现的事实的所有不同部分结合在一起？"因此，总结陈述不是简单地陈述某个组成部分有更多的支持。

步骤7：整合

整合是传统的哲学辩证过程的最后一步。在这一步，我们致力于调和从不同角度发现的事实，以创建之前描述的"三维"视图。这通常是通过用连词"并且（and）"将看似不相容的元素缝合在一起实现的。例如：

> 有证据表明，我的母亲从来没有像我需要她那样爱我，"并且"这并不意味着我是一个不值得爱的人。不被像我母亲这样的人爱是痛苦的，"并且"我想这更多的是因为她而不是我。我遇到了一些爱我的人，"并且"我正在学习爱自己。

我们在两个层次上致力于整合：（1）直接整合辩证法的要素（辩证整合）；（2）将辩证整合与整体认知图式进行整合（图式适应）。一旦我们有了一个辩证的整合，我们会想帮助来访者整合他们最初的主张和他们整体的生活假设。新的结论与最初的假设相比如何？与他们潜在的信念相比如何？他们如何调和他们以前的假设与这个新的、复杂的观点？

在这个过程中融入意象会很有帮助。有很多方法可以做到这一点。你可以让来访者把新的想法想象成真实的。你可以让他们想象，一个他们信任的人告诉他们这个想法。你可以让他们想象自己很有技巧或者很成功。意象是强大的，因为它是唤起强烈情感反应的好方法。约瑟夫维兹（2017）过去发表了一篇关于将意象融入苏格拉底式策略和思维记录的优秀指南。

步骤 8：巩固学习并与行为目标相联系

我们还希望帮助来访者将认知转变转化为行为改变，从而巩固这些成果。因此，我们会问他们，在接下来的一周内，他们希望如何将新视角付诸实践，或者他们希望在接下来的一周内如何对其进行检验。如果这是 DBT 中的情绪调节模块，检查事实将是决定最佳行动计划是使用相反的行动还是问题解决的一个步骤。为了保持模型的一致性，我们建议你基于这些结论进行练习。如果来访者最初的观点被证明不是一个准确或有效的视角，那么你可以提示与最初观点相反的行为。值得注意的是，与初始观点相反的行为可能符合新的辩证整合视角，这可以归入问题解决的范畴。要考虑的问题是："什么样的具体行为会是有效的、有技巧的？"

苏格拉底式辩证法思维记录示例

下面的例子说明了苏格拉底式辩证法思维记录是如何在会谈中使用的。在这个例子中，帕特里夏，一位患有 BPD 的 30 多岁的非裔－加勒比裔女同性恋者，在与她的治疗师的谈话中使用这种方法，以减轻她持续的自杀意念。一些用于了解帕特里夏的背景是，她的 BPD 是在一个否定的环境中形成的；在这个环境中，小时候的她经常被置于照顾母亲的角色，而她的母亲可能有酒精依赖。帕特里夏被教导要否定和隐藏她的情绪体验，并变得过于被动和迁就，这最终导致她出现周期性的失控和言语攻击。她后来学会了把这种情绪发泄在自己身上。随着时间的推移，她的环境进一步强化了她的行为，因为倾向于留在她生活中的人是那些虐待和剥削她的人。她在第三次严重自杀未遂后接受了治疗，而她生命中值得活下去的部分涉及拥有相互支持的关系。然后她接受了几个月的DBT技能训练，相关概念开始变得清晰起来；因此，她的治疗师开始专注于评估和定位与她的自杀意念及自残行为相关的持续性认知。

在这个会谈中，治疗师使用了上述框架，并通过苏格拉底式辩证法针对与自杀意念相关的想法。治疗师从日记卡回顾中注意到来访者在这一周中出现了自杀意念。他们开始对意念进行链分析，发现这一链条中出现的想法与之前以自杀意念或自残结束的链条中出现的想法相同。因此，治疗师决定将评估这些想法作为解决方案分析的一部分。

治疗师：帕特里夏，这个想法在我们一起分析的几个链条中出现过。这是你经常想到的事情吗？

来访者：不会经常想到。

治疗师：所以，你不是一直有这种想法。我很高兴听到这个消息，因为它听起来是个痛苦的想法。在你自残或者有自残的念头时，这个想法经常出现吗？

来访者：是的。

治疗师：让我描述一下我对于你在链分析中告诉我的情况的理解，这样我们就可以看看我是否在正确的轨道上。你下班回到家，你的伴侣正坐在沙发上看手机。房子里乱七八糟，水槽里有碗碟，晚餐还没开始做。你走后她好像什么都没做。你告诉自己你必须把一切都做了，然后你很生气。你开始打扫卫生，动静很大，希望她会站起来帮忙，但她只是把电视音量调大了。你们卷入了一场争吵，说了一些伤人的话。后来，你边做晚饭边哭。然后，你花了大半个晚上思考事情怎么总是这样，并且觉得你将永远是别人的仆人，你多么希望你已经死了。这是我们写出来的链条，对不对？

来访者：对，听起来很熟悉。

治疗师：而且，这些接近尾声的想法——"事情总是这样""你将永远是别人的仆人"，这和我们在之前的链条中看到的其他想法很相似。

来访者：对，所以，是的，当我有这种感觉时，我经常会有上面的想法。

治疗师：那么，这些想法会让你更想自杀还是更不想自杀？

来访者：更想！

治疗师：我认为我们应该关注的一个关键问题是，为什么那些想法会导致你想要自杀。

来访者：我想这是因为我意识到我永远不会拥有我想要的那种关系，我会一直被困在这种处境下。

治疗师：[不敬地（Irreverently）]嗯，我可以向你保证，唯一能确保你永远得不到你想要的关系的方法就是自杀。

来访者：嗯，我想是这样的。好像我自杀了事情也不会变好。

治疗师：没错。

来访者：但是我仍然不相信我会拥有我想要的关系。

治疗师：我知道那是你生命中值得活下去的重要部分。如果我们运用一些DBT技巧来评估这些想法，你愿意这样做吗？

来访者：如果你认为有帮助的话。

治疗师：好的，所以第一步是检查并看看我们的调适程度如何。你目前感觉怎么样，情绪有多强烈？

来访者：目前很难过，但没有我们刚开始时那么难过。

治疗师：按0–100，其中100表示最难过，你现在有多难过？

来访者：也许是80、85，或者更多。对这件事我感觉很难过。

治疗师：给你的情绪命名并加上一个数字，你做得很好。让我们花点时间，用我们的一些技巧来缓解你的难过。让我们使用上周有效的方法。我们在椅子上坐直，张开手掌，练习腹式呼吸。

来访者：［跟随］

治疗师：我想今天我会在我的练习中加上一句咒语。

吸气，就在此刻。呼气，就这一口气。

［继续练习］

来访者：［跟随］

治疗师：［在持续练习一段时间后］

你现在的情绪有多强烈？

来访者：我的难过程度大概是60。此外，我觉得与你的联结更深了。

治疗师：让我们记住这对你有用。

好的，这个过程的下一步是定义辩证法的不同要素。首先，我们正在评估的想法是什么？

来访者：我永远不会拥有我想要的那种关系。

治疗师：为了让它更清楚，我们如何定义你想要的那种关系？

来访者：双方都做事，我不用做所有的事情。

治疗师：我们关注的是分工吗？

来访者：是的。对我的关系来说，那是一个完全陌生的概念！

治疗师：是你不用做所有的事情，还是对方做得更多？

来访者：都是！

治疗师：好的，所以我们正在讨论的命题是，你将永远不会拥有一段你不用做所有事情的感情。听起来对吗？

来访者：这正是我担心的。

治疗师：接下来，我们来考虑一些相反的观点或不同的观点。那么，还有哪些看待这种情况的方式，而且它们可能有一定的道理呢？

来访者：嗯，你告诉我，我和别人以及自己可以建立不同的关系，这样的生活是可能的，而我相信你。

治疗师：拥有不同的关系，这种情况发生的必要条件是什么？

来访者：我需要更好地维护自己，我的生活中可能也需要更好的人。

治疗师：我喜欢"自信会帮助你得到你想要的东西"的想法。我们如何定义关于"更好的人"这个想法？

来访者：不占我便宜，自己可以照顾好自己的人。

治疗师：那么，是不期望你做所有事情的人还是会做更多事情的人？

来访者：同样，两者都是！

治疗师：听起来我们有三个反命题要考虑。

1. 通过学习变得更加自信，你可以拥有更好的人际关系。
2. 你可能需要调整他人对于分工的期望，或者结识有不同期望的新朋友。
3. 你可能需要认识会做更多事情的人，或者用你的自信技能让你生活中的人去做更多事情。

我们可以用几种不同的方法来做这件事。我们可以选择其中一个反命题，用标准的CBT方法来评估它。辩证的方法是从每个角度寻找真相，并试图将这些碎片组合在一起，以更好地理解真相。

所以，我们最初的命题是，你永远不会拥有你想要的那种关系（意思是在劳动分工上更加公平的关系）。然后我们有了这些我们想出的反命题：通过学习变得更加自信，这样你可以拥有更好的关系；通过调整他人对分工或劳动的期望，或者通过认识有不同期望的人，你可以拥有更好的关系；最后，用你的自信技能让你身边的人做更多的事情，或者通过认识做更多事情的新朋友，你可以拥有更好的关系。

我把这些写在这张表格上，这样我们就可以追踪我们正在讨论的内容。接下来，让我们使用我们的检查事实技能，写出关于这个情况的事实。

来访者：那么，事实是什么呢？

治疗师：是的，关于你拥有你想要的那种关系的能力的命题和反命题，有哪些相关的事实？

来访者：嗯，我没有拥有我想要的关系。我的伴侣从来不听我的，所有的工作都是我做的！

治疗师：所以，你目前对这段关系不满意的事实已经很明显了，我们不需要进一步评估那部分。是否有事实表明会一直如此？

来访者：我经历过的每段感情都是这样的。

治疗师：你的意思是，你的每一段感情都让你做了大部分的工作？

来访者：是的，没错。

治疗师：嗯，这是一些证据，让我们把它作为另一个事实写下来。你说的每一段感情，是指所有的吗？

来访者：是的。

治疗师：有没有哪一段是最糟糕的？

来访者：有，有些人不仅仅认为我做这么多是理所当然的，有些人是虐待狂，特别坏。

治疗师：我很高兴你现在摆脱了那些处境。

来访者：我也是。

治疗师：所以，总的来说，你倾向于做大部分事情，有时情况会尤其糟糕。我很好奇是否有比平时稍微好一点的时候。在你过去的关系中，最不糟糕的劳动分工是什么？

来访者：我有一个室友吉尔，她还不错，她最终会做一些事情，但会把盘子留在水槽里，或者把衣服留在地板上，而我通常会清理这些东西。

治疗师：这就是你们两个关于劳动分工的协议？

来访者：协议？

治疗师：听起来，你期待更多的是凭直觉工作，而不是明确和商讨？

来访者：是的，你的意思是有些人会和其他人谈论谁负责做什么？

治疗师：是的，听起来我们为"检查事实"清单又找到了一些事实。吉尔没有其他人那么坏，以及通常没有关于期望、分工或劳动的一致意见或讨论。我们的清单中还有其他事实吗？

来访者：嗯，我母亲一直期望并且仍然期望我照顾她。

治疗师：所以，这是另一个要列入我们清单的事实。还有别的吗？

来访者：我不确定。

治疗师：与你变得更有技巧的想法相关的事实呢？有我们想要考虑的相关事实吗？

来访者：我正在学习 DEARMAN①。我还不擅长它，但是我正在学习新的技能。

治疗师：是的，非常好，还有什么？

来访者：小组成员谈论了他们如何在家人和朋友面前成功使用DEARMAN。

治疗师：所以，也许这个技能是有用的，至少在某些时候。那么关于调整其他人对劳动分工的期望或者认识其他有不同期望的人，你觉得怎么样？

来访者：嗯，我想我可以学着和别人真正地讨论一下谁做什么，以及我不想做所有的事情。

治疗师：我喜欢这个想法，让我们把它写下来。我们以吉尔为例证明了有些人和其他人不同。有没有可能，有一些人或许会接受

---

① 辩证行为治疗中的七步沟通法的简称，包括描述（Describe）、表达（Express）、要求（Assert）、强化（Reinforce）、留心（Mindful）、自信（Appear confident）和协商（Negotiate）七个步骤。——译者注

一个自信的你，可能会接受你的分工限制，也可能会在家里做更多的事情？

来访者：我觉得有可能，我的意思是肯定有这样的人，对不对？

治疗师：对的，肯定有。

来访者：好的，很好。

治疗师：所以，让我们仔细检查一下事实支持哪一栏。事实是否支持"你永远也不会拥有你想要的那种关系"的观点，和（或）是否支持我们的一个相反的观点，即你有能力学会变得更有技巧，运用这些技巧给关系带来变化，或者认识新的人？首先，让我们从这里开始——你目前对你的人际关系不满意，并且你的大多数人际关系都让你做了大部分工作，这支持哪个结论？

来访者：我的观点？

治疗师：很好，是的，我也这么认为。我们举了一个例子——吉尔比其他人做得多一点。这符合哪个观点呢？

来访者：也许两者都有。我不满意当时的分工方式，但它给了我希望，让我看到一些人在这方面比其他人做得更好。

治疗师：对于分工的期望通常没有被说出来，这部分呢？

来访者：所以，这是一种证据，表明如果我能学会这样做，事情可能会变得更好，但我还不能做到这一点。这也可能是一种证据，表明事情不会变得更好。

治疗师：那么，也是两者都可能。学习新技能和DEARMAN技能呢？

来访者：这支持的是相反的观点。还有"我可以和小组中的其他人一样获得成功"的想法也是。但是，你认为我能做到吗？

治疗师：是的。如果我认为它不起作用，或者如果我认为你做不到，我就不会教你这个技能。最后，我们还有一部分——在期望和工作量方面，其他人可能更适合你。我们应该把它放在哪里？

来访者：也许放在"事情会变得更好"那一栏？我从来不认为我应该得到比现在更好的，但也许我值得。

治疗师：这听起来像是另一个想法，我们可以在之后的会谈里讨论它。

来访者：是的，那可能会很好。

治疗师：所以，现在我们想花一点时间，对我们刚刚做的事情怀有一些好奇，看看我们是否遗漏了什么，或者是否有其他重要的因素要考虑。我想知道是否有一些外部因素在起作用。关于你倾向于交往的人，他们有什么共同之处吗？

来访者：什么意思？

治疗师：嗯，我们正在讨论家庭分工。在做家务的能力方面，和你交往的人身上有什么共同点吗？

来访者：我想她们没有一个人真正擅长做家务。我倾向于和更年轻的人约会，她们中的大多数人似乎不知道如何做饭或打扫卫生。我猜她们的妈妈会为她们做这些事。

治疗师：对你来说，情况正好相反。你倾向于为你的妈妈做这些事。

来访者：你说得对，我们的背景非常不同。

治疗师：可能还有不同的期望。

来访者：是的，就是这样。

治疗师：有没有我们可能遗漏的其他背景？或者有其他重要的事情需要考虑吗？

来访者：我认为没有了。

治疗师：如果想象一下她们试图帮忙，我想她们可能不会像你一样擅长做饭或打扫卫生。

来访者：[笑着]是的，你说得对。我从来不吃她们做的任何东西，因为她们不知道怎么调味。

治疗师：这是你过去告诉她们的事情吗？

来访者：是的，我们为此吵过几次架。

治疗师：哦？

来访者：是的，她们告诉我，如果我侮辱她们的厨艺，她们就不做饭。

治疗师：所以这可能是一些需要考虑的背景，我们必须把它纳入未来的问题解决中。好了，下一步是对全局和我们所讨论的事实的所有要点做总结。你会如何总结我们讨论的事实？

来访者：我不开心，我一直都不开心，但也许事情会变好。

治疗师：哪些是与事情变好相关的事实要素？

来访者：好的技能是存在的。

治疗师：然后呢？

来访者：这些技能对我认识的人有用。

治疗师：然后呢？

来访者：[疑惑不解]

治疗师：你也可以学会使用这些技能。

来访者：哦，是的！

治疗师：那么，其他人呢？

来访者：我可以利用DEARMAN调整我的伴侣的期望，或者我可以去找其他人。

治疗师：哇！好的，让我们用"并且"这个词把所有这些联系起来。

来访者：我现在不开心，因为我做了大部分的工作，我通常都会做大部分的工作，并且这不意味着事情不会变得更好。并且，我可以学习使用像DEARMAN这样的技能。并且，我知道它对我认识的人有用，我也可以学习它。并且，我可以用它尝试改变我的关系或找到一段新的关系。

治疗师：你相信吗？

来访者：我相信。

治疗师：那么，从中可以得到什么启示呢？

来访者：如果我运用我的技能，事情只会变得更好。

治疗师：你打算如何在接下来的一周里应用这一点？

来访者：我想我需要加强我的 DEARMAN 技能。

治疗师：太好了，让我们复习一下这个技能，并计划一周的练习。

复盘

治疗师决定将目标对准关于关系不会变好的信念，因为它继续作为问题行为的前因出现，并且没有被之前的解决方案分析影响。治疗师花时间去更好地理解这个假设，然后开始定义反命题，这让治疗师对什么是有效的反命题有一些想法。治疗师选择了几个备选方案，它们足够接近，因此可以一起评估。来访者似乎表现出一些"全或无"的想法（即"事情总是这样"），而治疗师选择了苏格拉底的路线来评估过度概括，而不是立即将陈述视为扭曲的。证明一个陈述过度概括的一个关键策略是证明其可变性。治疗师选择首先询问"有过更糟的情况吗？"，这样他之后可以做一个平衡："如果情况有时更糟，那么有时也会更好。"这有助于为改变的可能性建立论据。

治疗师也使用了反命题作为定位点，直接询问支持反命题的事实。在发现一些好的事实并检查它们之后，保持好奇的态度很重要，因为任何一方都很容易受狭隘的视野局限。在这里，治疗师想知道，如果伴侣们试图帮忙，在过去会发生什么。我们了解到，来访者以前可能会惩罚伴侣的这些尝试。治疗师选择暂时回避对这个问题的关注，因为这里有一个明显的陷阱，即来访者会将此视为对这种情况的指责，而且在会谈中没有足够的时间处理潜在的"羞耻螺旋"。在建立新的 DEARMAN 计划时，治疗师肯定会处理这种无效的行为。最后，治疗师和来访者把一切整合在一起，并把它与一个专注于发展 DEARMAN 技能的坚实的行动计划联系起来。技能被证明是来访者摆脱先前导致她自杀的处境的出路。

这个过程中的所有步骤都是 DBT 要素，以与合作式经验主义一致的苏格拉底方式配置，从而最大限度地发挥对 BPD 人群成功进行认知重建的可能性。此外，从行为角度来看，任务的终点与你在做传统情绪调节工作时的终点相同。因此，它与 DBT 兼容，不会干扰治疗流程。

小　　结

本章总结了在 DBT 框架下，与 BPD 人群工作时的苏格拉底式策略。已经介绍的技能和策略与 DBT 模型一致，其使用方式能够使苏格拉底式策略获得成功的潜力最大化。这里呈现的所有苏格拉底式策略都基于行为疗法，并聚焦于促进行为改变。认知链分析、苏格拉底式辩证法思维记录等新技能使用了 DBT 要素，并通过临床实例进行演示。与 BPD 人群工作的关键要素包括在认知策略之前使用调节策略，然后将苏格拉底式评估的结果与行为改变联系起来。

参考文献

Alavi, A., Sharifi, B., Ghanizadeh, A., & Dehbozorgi, G. (2013). Effectiveness of cognitive-behavioral therapy in decreasing suicidal ideation and hopelessness of the adolescents with previous suicidal attempts. *Iranian Journal of Pediatrics, 23*(4), 467–472.

Apsche, J. A. (2010). A literature review and analysis of mode deactivation therapy. *International Journal of Behavioral Consultation and Therapy, 6*(4), 296.

Beck, J. S. (2011). *Cognitive behavior therapy: Basics and beyond* (2nd ed.). New York: Guilford Press.

Braun, J. D., Strunk, D. R., Sasso, K. E., & Cooper, A. A. (2015). Therapist use of Socratic questioning predicts session-to-session symptom change in cognitive therapy for depression. *Behaviour Research and Therapy, 70*, 32–37.

Brown, G. K., Newman, C. F., Charlesworth, S. E., Crits-Christoph, P., & Beck, A. T. (2004). An open clinical trial of cognitive therapy for borderline personality disorder. *Journal of Personality Disorders, 18*(3), 257–271.

Cristea, I. A., Gentili, C., Cotet, C. D., Palomba, D., Barbui, C., & Cuijpers, P. (2017). Efficacy of psychotherapies for borderline personality disorder: A systematic review and meta-analysis. *JAMA Psychiatry, 74*(4), 319–328.

DeCou, C. R., Comtois, K. A., & Landes, S. J. (2019). Dialectical behavior therapy is effective for the treatment of suicidal behavior: A meta-analysis. *Behavior Therapy, 50*(1), 60–72.

Fassbinder, E., Schweiger, U., Martius, D., Brand-de Wilde, O., & Arntz, A. (2016). Emotion regulation in schema therapy and dialectical behavior therapy. *Frontiers in Psychology, 7*, 1–19.

Ferster, C. B. (1972). The experimental analysis of clinical phenomena. *Psychological Record, 22*, 1–16.

Jacob, G. A., & Arntz, A. (2013). Schema therapy for personality disorders—A review. *International Journal of Cognitive Therapy, 6*(2), 171–185.

Jobes, D. A., & Drozd, J. F. (2004). The CAMS approach to working with suicidal patients. *Journal of Contemporary Psychotherapy, 34*(1), 73–85.

Josefowitz, N. (2017). Incorporating imagery into thought records: Increasing engagement in balanced thoughts. *Cognitive and Behavioral Practice, 24*(1), 90–100.

Layden, M. A., Newman, C. F., Freeman, A., & Morse, S. B. (1993). *Cognitive therapy of borderline personality disorder*. Needham Heights, MA: Allyn & Bacon.

Leahy, R. L. (2018). *Emotional schema therapy: Distinctive features*. New York: Routledge.

Lewon, M., & Hayes, L. J. (2014). Toward an analysis of emotions as products of motivating operations. *The Psychological Record, 64*, 813–825.

Linehan, M. M. (1987). Dialectical behavior therapy for borderline personality disorder: Theory and method. *Bulletin of the Menninger Clinic, 51*(3), 261.

Linehan, M. (1993). *Cognitive-behavioral treatment of borderline personality disorder*. New York: Guilford Press.

Linehan, M. M., Korslund, K. E., Harned, M. S., Gallop, R. J., Lungu, A., Neacsiu, A. D., ... & Murray-Gregory, A. M. (2015). Dialectical behavior therapy for high suicide risk in individuals with borderline personality disorder: A randomized clinical trial and component analysis. *JAMA Psychiatry, 72*(5), 475–482.

Mueller, G. E. (1958). The Hegel legend of "thesis-antithesis-synthesis." *Journal of the History of Ideas, 19*(3), 411–414.

Panos, P. T., Jackson, J. W., Hasan, O., & Panos, A. (2014). Meta-analysis and systematic review assessing the efficacy of dialectical behavior therapy (DBT). *Research on Social Work Practice, 24*(2), 213–223.

Paret, C., Kluetsch, R., Zaehringer, J., Ruf, M., Demirakca, T., Bohus, M., ... & Schmahl, C. (2016). Alterations of amygdala-prefrontal connectivity with real-time fMRI neurofeedback in BPD patients. *Social Cognitive and Affective Neuroscience, 11*(6), 952–960.

Rizvi, S. L., & Ritschel, L. A. (2014). Mastering the art of chain analysis in dialectical behavior therapy. *Cognitive and Behavioral Practice, 21*(3), 335–349.

Salkovskis, P. M., & Bass, C. (1997). Hypochondria-sis. In D. M. Clark & C. G. Fairburn (Eds.), *Science and practice of cognitive behaviour therapy* (pp. 313–340). Oxford: Oxford University Press.

Skinner, B. F. (1957). *Verbal behavior*. New York: Appleton Century-Crofts.

Skinner, B. F. (1983). Can the experimental analysis of behavior rescue psychology? *The Behavior Analyst, 6*, 9–17.

Stiglmayr, C. E., Grathwol, T., Linehan, M. M., Ihorst, G., Fahrenberg, J., & Bohus, M. (2005). Aversive tension in patients with borderline personality disorder: A computer-based controlled field study. *Acta Psychiatrica Scandinavica, 111*(5), 372–379.

Tee, J., & Kazantzis, N. (2011). Collaborative empiricism in cognitive therapy: A definition and theory for the relationship construct. *Clinical Psychology: Science and Practice, 18*(1), 47–61.

van Elst, L. T., Hesslinger, B., Thiel, T., Geiger, E., Haegele, K., Lemieux, L., ... & Ebert, D. (2003). Frontolimbic brain abnormalities in patients with borderline personality disorder: A volumetric magnetic resonance imaging study. *Biological Psychiatry, 54*(2), 163–171.

Waltman, S. H. (2015). Functional analysis in differential diagnosis: Using cognitive processing therapy to treat PTSD. *Clinical Case Studies, 14*(6), 422–433.

Waltman, S. H., Frankel, S. A., Hall, B. C., Williston, M. A., & Jager-Hyman, S. (2019). Review and analysis of thought records: Creating a coding system. *Current Psychiatry Research and Reviews, 15*, 11–19.

Waltman, S. H., Hall, B. C., McFarr, L. M., Beck, A. T., & Creed, T. A. (2017). In-session stuck points and pitfalls of community clinicians learning CBT: Qualitative investigation. *Cognitive and Behavioral Practice, 24*, 256–267.

Yoman, J. (2008). A primer on functional analysis. *Cognitive and Behavioral Practice, 15*, 325–340.

第十三章

苏格拉底式策略与接纳承诺疗法

R. 特伦特·科德

现在被称为正念的策略是认知疗法的早期组成部分（Beck，1979），尽管这些策略直到最近才因为语境行为疗法（contextual behavioral therapies）普及而得到重视。贝克最初使用的术语是拉开距离（distancing）和去中心化（decentering）。这就是元认知过程。也就是说，有能力在心理上后退一步，把想法看作想法，甚至意识到你的想法可能不准确，这代表着一种精神上的距离。当然，基于正念的认知行为治疗的实践比简单地在心理上后退一步要复杂得多。

在实践接纳承诺疗法（ACT；Hayes，Strosahl & Wilson，2016）的临床工作者中，最常见的临床错误之一是迷失于谈论 ACT，而不是真正与他们的来访者进行 ACT（Brock，Batten，Walser & Robb，2015）。从 ACT 的角度来看，苏格拉底式策略的使用集中在提出问题和开展对话，以促进 ACT 的实践。为了与 ACT 模型保持一致，本章将重点放在使用苏格拉底式策略来促进心理灵活性，而不是传统的认知修正。

苏格拉底式策略和 ACT

ACT 是认知行为治疗的第三次浪潮，基于关系框架理论（Relational Frame

Theory，RFT；Hayes，Barnes-Holmes & Roche，2001）——一种关于语言和认知的行为理论。ACT 建立在一系列哲学假设的基础上，这些假设与支撑认知行为治疗第二次浪潮（如贝克的认知疗法）的假设不同。RFT 和 ACT 背后的哲学假设具有临床意义，包括治疗的目标应该是什么，不应该是什么，以及在追求这些目标时什么干预是合适的。这些含义已经被许多人解释为，当运用 ACT 模式工作时，苏格拉底式策略是一个绝对的禁忌。

我们认为这种解释是错误的。苏格拉底式策略对于 ACT 临床工作者的装备而言可以是一个有价值的补充。在本章中，我们会讨论如何融入与 ACT/RFT 观点一致的苏格拉底式策略。首先，我们将讨论与 ACT/RFT 相关的注意事项；之后，我们将讨论如何使用苏格拉底式提问来促进 ACT。

理解 ACT 和 RFT

要以符合 ACT/RFT 的方式同化苏格拉底式策略，治疗师需要理解几个核心概念。与本书中有关 DBT 的章节类似，这并不是 ACT 的全面指南。目前已经有了一些关于 ACT 的优秀材料（参见 Hayes，Strosahl & Wilson，2016；Luoma，Hayes & Walser，2017）。在这部分内容中，我们将提供对于关键思维的概述，特别关注如何使用苏格拉底式策略提高你的 ACT 实践水平。

关系框架理论[1]

人类积极参与建立联系。这意味着人们可以任意地将不同维度的物体相互联系起来。例如，人们根据众多维度中的相对大小、重要性、相似性、距离、视角和时间等建立事物间的关联。简而言之，RFT 认为，关系思维是复杂的人类认知的核心特征。

人类很容易以关联的方式思考。ACT 研讨会和书籍中经常出现的一个经典练习（如 Hayes，2005）展示了，用几乎任何可能的方式将两件事情联系起来是多么容易。这个练习要求参与者说出两个独立的名词（随机选择），然后回答一系列关系问题。不管选择的名词是什么，他们总能找到跨评估维度的关系。例如，我们随机选择了"狗"和"船"作为名词进行说明。我们现在应用以下关系问题：狗和船有什么相似之处？有一些相似之处是，两者都可以旅行，都可以伤害你，也都需要定期的护理和维护。狗比船好在哪里？狗可以提供陪伴，而且不需要机械零件。狗如何成为船的反义词？狗是活物，而船不是。我们可以继续问关于这两个名词的关系问题，同时总是能够用可识别的关系做出回答。

由于人类很容易进行联系（例如，用语言），随着时间的推移，他们发展出越来越庞大的关系网络，而这些网络可以主宰他们的直接经验（Hayes, Brownstein, Haas & Greenway, 1986）。陷入"做正确的事情"而不是做有效的事情的陷阱，就是这种困境的一个例子。例如，如果一个人觉得道德上正确的做法是责备不体贴的人，即使当他这样做之后他经历了一系列痛苦的社会后果（例如，失业），他的行为可能是在基于语言的过程而不是直接经验的控制之下。可以问来访者一些有用的问题，让他们考虑自己的规则是否已经过度扩展或对环境的变化不敏感。

关系框架具有三个核心特征：相互推衍关系、联合推衍关系和刺激功能转换。相互推衍关系指的是当只教授了一种关系时对双向关系的学习。例如，如果一个人被教导 A 和 B 是一样的，他就会在没有任何明确训练的情况下得出 B 和 A 是一样的。相互推衍关系之间可以彼此联系起来——这个过程被称为联合推衍关系。假设人们已经了解到 A = B，然后单独了解到 B = C，即使没有任何明确的关于 A 和 C 如何相关的训练，人们也会基于前两个关系（即 A = B 且 B = C）得出 A = C，并且 C = A。也就是说，有两个经过训练的关系可以产生四个衍生关系，共得到六个关系。最后，如果 A、B 或 C 与恐惧等情绪相关，那么关系网络中的其他事件也可能引发恐惧。

让我们考虑一个更具体的例子。一个孩子被介绍给一个叫杰克的人。通过明确的训练，孩子首先知道"杰克"这个词和一个 30 多岁、棕色头发的白人男性是一样的。虽然没有受过明确的训练，但孩子推导出，她看到的这个男人等同于"杰克"这个词。在随后的场合中，当杰克和孩子说话时，杰克响亮、低沉的声音引起了孩子的恐惧。杰克（这个人，而不是这个词）获得了各种与恐惧有关的刺激功能（例如，心跳加快和出汗）。由于语言的双向性，孩子在这些身体感觉和杰克这个人之间产生了一种相同的关系。这四种关系（两种是训练出来的，两种是派生出来的）结合在一起，使孩子得出"杰克"这个词与恐惧之间是一种双向关系。此外，"杰克"这个词现在获得了与杰克本人相同的刺激功能，提到这个词会引起她的恐惧。因为"杰克"这个词已经获得了令人厌恶的功能，孩子现在可能开始避免想到"杰克"这个词或通过参与其他关系网络而与之相关的想法、情绪或事件。

已经习得的关系是不能取消习得的。它们只能被详细阐述。因此，在使用 ACT/RFT 模型时，我们应该谨慎使用苏格拉底式策略，因为它可能会扩大那些引起麻烦的想法所起作用的关系框架。有时扩大网络是有用的，有时则不然。从 ACT/RFT 的角度来看，主要的考虑是扩大关系网络是否会增加心理灵活性。心理教育就是一个例子，说明教授新的关系是有帮助的。例如，一个惊恐障碍患者认为心悸与"心脏病发作"有等价关系，那么他可能会受益于了解到心悸也可能等同于"战斗－逃跑反应"，具有不同的刺激功能（例如，"不愉快，但不危险"）。另一个从 ACT/RFT 模型的角度阐述关系网络的例子是，以一种新的方式来构建事件，让人产生欲望，而不是反感。举个例子，假设一位科学家对飞行非常反感，以至于完全避免乘坐飞机，尽管这是她参加会议的必要条件。如果她重视她的科学工作成果的传播，我们可能会问一些问题，帮助她用这个重要的价值来描述空中旅行。这可能会将坐飞机这件事先前令人厌恶的功能转变为符合她的价值、让她有欲望的功能。

避免对关系网络进行无益的详细阐述的一种方法是，向来访者提出问题，让他们不带判断并好奇地观察他们的思维过程。这类问题的目的是帮助来访者在不试图改变关系网络的情况下，观察自己来来去去的想法。这反而改变了关系网络的功能。有些问题可能包括以下内容。

- 你注意到你有这样的想法了吗？
- 我想知道，放松下来、看着你的想法逐渐展开会是什么感觉？
- 你现在的脑海中出现了什么？

规则指导的行为

行为既可以是受规则指导的，也可以是受偶然性指导的。规则指导的行为（Skinner，1969）指的是受偶然性刺激（即关于偶然性的想法）控制的行为，而不是与这些偶然性的直接互动。如前所述，规则指导的行为可能会有问题，因为规则通常对环境中的变化不敏感。这可能会导致来访者坚持无益的行为，尽管他们从环境中反复得到直接的经验反馈——他们的行为是无效的。

规则遵循分为三类（Hayes，Zettle & Rosenfarb，1989）：顺应（pliance）、追踪（tracking）和扩充（augmenting）。顺应［源自服从（compliance）］是一种基于社会后果的规则遵循，如取悦他人。例如，一个来访者可能在很小的时候就学到，当被问及近况如何时，他应该总是说他很好，即使他并不好。他可能已经受到社会化，认为这是该做的、在社会层面上恰当的事情。然而，这可能会阻碍他发展从重要的人那里获得支持和联结的能力。

追踪是基于规则与直接偶然事件之间对应关系的规则遵循。对于通过不准确的追踪而维持的问题行为，认知重建可能最有帮助。扩充也是一种规则遵循，它通过创造新的结果或改变现有结果的价值而改变事件作为结果的功能。在辅助延迟强化对行为的控制时，扩充作用是有用的。例如，通过将博士研究的追求与重要的价值观联系起来，治疗师可以帮助正在攻读博士学位的来访者在他们的项目中坚持下去，即使回报是在几年之后。

思维抑制

思维抑制已被证明会导致被抑制思维的出现（Wenzlaff & Wegner，2000）和一系列不良情绪结果（例如，Feldner，Zvolensky，Eifert & Spira，2003；Harvey，2003；Koster，Rassin，Crombez & Näring，2003）。因此，苏格拉底

式策略不应该让来访者的反应起到抑制思维的作用。我们认为存在这样一种错误的看法，即认为这是贝克认知疗法中苏格拉底式对话的预期功能。我们希望我们精心设计的四步模型清楚地表明这不是苏格拉底式对话的目标。

苏格拉底式提问与心理灵活性模型

虽然传统的贝克式认知改变策略不一定与 ACT 一致，但如果我们使用更广泛的方式定义苏格拉底式策略，我们可以讨论如何利用这些问题加强你的 ACT 实践。传统的苏格拉底式提问是一个解构（分析）和重构（整合）的过程。多年来，人们开始使用"苏格拉底式提问"这个词指代任何旨在让人反思或体验内部过程的提问。一篇新近的论文扩展了这一概念，并将治疗师可能提出的苏格拉底式问题分为三类（参见 Okamoto，Dattilio，Dobson & Kazantzis，2019）：探索（理解担忧）、视角转移（探索替代方案）和整合（促进发现）。在本章的其余部分，我们将回顾这三种类型中的问题和问题类型，这些问题可以用来帮助你实施 ACT。当然，应该指出的是，实施 ACT 中的另一个常见的临床错误是说得太多（或听得太多；Brock et al., 2015）；苏格拉底式策略是一种对话，而倾听是这个过程的一个重要部分（Padesky，1993）。此外，正如我们在本书中强调的那样，我们建议你以一种允许情感体验的节奏进行治疗。在 ACT 中使用苏格拉底式策略时，量化总是将有助于促进培养心理灵活性的过程。

ACT 理论家阐述了六个心理过程作为治疗目标。这些过程包括接纳、认知解离、接触当下、以己为景、澄清价值和坚定行动。与这六个核心过程相关联（如前所述，与关系框架理论一致）的苏格拉底式策略，具有 ACT/RFT 一致性。下面提供了一些示例问题，但这些问题并不是用来作为治疗脚本的，当然也不是快速提问的列表。ACT 是一种灵活的治疗方法，其节奏需要考虑当下的情绪表达和体验。最佳的问题和过程取决于你对来访者的经验回避的概念化。

接纳

减少经验回避是 ACT 的主要目标。接纳涉及对逃避和回避行为所带来的困扰的接受,可以被描述为对个人厌恶体验(如痛苦的想法、情绪)的接近行为。ACT 鼓励人们完全接纳心理体验,包括接纳情感痛苦是生活的一部分,永远不会被消除。追求接纳并不仅仅是为了接纳,而是因为它可以促进有价值的生活。

由于"接纳"这个词的口语化使用,它经常被误解。澄清它并不意味着什么,是有用的。接纳不意味着顺从、容忍或说服自己,感受到情感上的痛苦是可以接受的。相反,它涉及开放和完全拥抱一个人的所有心理体验。"意愿(willingness)"是一个经常被用来代替"接纳"的术语,因为在概念上,它更接近在这种情况下"接纳"的含义。然而,对"接纳"以及 ACT 的许多其他术语的概念性理解,不足以让人完全掌握这个词的含义。接纳主要是通过经验的方式习得的。

下面是一些可用于聚焦这一过程的示例问题,这些问题根据冈本(Okamoto)等人(2019)的研究进行了分类。

- 我想知道你是否在努力避免生活中的痛苦?[探索]
- 你试图消除或减少这种痛苦的尝试效果如何?[整合]
- 如果你只是抱着那个想法(或情绪/记忆等)坐一会儿会发生什么?[视角转移]
- 你能坐着不动,让自己完全体验这一切吗?[视角转移]
- 我想知道这种感受(或想法等)是否需要成为你的敌人?你真的需要逃避吗?[视角转移]
- 你有没有考虑过这种可能性:感觉/思考这些事情是生活自然的一部分?[整合]
- 如果你成功地摆脱了这种抑郁(或焦虑等),你希望发生什么?[整合]

- 当你试图摆脱你的想法（或情绪等）时，你的生活变得更大了还是更小了？［整合］
- 你一直在与什么斗争？那是什么感觉？［探索］

认知解离

认知解离（defusion）是这样一个过程，即认识到想法只是想法，而不是它们字面上所指的事情——一种改变恼人想法对行为影响的策略。换一种说法，认知解离剥夺了文字的字面功能，使它们可以被体验为任意的符号，而不是事实。回到我们前面提到的孩子和杰克的例子。当"杰克"这个词引起孩子的恐惧反应时，她和这个词融合在一起了。也就是说，当只有"杰克"这个词出现时，她的反应是恐惧的，好像杰克真的在那里，但实际上他并不在。认知解离干预会帮助这个孩子看到杰克这个人并不真的在那里，她此刻真正体验的是"J–A–C–K（杰克）"这四个字母。当来访者能够看清词语的本质时，他们就不太会试图逃避或回避它们。

有几种进行认知解离的方法。一般来说，有助于与想法拉开距离并观察思考的过程的问题，能够促进认知解离。实施行为实验和思维记录的过程可以促进认知解离，因为它们都需要通过实际记录自己的想法（例如，在思维记录表上）与自己的想法保持距离。事实上，认知重评可以促进认知解离的观点已经得到实证证明（Kobayashi, Shigematsu, Miyatani & Nakao, 2020）。

有时候，你可以证明某些事情有可能不是真的，这会有帮助。你可以让你的来访者对自己说"我是香蕉"（参见 Robb, 2005）。让来访者真诚地说出这句话。你可以和他们一起说："我是香蕉。"接下来，探索来访者说一些自己知道不真实的事情时的内在体验。问问来访者，他们是否能识别出这只是干扰信息？下一步是把这个方法应用到更令他们苦恼的想法上。

苏格拉底式提问的一些例子可以用来服务于认知解离，如下所述。

- 你能把这些想法当成一串字母来体验吗？

- 你认为描述和评价之间的区别是什么？你在纠结于描述还是评价？[整合]
- 在这些挣扎的时刻，你是否发现自己在通过想法看世界？还是你有不同的视角？[探索]

认知解离最好是通过体验式练习而不是纯粹的知识论述来学习。因此，一个有用的策略是做一个认知解离练习，然后用苏格拉底式提问来询问它。例如：

- 我想知道，快速地一遍又一遍地说那个想法会有什么影响？[探索]我知道这很傻，但是你愿意试一试吗？

进行练习。练习后：

- 你体验到什么？[整合]
- 这个词的含义有变化吗？[整合]

接触当下

注意力经常被分配到过去和未来的事件上，但是很少（在不是有意识的情况下）被分配到当下正在发生的事情上。当注意力集中在具有好奇心和非评判性质的即时体验上时，接触当下（present moment awareness）就会发生。接触当下很重要，因为它可以增加对环境每时每刻变化的敏感度，帮助我们绕过那些把我们从直接经验中拉出来的无益规则。此外，将注意力重新集中到当前时刻可以与反刍和强迫性冥思抗衡。

像其他 ACT 过程一样，接触当下最好通过体验式练习来学习。苏格拉底式提问可以用来促进来访者从这样的练习中进行更深入的学习，并促进这些练习的使用。可以用来促进接触当下的问题示例如下：

- 你现在在想什么？过去、未来还是现在？［探索］
- 你经常这样吗？也就是说，当你陷入困境时，你的大脑会倾向于处在过去（或未来）吗？［整合］
- 我想知道，是否有必要暂时保持在当下（当来访者陷入沉思时这样说）？［视角转移］然后提示接触当下的技巧。
- 当你吸气和呼气时，你能注意到空气触碰鼻孔的感觉吗？［视角转移］
- 描述你的脚在地板上休息时的感觉。［视角转移］
- 找一个你不再保持在当下的线索对我们有帮助吗？哪一个线索可能有用呢？［整合］
- 你如何才能在这些时刻保持在当下？［整合］

以己为景

ACT 治疗师努力帮助来访者建立一种自我意识，这种自我意识以他们观察自身的个体经验（private experiences）的位置为特征。这与许多来访者所拥有的自我意识形成了鲜明对比，在这种自我意识中，他们将自己的个体经验等同于自己［即所谓的以己为内容（self-as-content）］。发展以己为景（self-as-context）会带来很多好处，包括一个安全的有利位置，从那里可以观察具有挑战性的想法和情绪。它还有助于拉开距离和观察基于语言的过程。

可以使用的苏格拉底式提问包括：

- 你的哪一部分注意到你有这样的想法？［整合］
- 你能注意到你正在注意着你的那个想法吗？［视角转移］
- 当你捕捉到能够意识到你的想法/情绪的那一部分自己时，会产生什么影响？［整合］
- 当你在观察自身的想法/情绪时，这部分的自我体验是如何帮助你往前走的？［整合］

澄清价值

价值是对来访者至关重要的、用言语表达的生活方向。来访者用一类行为来描述自己希望在这个世界上如何表现。价值和目标不一样：前者没有终点，而后者有终点。例如，来访者可能会表示他们认为做有爱心的父母很重要。只要一个人是父母，这就没有具体的终点，因为一个人总是可以更有爱心。相比之下，把整个晚上都花在孩子身上或者告诉孩子你爱他们之类的目标都有固定的终点，尽管它们可以重复。价值和目标是相互关联的，因为目标意味着一个人在沿着（或不沿着）自己的价值方向前进。

与价值相关的常见困难是来访者将价值与目标混淆，并根据他们认为自己应该重视的东西来选择价值观。帮助来访者澄清价值，应该包括帮助来访者识别他们所表达的价值的功能，以便他们保持在他们真正有兴趣、有价值的方向上。

用于澄清价值和目标的苏格拉底式策略包括：

- 在过去的一周（或其他时间范围）中，你在多大程度上按照自己的价值观生活（0—10）？［探索］
- 在过去的一周（或其他时间范围）中，你在多大程度上按照你的 X 价值（特定价值）生活？［探索］
- 如果你能改变自己践行自身价值观的方式，让这个方式变得完全不同，你会做什么改变？［视角转移］
- 如果没有人知道你有效地活出了 X 价值，你还愿意按照这个价值观生活吗？你认为我为什么这么问你？［探索］
- 如果你有效地实现了 X 价值，但它没有带来积极的感觉，甚至可能导致痛苦，你还会想遵循 X 价值生活吗？你觉得我为什么这么问？［探索］
- 当你临终的时候，你希望自己拥有过怎样的生活（婚姻、事业、育儿方面等）？［探索］

- 如果我观察你上周的表现，我会看到你的行为符合 X 价值吗？［整合］

坚定行动

坚定行动（committed action）是行为模式开始建立动力的地方。这个过程包括设定目标，描述与这些目标相关的不同行为，并对这些行为结果做出承诺。它还包括在需要时，不断地重新定位到价值观所描述的期望的行为轨迹。最后，随着来访者行为的改变，可能会出现内部障碍，而治疗师被鼓励采取与 ACT 一致的干预措施。

促进坚定行动的问题包括：

- 本周（或其他时间范围），如果你要在按照你的价值观生活的有效性方面提高 1 分或 2 分，你会有什么不同的做法？我会观察到你在做什么？［视角转移］
- 你能在有让人苦恼的 X 想法 / 情绪时，仍然朝着这个重要的方向上前进吗？［视角转移］
- 在你继续你的生活之前，你必须解决这些痛苦的想法 / 情绪吗？这个策略以前的效果如何？［整合］

小　　结

尽管从 ACT/RFT 的角度来看，苏格拉底式策略是禁忌，但如果这些策略以与治疗模型一致的方式使用，它们确实可以对在这个模型中工作的临床工作者有帮助。然而，若想要依据与模型的一致性来应用这些策略，治疗师就需要理解与规则遵循和任意适用的关系反应（arbitrarily applicable relational responding）相关的核心概念。这种理解是至关重要的，因为它涉及如何、为什么以及何时应该应用这些策略，以及不应该应用这些策略。一般来说，与 ACT/ RFT 一致的策略只会在这样的情况下对关系网络进行详细说明：能够增加来访者的心理灵活性，强调想法的功能而不是形式，以一种不抑制思维的方式传达，并将之前令人反感的功能转变为让人产生欲望的功能。我们回顾了心理灵活性的六边形模型，并演示了如何使用苏格拉底式提问以促进 ACT 的实践。

注　释

1. 对关系框架理论的全面论述超出了本章的范围。感兴趣的读者可以参考 N. Torneke（2010）. *Learning RFT: An Introduction to Relational Frame Theory and Its Clinical Application*. Oakland, CA：New Harbinger Publications.

参考文献

Beck, A. T. (1979). *Cognitive therapy and the emotional disorders*. New York: Meridian.

Brock, M. J., Batten, S. V., Walser, R. D., & Robb, H. B. (2015). Recognizing common clinical mistakes in ACT: A quick analysis and call to awareness. *Journal of Contextual Behavioral Science, 4*, 139–143.

Feldner, M. T., Zvolensky, M. J., Eifert, G. H., & Spira, A. P. (2003). Emotional avoidance: An experimental test of individual differences and response suppression using biological challenge. *Behaviour Research and Therapy, 41*(4), 403–411.

Harvey, A. G. (2003). The attempted suppression of presleep cognitive activity in insomnia. *Cognitive Therapy and Research, 27*(6), 593–602.

Hayes, S. C. (2005). *Get out of your mind and into your life: The new acceptance and commitment therapy*. Oakland, CA: New Harbinger Publications.

Hayes, S. C., Barnes-Holmes, D., & Roche, B. (2001). *Relational frame theory: A post-Skinnerian account of human language and cognition*. New York: Springer Science & Business Media.

Hayes, S. C., Brownstein, A. J., Haas, J. R., & Greenway, D. E. (1986). Instructions, multiple schedules, and extinction: Distinguishing rule-governed from schedule-controlled behavior. *Journal of the Experimental Analysis of Behavior, 46*(2), 137–147.

Hayes, S. C., Strosahl, K. D., & Wilson, K. G. (2016). *Acceptance and commitment therapy: The process and practice of mindful change*. New York: Guilford Press.

Hayes, S. C., Zettle, R. D., & Rosenfarb, I. (1989). Rule-following. In *Rule-governed behavior* (pp. 191–220). Boston, MA: Springer.

Kobayashi, R., Shigematsu, J., Miyatani, M., & Nakao, T. (2020). Cognitive reappraisal facilitates decentering: A longitudinal cross-lagged analysis study. *Frontiers in Psychology*, 11, 103.

Koster, E. H., Rassin, E., Crombez, G., & Näring, G. W. (2003). The paradoxical effects of suppressing anxious thoughts during imminent threat. *Behaviour Research and Therapy*, 41(9), 1113–1120.

Luoma, J. B., Hayes, S. C., & Walser, R. D. (2017). *Learning ACT: An acceptance and commitment therapy skills-training manual for therapists* (2nd ed.). Oakland, CA: New Harbinger Publications.

Okamoto, A., Dattilio, F. M., Dobson, K. S., & Kazantzis, N. (2019). The therapeutic relationship in cognitive-behavioral therapy: Essential features and common challenges. *Practice Innovations, 4*(2), 112–123.

Padesky, C. A. (1993). Socratic questioning: Changing minds or guiding discovery. Paper presented at the keynote address delivered at the European Congress of Behavioural and Cognitive Therapies, London.

Robb, H. R. (2005). I am NOT a banana. *SMART Recovery News & Views, 11*(4), 7.

Skinner, B. F. (1969). *Contingencies of reinforcement: A theoretical analysis*. Englewood Cliffs, NJ: Prentice-Hall.

Wenzlaff, R. M., & Wegner, D. M. (2000). Thought suppression. *Annual Review of Psychology, 51*(1), 59–91.

第十四章

供临床医生和处方医生使用的苏格拉底式策略

R. 特伦特·科德和斯科特·H. 沃尔特曼

从处方医生的角度来看，苏格拉底式策略的实施涉及几个注意事项。尽管整本书的内容都包含了对精神科医生有帮助的策略，但本章主要关注的是与这类临床工作者更为相关的问题。处方医生最关心的问题是患者对药物的依从性。然而，额外的考量是，更简短、更低频的联络需要处方医生具备决断能力（以及其他能力），确定哪些信念可以作为简短互动中的靶点以及哪些需要更长的心理治疗疗程。最后，我们讨论了促进药物带来的获益的策略，以进一步优化患者的治疗结果。

聚焦服药依从性

精神疾病患者的服药依从率不是最理想的（Julius, Novitsky & Dubin, 2009; Pampallona, Bollini, Tibaldi, Kupelnick & Munizza, 2002）。巴斯科和拉什（Basco & Rush, 1995）发现，在不同的情绪障碍相关研究中，服药依从率在0.53和0.63之间。此外，服药不依从与一系列的困难问题相关，包括住院率和自杀率的升高（例如，Gilmer et al., 2004; Haddad, Brain & Scott, 2014）。因此，对于接受精神科药物治疗的患者，医生需要关注那些与不依从相关的变量，以提高其治疗结果。

在心理治疗中，苏格拉底式策略的精神是合作式经验主义。它指的是临床工作者和来访者共同将好奇心和科学原理应用于思维和行为模式（见 Kazantzis et al., 2018）。尽管合作式经验主义是苏格拉底式策略的核心要素，但它并不一定是大多数医患关系的特征。有一个现象在某种程度上反映了这一点，即药物治疗中经常提到的"依从"和"不依从"，这表明了对这些关系的看法是非合作性的。以合作为特征的治疗联盟似乎是影响患者服药依从性的重要因素（例如，Cruz & Pincus, 2002; Dearing, 2004）。

在服药依从性的背景中应用苏格拉底的概念，与心理治疗过程中的应用相比，两者存在一些重要差异。例如，苏格拉底式无知并不意味着真正的无知（Overholser, 2010, 2011, 2018）。如果我们忽略循证医学和美国食品药品监督管理局（Food and Drug Administration, FDA）的建议，这就是不负责任的，在医学上也是不安全的。此外，苏格拉底式提问不能用于让患者确定最佳药物或剂量；然而，苏格拉底式策略可用于处理那些阻碍服药依从性的信念和行为（我们将在下文讨论）。

患者服药的不依从与几个因素有关，包括与社会经济、患者自身、疾病情况、医疗系统和治疗相关的因素（Costa et al., 2015）。与治疗和患者自身相关的因素是最适合使用苏格拉底式策略的。以下是这些方面的因素（Basco & Rush, 2005），以及与每个因素相关的苏格拉底式提问。

忘记服药

在过去，什么有助于提醒你服药？

你认为我们可以在哪些地方设置一些有用的提醒策略？

你过去成功使用过什么方法来帮助自己记住其他重要的活动？在这里会有用吗？

对于那些可能有用的策略，我有一些主意。你有兴趣听听吗？［如果有，请描述并建议进行行为实验，以检验其有效性］

药物用完

是什么让你难以赴约？〔如果药物用完的原因是错过了预约〕

我想知道确定你的复诊取药时间是否会有帮助？提前多久确定合适？

是什么让复诊取药成为一项挑战？

服用药物似乎意味着某些事情，而这可能阻碍你坚持服药，你知道它们是什么吗？

你知道有谁经常记得去复诊取药吗？他们是怎么做的？询问他们会有帮助吗？

繁忙或杂乱的个人日程

在如此繁忙的日程中，服药肯定是一项挑战。有没有出现过这样的情况：尽管你的日程安排得很紧，但你还是成功克服了这些困难？

你是否会在想起来的时候匆忙地服药，还是会做一个具体的计划？你知道这两种方法的利与弊吗？

尽管有这些挑战，但你能够做到按医嘱服药时，你是否注意到这对你的情绪（或其他相关症状）有什么影响？

混乱的人生时期

在事情变得如此艰难之前，你做到了定期服药。我想知道在这个充满挑战的时期，尝试不同的应对策略是否会有帮助。

对不良反应的看法

你是否有一些想法会影响你服药的意愿？

有没有可能你正在把事情灾难化？

你有没有注意到你对不良反应的看法与不良反应带来的不适之间有什么关系？

考虑到不良反应，对坚持用药进行利弊分析是否会有帮助？

你是否也注意到服用药物的积极作用？

对你来说，服用这种药物最重要的原因是什么？考虑到这一点，不良反应的后果看起来是否更容易忍受？

虚假信息

你是从哪里知道这些信息的？你对这个信息来源的准确性有多大信心？

哪些好的方法可以帮助我们确定某个网站（或朋友等）是可靠的信息来源？

我有一些关于药物使用的信息想和你分享。你有兴趣听听吗？

症状改善后认为没必要继续服药

在过去，当你感觉好一些时，你是否也觉得不用再进行药物治疗了？如果是这样，在你停药后发生了什么？

有时将用药的情况进行视觉化会有帮助。你能和我描绘一下你的病情进展图吗？（列出停药时间，看看那是否与住院或其他不良结果相关）

绘制病情进展图时：在你停药时，其他人注意到了什么？治疗效果维持得如何？在症状变化之前，你的生活中发生了什么事情？

在开始服药之前，你的症状是什么样的？

你有没有可能忘记了自己在开始服药前有多痛苦？我想了解一下你当初的情况，不知道这样对你是否会有帮助？

动机访谈

动机访谈（Motivational Interviewing, MI; Miller & Rollnick, 2009, 2012）与认知疗法相结合，在促进某些精神疾病患者的治疗依从性方面表现出了有效性（例如，Daley, Salloum, Zuckoff, Kirisci & Thase, 1998; Kemp, Kirov,

Everitt，Hayward & David，1998；Swanson，Pantalon & Cohen，1999）。动机访谈与合作式经验主义有几个重叠的部分，尽管这两种方法之间存在一些关键性的差异。苏格拉底式策略与动机访谈的主要交叉在于，两者同样重视非对抗和合作的治疗方式，并强调增加改变谈话（change talk）的重要性，以帮助来访者将其结论付诸行动。

即便是在低强度进行动机访谈的情况下，也有研究结果支持了其对行为改变的影响。例如，蒙蒂等学者（Monti et al.，2007）发现，在急诊室进行一次 30～45 分钟的动机访谈干预，接着在之后的一个月和三个月时进行两次简短的电话联系，可以显著减少年轻人的饮酒量和酒精所致后果。经评估，这些令人印象深刻的结果在一年后仍然得以维持。对于处方医生来说，这些研究数据是令人欣慰的。因为相较于心理治疗师，他们与患者的临床接触时间通常更少，但仍然必须在一定的时间期限内改变患者的行为。

下面是一些与动机访谈一致的提问示例。

- 如果你决定定期服药，你认为自己能做到吗？
- 如果你服药，你的症状会如何改善？
- 告诉我一个因你生气易怒而导致关系出现问题的例子。
- 服用药物的乔·史密斯和今天的乔·史密斯有什么不同？［停药后］
- 当你定期服药时，在哪些方面情况有所好转了？
- 服药与你的重要目标 X 有什么关系？
- 在 1—10 的范围内，其中 10 表示最重要，克服抑郁这件事对你来说有多重要？（询问他为什么没有选择更小一些的数字。例如，如果他们说 7，你可以问为什么不是 5 或 6。）
- 服用药物有什么样的帮助？
- 在不服药的日子里，你有没有注意到有什么不同？

防微杜渐

考虑到患者服用精神科药物时的不依从率（见之前的引文），临床医生可以预先设想对每个患者都需要采取依从性促进的策略。这种做法或许是明智的，因为这样的预设可以确保医生充分关注与依从性相关的因素。

评估影响依从性的常见信念的常规问题可能会有用。例如，医生可能会问："服药对你来说意味着什么？你是怎么想的？""有什么事情会阻碍你持续服用这种药物吗？"或者"关于这种药物，你了解什么相关的信息吗？"这些问题可能会表明，患者将服药等同于个人弱点，或者认为处方药物会产生依赖（在实际上不会的情况下），或者医生推荐的药物在某种程度上是危险的（而这并未得到研究的证实）。这些问题还可能揭示出焦虑的患者倾向于"说服"自己身上已经出现了或者即将出现那些他们在网上读到过的不良反应。最后，他们可能会透露出关于药物效果的不切实际的乐观想法。当患者未能达到预期的症状缓解水平时，这就会成问题，进而导致他们放弃对药物的依从。在治疗早期引出这些阻碍性认知，可以使它们在造成明显的不依从模式之前成为干预的目标。

若想苏格拉底式提问的效果显著，必要条件是向患者提供相关信息（Padesky，1993）。如果患者不熟悉药物的效果，则无法满足苏格拉底式提问的必要条件。因此，在这些情况下，医生有必要向患者提供证据，说明为什么建议其使用一般药物或特定药物。可以在提供信息之后再进行提问，以强化理解和检查理解情况。

持续关注依从性

由于研究发现，大多数人会偶尔跳过、错过服药或改变服药方式，因此不应将依从性概念化为"全或无"（见 Basco & Rush，2005）。在整个治疗过程中，对依从性的常规评估很重要。在就药物依从性进行询问时，应避免扮演"唠叨家长"的角色。相反，正如前面所强调的，这些互动应该以好奇与合作为特征，这为与患者就这些问题进行真诚讨论奠定了基础。

通过建立有助于坦诚讨论依从性挑战的医患关系，我们可以与患者一起识别困难并克服困难。有帮助的评估问题包括："自从我们上次见面以来，有没有出现任何让你难以服药的情况？"以及"你在服药方面做得如何？有什么阻碍？"

如果确认了患者有服药依从性上的挑战，一般的干预方案是要求患者描述一个具体的例子，并引出与这些不依从情况相关的认知。一旦确定了重要的认知目标，就可以使用各种苏格拉底式策略。

复发后的依从性

当患者复发时，重要的是帮助他们从经验中学习，以降低因依从性问题导致未来复发的可能性。尽管起病和复发并不是患者想要的，但它们都是有用的学习经验，尤其是当患者将它们当作可以探讨的主题而非用以自我惩罚的事件时。以下是有助于实现这一目标的提问示例。

- "所有的学习都是有价值的。我们可以从这次经历中学到什么？"
- "疗效维持的时候是什么样的？"
- "什么样的信念会提高依从性呢？我们如何才能建立这样的信念？"

更简短、低频的互动

通常，与心理治疗师相比，处方医生与患者见面的频率较低，且见面时间也较短。当他们试图干预依从性相关的阻碍信念时，可能会遇到一些挑战。我们根据这一困难给出了相关的建议。

首先，如果你是处方医生，而患者正与另一个会面更为频繁的治疗师进行心理治疗，你可以与该治疗师配合，了解患者正在学习哪些技能，以便提示他们在服药依从性情境下使用这些技能。你也可以要求教授某些技能，或者让心理治疗师对你发现的阻碍性认知进行更持久深入的工作。其次，知道如何有效地对认知目标进行分类很重要。处方医生可以通过简短的苏格拉底式策略来处理多种想法和信念。然而，那些在许多不依从的情境中反复出现，且对于简短干预没有反应的根深蒂固的信念，或许更适合转诊至更全面的心理治疗中处理。最后，直接或通过转诊向患者提供书面材料，以解决服药相关的阻碍性认知和相关技能的问题，通常是会谈内苏格拉底式策略的有效辅助手段。

强化改善

情绪的改善会使整个认知行为系统产生积极的变化。因此，当药物治疗带来情绪改善时，处方医生应该利用这些改善，进一步促进认知和行为的预期变化。反过来，这些改善也可以针对本章讨论的依从性问题，但来访者的学习不必局限于此。学习可以而且应该最终以加强患者自我效能的方式巩固，因为这创造了一个利用这些新的资源帮助患者扩展生活的机会。

建立自我效能感

药物治疗往往会带来明显的临床改善。然而，并不是每个得到处方的患者都能好转。因此，我们想与患者探讨的问题包括"他们做了哪些事情帮助他们得到好转？"。还有一个问题是，他们能够做这些意味着关于他们的什么事情。

作为一名处方医生，你希望患者看到药物使用与感觉好转之间的联系。你还希望他们将感觉更好归因于按规定服药；然而，你不希望他们把感觉更好仅仅归因于药物治疗。如果药物是帮助他们感觉更好的工具，那么他们就是学会了如何使用工具达到目的的人——工具的好坏取决于其使用者。这里需要记住的是，我们的许多患者都有关于无能的核心信念和图式，这意味着他们可能会以与图式一致的方式过滤事情，弱化他们的成功。所以，你需要放慢过程，这样就可以强调他们的成功和能力。例如，你可能会说：

> 是的，药物帮助你感觉更好，但药物只是一种工具，而你是工具的使用者。并不是我开了处方的每个患者都有相同的效果，所以让我们看看你为了实现这些效果都做了哪些事情。

与来访者合作，扩展其生活

没有坏事出现并不一定就意味着好事发生。由于药物可能帮助减轻症状，我们希望帮助患者在生活中做出积极的改变，以培养其心理弹性和康复能力。在治疗中，心理治疗师可能会更早地这样提问："你花了多少时间和精力去生气，去思考所有让你感到生气的事情？""这有多累啊？""那有多有趣？""这是你想要的生活吗？""你更愿意把时间和精力投入哪里？""在你的生活中，有没有哪一个部分可以让我们花费时间和精力，从而让你的生活变得更好？"这将为行为目标奠定基础。行为导向的治疗师会与患者合作，减少厌恶控制下的行为时间，增加目标与价值导向行为的时间和精力。这是改善症状的行为途径。处方医生有更多的选择。你可以通过精神药理学直接改善患者的感受，但原理仍然存在。你打算如何处理患者生活中曾经被症状所填充的漏洞？他们花了多少时间和精力处于抑郁、愤怒、焦虑等状态，以及是否有可能利用这些时间和精力促进行为改变，从而更好地保持他们的收获并带来更好的生活？请参考以下会谈。

医生：弗兰克，我很高兴听到你感觉好些了，听起来药物有帮助。是这样吗？

患者：是的，很难相信这就是其他人平时的感受。我感觉自己没有那么愤怒了。

医生：这让我很开心。很高兴看到你有所缓解。

患者：我也是！

医生：弗兰克，现在你感觉好了一点，我想知道我们是否可以谈谈如何在这些改善的基础上，让你变得更好。可以吗？

患者：嗯，我觉得可以。

医生：所以，在你感到愤怒和不开心之前，你是如何度过空闲时间的？

患者：就是整个人闷闷不乐的。

医生：是的，听起来是这样，那些时间你都在做什么呢？

患者：我猜就是在想那些令自己愤怒的事情。我会花好几个小时反复去想我的老板、我的工作、我的生活，所有我讨厌的事情。

医生：听起来很痛苦，这对你的整体情绪有什么影响？

患者：我想这让我更愤怒了。

医生：我了解了。所以，如果花时间思考所有让你不开心的事情会让你更不开心，我们可以花点时间思考一些可能有助于改善情绪和生活的事情。那么，你曾经花多少时间和精力在愤怒和思考让你愤怒的事情上？

患者：噢，我总是很愤怒，也总是在想那些让我愤怒的事情。

医生：我们的时间和精力都是有限的，如果你把很多时间和精力都用在愤怒上，那你错过了什么呢？

患者：我错过了和家人在一起，享受乐趣，做我以前喜欢做的事情。

医生：我希望你能再次拥有这些东西。如果你的生活中出现了一个洞，这个洞就是之前的愤怒所在，你想用什么来填补它？

患者：这是一个很好的问题，我以前过于沉浸在愤怒和不想继续愤怒的感受中，甚至没有真正考虑过自己想要什么。

医生：这真是一次令人兴奋的谈话。让我们考虑一下你更想怎样利用你的时间和精力。

患者：嗯，我的愤怒让我与其他人失去了联系，所以我想我应该专注于改善人际关系，还有和我关心的人待在一起。

医生：现在你没那么愤怒了，你会喜欢和你更关心的人在一起吗？

患者：是的，这有点奇怪，但我想我喜欢我的家人，至少这种喜欢比我想象的要多。

医生：这是一个令人惊喜的发现。看到你没那么愤怒，他们有什么反应？

患者：他们似乎对此感到奇怪。

医生：你愤怒了这么久。他们更喜欢哪种版本的你？

患者：肯定是不那么愤怒的我。

医生：很好，那你希望如何投入重新分配的时间和精力，来促进你和家人的关系呢？

患者：我想我会花更多的时间和他们在一起。

医生：我喜欢这个想法；如果目标可以再具体、合理一些，那就更有帮助了。具体来说，你想如何花更多时间与家人在一起？你想多做些什么？少做些什么？

患者：嗯，我需要减少一个人待在车库或后院的时间。我打算开始看我儿子的比赛。我想这对他很重要。我想开始和妻子有更多的独处时间，比如约会。而且，我需要找到一些方法和我的小儿子建立更多的联系，这些东西我都不懂。我想我只需要开始更好地了解他。现在我不那么愤怒了，他在我身边待的时间更多了。

医生：这些听起来是很好的起点。我们要做的就是在药物治疗改善的基础上再接再厉，我喜欢这个想法。

患者：我也是，我想我之前没有意识到事情会变得更好。现在，我感觉未来挺乐观的。

医生：让我们把你打算做的事情都写下来，下次见面时再谈。

在前面的例子中，我们可以看到处方医生与患者之间的交流，这与治疗师在治疗早期可能进行的交流非常相似。在这里，我们看到处方医生在药物带来的改善的基础上制订了一个行为计划，以持续改变患者的生活。在目标达成的路上，可能会出现意外的障碍。也许患者可以通过转诊接受一个疗程的目标导向的短程心理治疗，以克服这些障碍。这一步的目标是在改善的基础上建立合作，并专注于行为改变，以促进新的体验和新的学习。

小　　结

苏格拉底式策略可能有助于处方医生解决患者服药依从性的问题。然而，当处方医生的治疗互动在时间和频率上受到限制时，这是不利于解决依从性问题的。我们提供了一系列在这些限制条件下工作的策略，包括与患者的心理治疗师合作，并将患者转至心理治疗。我们还提供了预防不依从的积极策略。最后，我们讨论了在药物治疗带来改善的基础上，使用苏格拉底式策略进一步促成患者生活中的行为改变。

参考文献

Basco, M. R., & Rush, A. J. (2005). *Cognitive-behavioral therapy for bipolar disorder*. New York: Guilford Press.

Basco, M. R., & Rush, A. J. (1995). Compliance with pharmacotherapy in mood disorders. *Psychiatric Annals, 25*(5), 269–279.

Costa, E., Giardini, A., Savin, M., Menditto, E., Lehane, E., Laosa, O., … & Marengoni, A. (2015). Interventional tools to improve medication adherence: Review of literature. *Patient Preference and Adherence, 9*, 1303–1314.

Cruz, M., & Pincus, H. A. (2002). Research on the influence that communication in psychiatric encounters has on treatment. *Psychiatric Services, 53*(10), 1253–1265.

Daley, D. C., Salloum, I. M., Zuckoff, A., Kirisci, L., & Thase, M. E. (1998). Increasing treatment adherence among outpatients with depression and cocaine dependence: Results of a pilot study. *American Journal of Psychiatry, 155*(11), 1611–1613.

Dearing, K. S. (2004). Getting it, together: How the nurse patient relationship influences treatment compliance for patients with schizophrenia. *Archives of Psychiatric Nursing, 18*(5), 155–163.

Gilmer, T. P., Dolder, C. R., Lacro, J. P., Folsom, D. P., Lindamer, L., Garcia, P., & Jeste, D. V. (2004). Adherence to treatment with antipsychotic medication and health care costs among Medicaid beneficiaries with schizophrenia. *American Journal of Psychiatry, 161*(4), 692–699.

Haddad, P. M., Brain, C., & Scott, J. (2014). Nonadherence with antipsychotic medication in schizophrenia: Challenges and management strategies. *Patient Related Outcome Measures, 5*, 43–62.

Julius, R. J., Novitsky Jr, M. A., & Dubin, W. R. (2009). Medication adherence: A review of the literature and implications for clinical practice. *Journal of Psychiatric Practice, 15*(1), 34–44.

Kazantzis, N., Beck, J. S., Clark, D. A., Dobson, K. S., Hofmann, S. G., Leahy, R. L., & Wong, C. W. (2018). Socratic dialogue and guided discovery in cognitive behavioral therapy: A modified Delphi panel. *International Journal of Cognitive Therapy, 11*(2), 140–157.

Kemp, R., Kirov, G., Everitt, B., Hayward, P., & David, A. (1998). Randomised controlled trial of compliance therapy: 18- month follow-up. *The British Journal of Psychiatry, 172*(5), 413–419.

Miller, W. R., & Rollnick, S. (2009). Ten things that motivational interviewing is not. *Behavioural and Cognitive Psychotherapy*, 37(2), 129–140.

Miller, W. R., & Rollnick, S. (2012). *Motivational interviewing: Helping people change.* New York: Guilford Press.

Monti, P. M., Barnett, N. P., Colby, S. M., Gwaltney, C. J., Spirito, A., Rohsenow, D. J., & Woolard, R. (2007). Motivational interviewing versus feedback only in emergency care for young adult problem drinking. *Addiction, 102*(8), 1234–1243.

Overholser, J. C. (2010). Psychotherapy according to the Socratic method: Integrating ancient philosophy with contemporary cognitive therapy. *Journal of Cognitive Psychotherapy, 24*(4), 354–363.

Overholser, J. C. (2011). Collaborative empiricism, guided discovery, and the Socratic method: Core processes for effective cognitive therapy. *Clinical Psychology: Science and Practice, 18*(1), 62–66.

Overholser, J. C. (2018). *The Socratic method of psychotherapy.* New York: Columbia

University Press.

Padesky, C. A. (1993). Socratic questioning: Changing minds or guiding discovery. Paper presented at the A keynote address delivered at the European Congress of Behavioural and Cognitive Therapies, London.

Pampallona, S., Bollini, P., Tibaldi, G., Kupelnick, B., & Munizza, C. (2002). Patient adherence in the treatment of depression. *The British Journal of Psychiatry*, *180*(2), 104–109.

Swanson, A. J., Pantalon, M. V., & Cohen, K. R. (1999). Motivational interviewing and treatment adherence among psychiatric and dually diagnosed patients. *The Journal of Nervous and Mental Disease*, *187*(10), 630–635.

第十五章

苏格拉底式策略教学中的苏格拉底式策略

R. 特伦特·科德和斯科特·H. 沃尔特曼

模型一致性督导与培训

有人指出,"认知疗法的督导与治疗本身相似"(Padesky,1996,p. 289)。将治疗的体验式和示范性成分纳入督导中被称为模型一致性督导(model-consistent supervision;Beck, Sarnat & Barenstein, 2008;Padesky, 1996;Sudak & Codd, 2019;Waltman, 2016)。该框架基于体验式学习的理念,并指出许多人通过实践的方式学得最好。由于苏格拉底式策略是学员最难学习的策略之一(Waltman, Hall, McFarr, Beck & Creed, 2017),因此有丰富的苏格拉底式对话培训经验是有好处的。例如,一项初步调查发现,与使用较少苏格拉底式策略的培训师相比,与学员进行临床咨询时使用更多苏格拉底式策略的培训师表现出更高水平的临床胜任力(Waltman, Naman, Morgan, Wickremasinghe, Nehme & McFarr, 2014)。CBT 的督导和培训还有许多其他重要的要素,感兴趣的读者可以阅读苏达克及其同事(Sudak and colleagues, 2016)关于该主题的优秀作品。本章聚焦于督导和培训策略,因为它们与苏格拉底式对话有关。

技能训练方法

在第三章"入门指南"中，我们讨论了体验式学习。一般来说，技能训练是这样完成的：第一，介绍一种技能并解释它是如何起效的；第二，展示技能，然后一起使用技能；第三，回顾技能及其使用情况；第四，利用新的学习和不同经验促进整体学习和认知改变；第五，在现实世界和即时设置中实践技能。人们通过体验式的方法——"做中学"会学得更好（Wenzel，2019）。这些技能训练的要素可以纳入科尔布（1984）的体验式学习的四个阶段：具体经验、反思性观察、抽象概念化和主动实践（见 Edmunds et al.，2013；Waltman，Hall，McFarr & Creed，2018）（见图 3.1）。下面将对此详细阐述。

具体经验

技能训练的第一步是对所训练技能的具体经验。因此，如果我们想让我们的被督导者或学员学习如何使用苏格拉底式策略，我们就需要为他们安排包含许多实践机会的学习体验。理想情况下，他们第一次接触这项技能不是在来访者身上，而是在一段督导关系或培训活动的安全范围内。这一步骤的第一个组成部分是对技能及其使用原理的描述，这可以通过几种方式实现。我们可以播放苏格拉底式策略的视频剪辑。角色扮演是另一种有用的工具。最初，被督导者/学员可以扮演来访者的角色，而督导师/培训师可以扮演临床工作者，展示苏格拉底式策略。随着学员技能的进步，角色扮演的方向可以转换：学员现在扮演临床工作者的角色，而督导师/培训师扮演来访者。角色扮演也可能因来访者的复杂情况和治疗聚焦的问题领域而有所不同。

另一种有用的培训练习是学员练习提出苏格拉底式问题（见 James，Morse & Howarth，2010）。练习的机会可以通过多种方式设计。首先，督导师和被督导者的角色扮演可以在不同的时间点停止，然后培训师根据对话的内容，提示学员提出尽可能多的苏格拉底式问题。这种角色扮演、暂停并提出问题、继续角色扮演的交替可以继续下去，只要它看起来有用。其次，被督导者的会谈录音可以在关键时刻暂停（例如，在可以发展出更熟练的苏格拉底式策略的地方），而被督导者同样根据提示提出替代问题。最后一个例子是，在团体督导的环境中，向团体中的被督导者提供一个来访者的陈述，然后让他们每个人提出一次或多次苏格拉底式回应。无论使用哪种方法，督导师／培训师塑造回应都是有帮助的。例如，他们可能会说"这个问题我非常喜欢的部分是X"，或者"你可以通过说X、Y、Z来使它更简洁"，或者"你说X的部分非常有力。我只能建议用X、Y和Z来细化这个问题"。除了让学员收到针对自身回应的反馈外，公开地塑造回应也会让其他被督导者／学员受益。

反思性观察

许多督导师和培训师都忽略了这一步。在他们教授了这项技能后，他们假设接受培训的临床工作者和他们一样理解一切。这是一个合作的过程，这一点很重要，因为这确保了被督导者／学员将培训互动与预期的学习点分开。否则，他们可能会教条地抓住无关紧要的元素，或者完全错过关键元素。下面用一个例子说明这在实践中可能是怎样的。

"我们刚刚练习了很多，我想和你核实一下，看看你做得如何，以及你如何理解我们正在使用的这种评估你的想法的策略。"

"我们一起练习后，你感觉怎么样？"

"你对这个练习有什么看法？"

"这看起来对你有帮助吗？" "你想花更多的时间练习和学习如何做吗？"

"你对这个过程有什么疑问吗？"

抽出时间澄清任何误解、回答学员可能存在的问题是必要的。

当培训的复杂性发展到学员在角色扮演中扮演临床工作者时，你需要通过提供积极的反馈来引导（Bellack，Mueser，Gingerich & Agresta，2013）。强化他们做得好的部分，并强化他们参与这个过程的意愿。记住，得到强化的部分出现的可能性会增大，而没有为熟练的行为（包括近似的行为）提供强化，实际上会让该行为缺少重复出现所需的强化条件。当回应可以进一步提高时，建设性的反馈也很重要（Bellack et al.，2013）。

重新回顾技能训练通常是必要的，特别是在接触该技能后的第一次会谈。通常，在学员开始使用这些技能作为家庭作业后，需要进行塑造；事先标准化可以使以后更容易操作。"好的，听起来我们对这些技能如何起效有了一个大致的了解。下一步是将它付诸实践，这样你就可以把你的体验带回来讨论。我们可以谈谈它是如何进行的，并帮你梳理这个技能。"

抽象概念化

这是巩固学习的步骤。目的是帮助学员理解他们从技能练习课程中学到了什么。即使你不是直接以他们的信念体系为目标，也可以在你所做的和他们有关自身的信念之间建立联系。

请利用任何机会强调有效的临床行为。例如，如果学员能够使用渐进式肌肉放松来减少来访者的整体痛苦，那么这里值得学习的是，他们可以适当地控制自己的感觉。如果学员执行一项技能，尽管他们并不喜欢它或发现完成它的过程令人厌恶，那么这里值得学习的是，通过锻炼自己无论如何都选择去做的能力，他们有能力坚持做不好玩的事情。如果他们运用的技能没有达到预期的效果，那么值得学习的是他们愿意尝试并且有一个开放的心态。

当你以认知改变为目标时，无论是直接通过苏格拉底式策略还是间接通过改变行为模式，都会引出与加强新的经验和新的信息。请努力将这些新信息整合到他们的整体信念体系中。需要问的关键问题包括询问这些新经验或信息如何与他们之前的假设相吻合，以及（如果有必要）他们如何解释这种差异。

主动实践

体验式学习是一个持续的过程，科尔布的体验式学习周期（1984）的第四个环节是主动实践；这是学员在督导和咨询之外实践技能的地方。这可以用一种验证督导中的发现的方式来描述，比如"让我们看看这项技能在现实世界中是否有效"。然而，降低期望值是件好事。

"现实世界"的技能练习在理想情况下是作为家庭作业（或外部技能练习）完成的。然而，如果督导师将技能看作被督导者只应该在会谈之外使用的东西，他们会错过重要的机会——他们也不会真正知道被督导者对技能的熟练性与灵活性。即时的技能练习是非常有价值的。

与苏格拉底式对话的四要素模型相关的关键能力

培训师可以将这四个要素视为学员需要掌握的四组不同的能力。本书全文都致力于教授这一模型，我们建议任何希望扎实掌握苏格拉底策略的人对它进行整体的回顾。下面我们回顾了培训师与督导师在培训和督导工作中可能希望关注的关键能力。

步骤1：聚焦

应用苏格拉底式策略的第一步是确定这些策略的目标。在实际意义上，没有足够的时间处理每一个似乎很重要的想法。因此，必须发展出聚焦于问题核心、与核心困难和深层信念有关的想法的准则。通常，这些想法被称为热点思维（Greenberger & Padesky，2015），所以治疗师被教导要跟随情感或"寻找热点"。

该技能的关键能力如下。

- 以合作的方式将情境分解为各个部分的能力

- 通过识别来访者的想法、感受和行为而指导来访者的能力
- 评估哪些想法是个案概念化中最痛苦或最核心的能力
- 使用箭头向下的能力
- 把一个想法变式成一种可被评估的形式的能力
- 为目标认知创建一个共同的或通用的定义的能力

步骤 2：现象学理解

这一步是进行确认。在 DBT 术语中，这是一个进行第四、第五和第六级确认的机会（见 Linehan, 1997）。我们在单独的章节中为苏格拉底式策略和 DBT 的整合提供了具体建议。这一步的主要目标是了解来访者和目标认知。其指导原则是，人们诚实地遵循他们的信念，所以我们想了解他们是如何产生这种想法的。这种早期对确认的强调也是策略性的，因为它能够增强关系，也可以为来访者进行调节。根据我们的经验，当人们觉得自己被真诚地倾听时，他们更愿意对其他选择持开放的心态。

该技能的关键能力如下。

- 关注想法的情感意义并提供确认的能力
- 收集有关想法所形成的背景信息的能力
- 询问支持想法的证据的能力
- 对相信这个想法如何塑造行为，并进而塑造经验的过程进行概念化的能力

步骤 3：合作式好奇

虽然这在功能上是寻找不支持信念的证据的步骤，但好奇心是这个过程的关键。在开创性的数理逻辑书《怎样解题》中，波利亚（1973）描述道，解决问题的一个关键步骤是确定未知数。一旦我们能站在来访者或被督导者的角度，我们就可以一同扩展这个观点。我们问自己："他们忽视了什么？"在功

能上，有两种盲点：你看不见的东西和你不知道的东西。临床工作者/督导师需要确定来访者/被督导者由于他们的注意过滤器而忽视了什么，以及由于他们的回避模式而产生的经验欠缺。

通过对前面步骤中包含的元素进行评估，经常可以发现许多不错的问题和探询方向。人们经常扭曲信息，以适应他们预先存在的假设和信念。因此，我们经常帮助他们在心理上后退一步，以检查背景和全局。我们问自己："如果这个想法不是真的，那这方面的迹象是什么，我们能找到证据吗？"利用时间定位是很有用的，比如问："一直都是这样吗？""一定总是这样吗？"

该技能的关键能力如下。

- 重述为什么这个想法正确的能力
- 客观地重新评估论据的能力
- 寻找缺失背景的能力
- 寻找例外和过度概括的能力
- 假设可能存在什么样的不同证据以及找到相应证据的能力
- 设计行为实验以收集新证据的能力

步骤4：总结和整合

总结和整合这一步是重要且容易被新手治疗师跳过的。这个步骤使新的学习变得明确。因为我们通常没有与我们的来访者或被督导者相同的图式和信念结构，所以我们通常更容易比他们先看到一个新的视角。此外，治疗师可能会感到想要选择一个纯粹积极的想法，因为这样来访者可能会感觉更好。这是有问题的，因为就纯粹的积极想法或仅基于否定证据的想法而言，它们如果不符合来访者的现实生活，就可能是脆弱的。因此，重点应该是形成平衡和具适应性的新想法。这个过程包括总结事情的两面，并帮助来访者形成一个更平衡的、兼顾两面的新想法。评估这个新想法是否可信是很重要的。

一旦我们有了一个总结性的陈述，将其与来访者之前的陈述和假设整合起来就是至关重要的下一步。这是通过询问临床工作者/被督导者来完成的："新的结论与最初的假设相比如何？""他们的深层信念呢？""他们是如何调和他们之前的假设和这个新的证据的呢？"帮助来访者巩固这些新的收获是很重要的，这可以通过帮助来访者将认知转变转化为行为改变而实现。例如，我们会问他们希望如何在未来一周将这个新想法付诸实践，或者他们希望如何在未来一周检验它。

该技能的关键能力如下。

- 以合作的方式总结整个对话的能力
- 帮助来访者根据总结陈述得出平衡的结论的能力
- 以合作的方式测试新结论的可信度的能力
- 以合作的方式整合新结论与原始陈述的能力
- 以合作的方式整合新结论与深层目标认知的能力
- 制订行动计划，将新的结论付诸实践的能力

基于胜任力的评估：苏格拉底式对话评级矩阵

当我们教我们的学员在督导中有效地使用苏格拉底式策略时，我们希望他们能学会与来访者一起有效地使用这些策略。合作式经验主义矩阵如表7.1所示。

为了促进苏格拉底式策略的发展，我们出于培训目的开发了苏格拉底式对话评级矩阵（工作表15.1）。这个表格可以用来评价基于苏格拉底式对话四要素模型的治疗会谈或角色扮演使用合作式经验主义的情况。

工作表 15.1　苏格拉底式对话评级矩阵

治疗师姓名：	评分者姓名：
被评分会谈：	评分日期：

说明：回顾合作式经验主义矩阵，然后确定被评分的会谈中的技能适合哪种描述。在你的评分下方给出评分的理由和技能发展建议。

聚焦	低合作	高合作
低经验主义	治疗师的评估没有聚焦于任何一个独立的想法或信念	治疗师与来访者讨论了一个来访者关心的话题，而没有转向评估
高经验主义	治疗师根据自己的直觉或对情境的解释，选择了一个需要聚焦的想法	治疗师和来访者在衡量可选目标并建立对目标的共同定义后，合作性地选择了一个最佳的干预目标

决定：

备注：

理解	低合作	高合作
低经验主义	没有努力理解目标想法是如何产生的/没有确认	进行确认但可能在评估之前错误地确认了想法的准确性——共谋（tacit agreement）
高经验主义	治疗师关注支持想法的证据，但缺乏情感确认	治疗师通过探索支持想法的背景和证据提供情感确认；与苏格拉底式无知的确认相平衡

决定：

备注：

好奇心	低合作	高合作
低经验主义	没有试图探索为什么想法可能不是真的	热情地交流，专注于保持积极的态度或提供未经证实的重构
高经验主义	告知来访者为什么这个想法不是真的。聚焦于辩论和挑战认知——聚焦于认知歪曲	以合作的方式重新检查论据以了解为什么这个想法是真的，评估有差异的证据，并寻找缺失的证据。治疗师必须表现出真诚的好奇心

决定：

备注：

（续表）

总结和整合	低合作	高合作
低经验主义	没有试图把一切整合在一起	不总结证据就要求来访者给出替代性想法。接受一个过于积极的想法，而不检查这个想法的可信度。没有认识到缺乏否定性证据可能是由于行为回避
高经验主义	告诉来访者应该做出什么结论	合作性地总结对话。帮助来访者根据总结得出一个新的结论。检查这个结论的可信度。调和这个结论与最初的陈述。制订计划，将这个结论付诸行动
决定：		
备注：		
总体优势：		
总体需要提高的部分：		
主要反馈（具体）：		

©Waltman, S.H., Codd, R. T. III, McFarr, L. M., and Moore, B. A.（2021）. *Socratic Questioning for Therapists and Counselors: Learn How to Think and Intervene like a Cognitive Behavior Therapist*. New York, NY：Routledge.

小　结

苏格拉底式策略是学员/被督导者最难掌握的技能之一（Waltman et al.，2017）。在本章中，我们讨论了在培训和个体督导时优化使用这些策略的方法。关键要素包括培训师/督导师经常使用苏格拉底式策略，以及实施基于科尔布（1984）体验式学习模式的教学策略。最后，我们提供了一个评估工具，培训师、督导师及其学生可以用它客观地评价他们进行苏格拉底式对话的表现。

参考文献

Beck. J., Sarnat, J. E., & Barenstein, V. (2008). Psychotherapy-based approaches to supervision. In C. Falendar & E. Shafranske (Eds.), *Casebook for clinical supervision: A competency-based approach*. Washington, DC: American Psychological Association.

Bellack, A. S., Mueser, K. T., Gingerich, S., & Agresta, J. (2013). *Social skills training for schizophrenia: A step-by-step guide*. New York: Guilford Press.

Edmunds, J. M., Beidas, R. S., & Kendall, P. C. (2013). Dissemination and implementation of evidence-based practices: Training and consultation as implementation strategies. *Clinical Psychology: Science and Practice, 20*(2), 152–165.

Greenberger, D., & Padesky, C. A. (2015). *Mind over mood: Change how you feel by changing the way you think*. New York: Guilford Press.

James, I. A., Morse, R., & Howarth, A. (2010). The science and art of asking questions in cognitive therapy. *Behavioural and Cognitive Psychotherapy, 38*(1), 83–93.

Kolb, D. A. (1984). *Experiential learning: Experience as the source of learning and development*. Englewood Cliffs, NJ: Prentice-Hall.

Linehan, M. M. (1997). Validation and psychotherapy. Empathy reconsidered: New directions in psychotherapy. In A. C. Bohart & L. S. Greenberg (Eds.), *Empathy reconsidered: New directions in psychotherapy* (pp. 353–392). Washington, DC: American Psychological Association.

Padesky, C. A. (1996). Developing cognitive therapist competency: Teaching and supervision models. In P. Salkovskis (Ed.), *Frontiers of cognitive therapy* (pp. 266–292). New York: Guilford Press.

Polya, G. (1973). *How to solve it* (2nd ed.). Princeton, NJ: Princeton University Press.

Sudak, D. M., & Codd III, R. T. (2019). Training evidence-based practitioners. In S. D. (Ed.), *Evidence-based practice in action: Bridging clinical science and intervention* (pp.409–424). New York: Guilford Press.

Sudak, D. M., Codd, R. T., Ludgate, J. W., Sokol, L., Fox, M. G., Reiser, R. P., & Milne, D. L. (2016). *Teaching and supervising cognitive behavioral therapy*. Hoboken, NJ: Wiley.

Tee, J., & Kazantzis, N. (2011). Collaborative empiricism in cognitive therapy: A definition and theory for the relationship construct. *Clinical Psychology: Science and Practice, 18*(1), 47–61.

Waltman, S. H. (2016). Model-consistent CBT supervision: A case-study of a psychotherapy-based approach. *Journal of Cognitive Psychotherapy, 30*(2), 120–130.

Waltman, S. H., Hall, B. C., McFarr, L. M., Beck, A. T., & Creed, T. A. (2017). In-session stuck points and pitfalls of community clinicians learning CBT: Qualitative investigation. *Cognitive and Behavioral Practice, 24,* 256–267.

Waltman, S. H., Hall, B. C., McFarr, L. M., & Creed, T. A. (2018). Clinical case consultation and experiential learning in CBT implementation: Brief qualitative investigation. *Journal of Cognitive Psychotherapy, 32*(2), 112–126.

Waltman, S., Naman, K., Morgan, W., Wickremasinghe, N., Nehme, J., & McFarr, L. (2014). *Learning to think like a cognitive behavioral therapist: The use of guided discovery in CBT supervision and fidelity of CBT in clinical practice.* Poster presented at the Cognitive Therapy SIG Happy Hour at the Annual Conference for the Association for Behavioral and Cognitive Therapies, Philadelphia, PA.

Wenzel, A. (2019). *Cognitive behavioral therapy for beginners: An experiential learning approach.* New York: Routledge.

第十六章

针对自我的苏格拉底式策略

斯科特·H.沃尔特曼

苏格拉底使用提问和面质帮助人们抵达他认为的普遍真理。基本过程是分析（分解事物）和整合（将事物重新组合在一起）的直接组合。这个过程允许转换、发现和认知变化发生。在认知和行为科学中，我们努力使用苏格拉底式策略将科学原理应用到我们的思维中。这涉及评估我们如何思考和相信什么，以查看这是否真的真实和有用。通常，我们从各种人生经验中学到的最痛苦的信念是真相和假设的混合体。这些对真相的歪曲会导致不必要的痛苦，并导致我们以无益的方式行事。与接受过苏格拉底式方法培训的治疗师一起工作有助于促进这一改变的过程。

我们修订后的苏格拉底式提问模型首先聚焦作为目标的关键信念。在确定了合适的或战略目标后，我们将努力发展对想法的理解。也就是说，要理解为什么个体以这种方式思考是完全合理的。一旦我们理解了个体如何发展出这种观点，我们就会通过好奇心的过程扩展这种观点。为了建立一个持久的新信念，我们将使用总结和整合策略调和我们最初的假设与新发展的、更平衡的观点（见工作表4.1）。

步骤 1：聚焦

应用苏格拉底式策略的第一步是确定这些策略的目标。据估计，人类在任何一天都有 10000~15000 种不同的想法。实际上，我们根本没有足够的时间处理我们认为可能被歪曲的每一个想法。我们希望聚焦于对我们的问题至关重要并与我们的核心困难相关的想法。研究发现，我们的思考方式会影响我们的感受和行为，因此我们可以将自己的感受和行为作为识别干预策略点的信号。

首先，你可能要问自己为什么要学习这种自我苏格拉底式策略。你希望达成什么目标？你是否正在尝试减少抑郁或焦虑的感觉？你是否正在尝试改变那些自我挫败的想法，因为这些想法使你无法过上自己想要的生活？你是否试图阻止或减少对你不利的行为？如果你能弄清楚你想要什么、哪些想法阻碍了你，你就可以瞄准这些想法，为你的生活带来战略性和变革性的改变。

每个人都是不同的，所以这个过程可能需要一些反思，有时需要记录你的思维过程。有一些常见类型的想法与不同的情绪状态有关。例如，抑郁症患者往往对自己、他人和未来抱有消极看法。这些信念的主题通常是绝望、徒劳、缺陷和自我挫败的预测（例如，"何必付出努力？反正它不会成功"）。抑郁症患者也容易过度概括，也就是说，将部分糟糕的事情视为完全糟糕的事情。这可能是由于情绪依存性记忆（mood-dependent memory）等现象造成的，即当一个人感到抑郁时，很难记住与不抑郁相关的事件——因此世界似乎比实际情况更糟。

抑郁症并不是唯一拥有一套典型想法和思维过程的情绪状态。焦虑往往伴随着灾难性的想法。也就是说，人们认为糟糕的结果比实际更有可能发生。他们还认为这些可能的糟糕结果比实际情况更糟，并且他们认为自己比实际上更不可能处理或应对逆境。因此，焦虑的人通常会受益于对坏事发生的可能性、可能的严重程度以及他们忍受困难事物的能力做出更准确的预测。

愤怒是一种自我防卫的情绪。当我们觉察到威胁时，我们往往会愤怒，因此问问自己在某种情况下身体或情感上有什么危险，可以帮助自己了解应该评估哪些类型的想法。我们还看到愤怒源于对不公平的看法和"世界应该是公平的"的假设。这与"应该"或"必须"的想法一致——人们通常对自己、他人和整个世界都有不成文的规则与期望。你对他人应该如何行动有自己的想法，而当我们看到人们没有做我们认为他们应该做的事情时，我们会生气。"应该"是棘手的，因为人们通常有充分的理由证明他们自己的"应该"是"正确的"。但正如我们所观察到的，世界并不是按理性运行的。严格要求其他人和世界遵循我们的"应该"必然导致痛苦。有些人可以从直接评估他们的"应该"中受益，而另一些人则更喜欢评估坚持"应该"是否有益。

内疚和羞耻往往并存。内疚是对你的行为感觉不好："我做错了一些事。"羞耻是感觉自己有问题。内疚是对行为的判断，而羞耻是对自己的判断。羞耻往往是有毒的。通常，我们会与人们一起评估内疚或羞耻是否有必要或有帮助。有用的聚焦问题包括："我真的做错了什么吗？""我的感受与情况相称吗？""这种行为是否完全定义了我是谁以及我将永远是谁？""我可以弥补吗？"

或者，你可以追踪引发我们所瞄准的情绪或行为的情况，以确定要关注的合适想法。在这些情况下，你可能想问问自己："我是怎么想的，导致我有这种感觉或行为？"

人们可以问自己许多问题来促进这一步骤，包括：

- 这种情况有什么令人不安或困难的地方？
- 最令人不安的部分是什么？
- 你如何理解它？
- 这与你的潜在信念有何关联？
- 最痛苦的想法是什么？
- 我们能否将这个想法分解为不同的组成部分？
- 这个想法对你意味着什么？

苏格拉底在他的苏格拉底式方法中使用的一个有用策略是，首先查看主要想法是如何定义的。我们的思维扭曲常常受到我们期望和假设上的扭曲的影响。例如，如果有人正在评估他对自己是不是好家长的担忧，我们首先会看看他对好家长的定义是否合理。查看通用定义或标准会有所帮助，因为我们中的许多人都是最严厉的批评者。那么，什么是可以适用于每个人的合理标准或定义？而且，我的想法和信念与一般标准相比如何？

步骤 2：理解

这一步可以被认为是一种自我确认的实践。这一步的任务是理解自己和目标想法。指导原则是人们诚实地遵循他们的信念，而我们想理解你以这种方式思考是如何变得完全合理的。

为了指导这个过程，人们可以问自己几个问题。

- 这种想法基于什么经验？
- 支持这一点的事实是什么？
- 如果这是真的，你认为支持它的最有力证据是什么？
- 我认为这一点正确的原因是什么？
- 这是人们过去直接对我说的话吗？
- 我有多相信这一点？
- 我相信这一点有多长时间了？
- 我什么时候会更相信和更不相信这一点？
- 当我出现这样的想法时，我通常会怎么做？

步骤 3：好奇心

现在我们已经很好地理解了为什么我们相信我们正在评估的想法，然后我们想带着好奇心来扩展这种理解。在功能上，当我们寻求发展更平衡和更有帮助的思维时，我们想要寻找和关注三种类型的证据：感知到的证据、已知证据和未知证据（见图 4.1）。

感知到的证据是用来支持我们的信念的证据，但实际上可能并不支持这种想法。有时，我们使用一个想法作为支持另一个想法的证据，最终我们建立了一个纸牌屋。如果我们仔细观察，我们会意识到这是站不住脚的推理。其他时候，我们用我们的情绪作为证据——我们称之为情绪推理，这是一个循环逻辑。例如，人们在遇到危险时应该感到焦虑，但焦虑障碍患者倾向于将焦虑感作为不安全的证据。因此，我们的自我苏格拉底式策略的第一步是评估你用来支持信念的证据是否确实支持你的信念。问问自己，这是事实吗？这是一种感觉吗？这是一个假设吗？你可能需要更多地分解情况并评估支持该想法的不同组成部分。

有些人发现，通过查看他们的想法是否有任何歪曲或陷阱来评估他们感知到的证据是有用的。有许多不同的列表可供人们评估有问题的思维模式。人们通常会陷入一种"首选"扭曲模式。例如，有些人倾向于使用灾难性的思维模式；而其他人则习惯于从"全或无"的角度看待事物，而不是看到细微差别。如果你了解你常见的思维模式是什么样的，你就可以学会观察它，也许可以纠正它。知道自己正在使用认知歪曲，并不能告诉你更平衡的观点是什么，但它可以帮助你了解，情况可能并不像你感觉的那样严重。通过使用我们的自我苏格拉底式策略分解情况，你可以采取一种平衡且没有歪曲思维模式的观点。

已知证据是我们已经知道的、不支持我们正在评估的想法的证据。人们倾向于歪曲信息以适应他们预先存在的假设和信念。所以，我们想在心理上退后一步，看看背景和全局。我们问自己："如果这个想法不正确，那么提示它不正确的指标是什么？我们可以寻找证据吗？"我们可能需要利用时间定位。"一直都是这样吗？""一定总是这样吗？"

在上一步中，我们问自己："有什么证据表明这个想法是正确的？"在当前步骤中，我们会问自己："是否有任何证据表明这种想法是不正确的？"

提醒自己正在寻求发展一个平衡的真理的视角是有帮助的，因此我们希望能够清楚地看到不同的方面。要问自己的问题包括："有时会发生不同的事情吗？""总是这样吗？""我忽视了什么？"一个好的策略是从不同的有利位置看待事物。我们开始从我们试图处理的特定行为或情绪的有利位置进行观察。如果你能想到你感觉更好或表现更好的时候，那么可以从这些角度看，此时我们可以问自己："有什么证据反驳我正在评估的这个想法？"或者"关于这个想法我有时会忘记的事实是什么？"列出这些证据会很有帮助。

未知证据是与我们的评估有关但超出我们的意识或经验基础的证据。从概念上说，思考我们的假设如何指导我们的预测和行为会很有用，这反过来又会影响我们的行为和体验。所有这些都会限制我们在评估信念时利用的证据。例如，如果你害怕失败，那么你可能因为害怕失败而没有抓住某些机会。始终避免冒险会限制你在生活中取得的成功，所以当你开始评估自己是否失败时，你可能会发现你的生活中没有自己想要的那么多成功。你可能会因此错误地得出结论，觉得你是一个失败者。尽管科学推理表明你实际上并不知道自己的能力，因为你已经避免了风险。在这些情况下，你需要走出去，在生活中进行实验，收集新的证据，形成新的信念。治疗师可以帮助你设计实验，走出舒适区并扩展你的人生。关键原则包括渐进式进步、为成功做好准备以及反思实验的成功方面，以便你可以在成功的基础上再接再厉。

步骤 4：总结和整合

总结和整合的步骤很重要，也很容易被跳过。这是我们努力将新学习融入我们信念结构的地方。人们可能会试图选择一个纯粹积极的想法，因为他们可能会感觉更好。纯粹积极的想法或仅基于否定证据的想法的麻烦在于，如果它们不适合生活的现实，它们就会变得脆弱。因此，我们的目标是发展平衡和具有适应性的新想法。这个过程包括总结故事的两面，并发展一个新的、更平衡的、兼顾两面的想法。我们要问的问题是新思维是否可信。我们还想坚持这样一种观念,即根深蒂固的信念和假设的变化可以是一个渐进的过程。一旦我们有了一个总结陈述,我们就想把它与我们之前的陈述和假设整合起来。新结论与初始假设以及我们的潜在信念相比如何?我们如何调和我们之前的假设与这个新证据?我们还希望通过将认知改变转化为行为改变来巩固这些成果。因此,我们问自己,我们计划如何在下周将新想法付诸实践,或者我们希望如何在下周对其进行检验。

我们可以问自己一些问题来帮助解决这个问题。

- 那么这一切是如何整合在一起的呢?
- 我们能否总结所有事实?
- 什么是兼顾正反两面的总结陈述?
- 我们有多相信这个总结?
- 我们是否需要塑造它以使它更可信?
- 我们如何协调我们的新陈述和我们正在评估的想法以及我们所针对的核心信念?
- 我们应该如何在接下来的一周中应用这个新陈述?我们如何检验它?
- 关于我们的思维过程,我们从这个练习中学到了什么?

结　　论

有意义的认知改变通常是一个需要时间和努力的过程。自我苏格拉底式策略是一个很好的起点。一旦确定了要建立的新信念,下一步就是建立与该信念相对应的行为。练习建立这些行为和信念可以为你的生活带来有意义的改变。变化是渐进的,经常会出现意想不到的障碍。治疗师可以帮助你克服这些障碍,从而在你的生活中做出可持续的改变。